图3-7 扇形漆雾

图4-1 白色封闭实色涂装

图4-2 白色涂装效果（地中海风格）

图4-3 纤维板

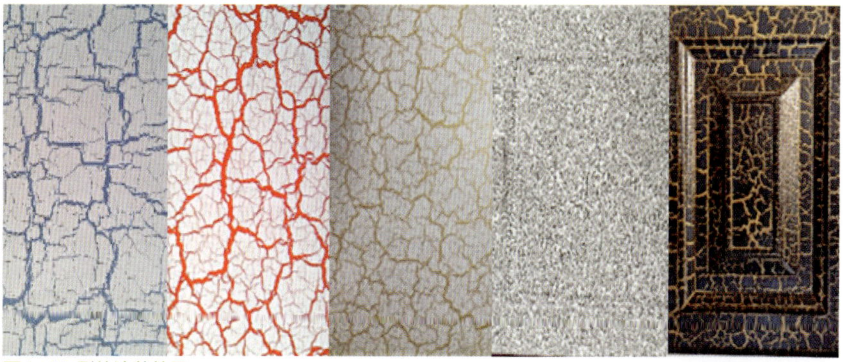

图4-15 裂纹涂装效果

图4-16 裂纹漆局部应用

图4-17 实色涂装仿大理石纹

图4-18 水洗白面着色工艺效果

图4-19 水洗白底、面着色工艺效果

图4-20 水洗白面、底着色工艺效果

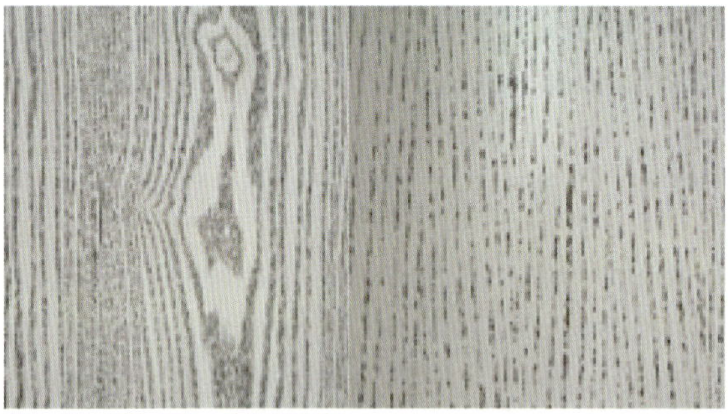
图4-21 水洗白面、底着色工艺

图5-1 木本色透明涂装效果

图5-22 浅木眼本色封闭涂装

图5-23 深木眼本色封闭涂装

图5-24 本色透明全开放涂装

图5-25 PU底、面着色半开放涂装

图5-26 有色透明涂装家具

图5-27 水曲柳贴面胶合板

图6-1 美式仿古白涂装样板

图 6-2 美式仿古白涂装表面效果

图6-17 刷边

图 6-18 美式仿古白涂装效果（一）

图6-19 美式仿古白涂装效果（二）

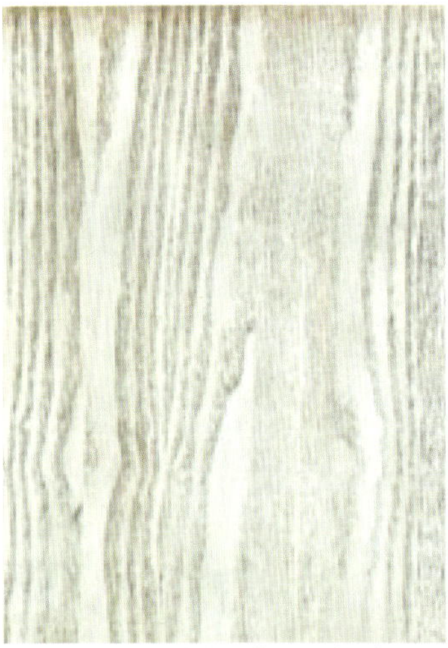

图6-21 美式仿古白涂装效果（四）

图6-26 产品

图6-25 美式仿古白样板

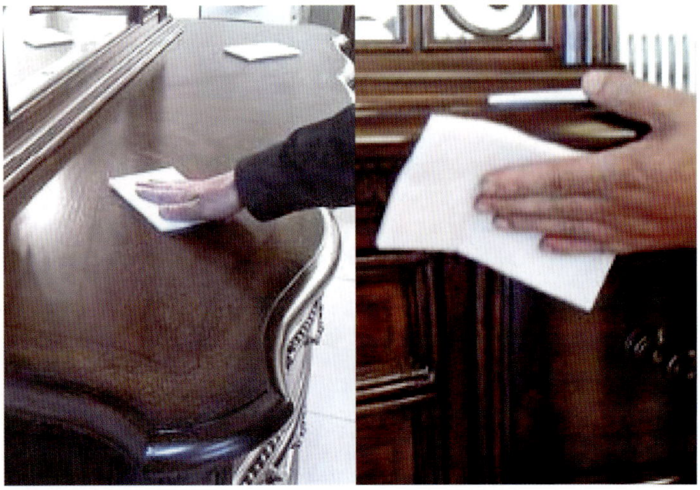

图6-69 擦水蜡

职业教育家具设计与制造专业教学资源库建设项目配套教材

家具
涂料与涂装

周忠锋　罗春丽　主　编
孙丙虎　周志新　衣　明　副主编
刘学文　钱蒋锋　刘保滨　于　娜　参　编
张志刚　主　审

中国轻工业出版社

图书在版编目（CIP）数据

家具涂料与涂装 / 周忠锋，罗春丽主编. —北京：中国轻工业出版社，2020.7

ISBN 978-7-5184-2926-4

Ⅰ.①家… Ⅱ.①周… ②罗… Ⅲ.①家具－涂料－职业教育－教材 ②涂漆－职业教育－教材 Ⅳ.①TS664

中国版本图书馆CIP数据核字（2020）第038417号

责任编辑：陈　萍　　责任终审：劳国强　　整体设计：锋尚设计
策划编辑：陈　萍　　责任校对：吴大鹏　　责任监印：张　可

出版发行：中国轻工业出版社（北京东长安街6号，邮编：100740）
印　　刷：三河市国英印务有限公司
经　　销：各地新华书店
版　　次：2020年7月第1版第1次印刷
开　　本：787×1092　1/16　印张：11.75
字　　数：330千字　插页：2页
书　　号：ISBN 978-7-5184-2926-4　定价：49.00元
邮购电话：010-65241695
发行电话：010-85119835　传真：85113293
网　　址：http://www.chlip.com.cn
Email：club@chlip.com.cn
如发现图书残缺请与我社邮购联系调换
191148J2X101ZBW

职业教育家具设计与制造专业
教学资源库建设项目配套教材编委会

前言

《家具涂料与涂装》基于职业教育家具设计与制造专业资源库进行编写。与市场、行业发展结合紧密，可作为高、中等职业院校的教材，也可供企业从业人员参考。

本教材整体分为家具涂料基础部分和涂装实训部分。基础部分介绍涂料、安全管理、涂装方法等；涂装实训部分按照“校企合作、工学结合、行动导向”原则，以“项目引领、任务驱动”的形式，系统地介绍了家具涂装设计与施工，包括实色涂装、透明涂装、美式涂装等内容。

本教材突出“校企合作、工学结合、行动导向”的教材编写理念，以“涂装效果”为载体，对知识点进行重构，并遵循学生的认知规律和职业成长规律，将教材内容由简单到复杂进行排序；体例设计适应行动导向教学的需要，方便教师采取项目教学法组织教学；广泛吸收最新技术、操作规程、工艺案例、质量标准、工艺规范等，既丰富了教材内容，又贴近企业生产实际；吸收了职业教育家具设计与制造专业资源库“家具涂料与涂装实训”课程内容，为编写体现职业教育特色教材奠定了坚实的基础；参与编写的人员都是承担本课程教学任务的一线教师和企业一线有多年经验的技术人员，具有丰富的教学经验和企业工作经验。

本教材由黑龙江林业职业技术学院张志刚教授主审，周忠锋、罗春丽副教授任主编，黑龙江林业职业技术学院孙丙虎讲师、周志新讲师、衣明讲师任副主编，广东华润涂料有限公司刘学文工程师、亚振家居股份有限公司管理学院执行院长钱蒋锋、黑龙江林业职业技术学院刘保滨、于娜老师参编。第一章由衣明老师、周志新老师编写，第二章由孙丙虎老师、刘保滨老师编写，第三章由孙丙虎老师、于娜老师编写，第四章由刘学文工程师和罗春丽老师、周忠锋老师编写，第五章由周志新老师、衣明老师、孙丙虎老师编写，第六章由周忠锋老师、罗春丽老师和钱蒋锋院长编写，全书由周忠锋统稿。教材编写过程中得到了广东华润涂料有限公司、美克国际家私（天津）

制造有限公司、亚振家居股份有限公司、立邦涂料（沈阳）有限公司、北京利丰家具制造有限公司、金田豪迈杠机械有限公司、华鹤集团等企业的大力支持，上述企业为本教材提供了大量技术资料，在此一并表示衷心感谢！由于编者水平有限，疏漏和不足之处在所难免，敬请指正。

周忠锋
2020年2月

目录

第一章 涂料基本知识

涂料是指涂饰木制品时所用的各种材料的总称。它包括基材表面处理的材料（漂白剂、脱脂剂、腻子、填孔剂等）、基材或涂层着色的材料（各种着色剂）、构成漆膜的材料（底漆、面漆等）、漆膜研磨与抛光的材料（抛光膏、上光蜡、砂纸等）与辅助材料（颜料、染料、溶剂和稀释剂等）。在这些材料中，决定涂饰质量的是各种涂料。

第一节 涂料的组成和分类

知识目标

了解涂料的组成与分类。

能力目标

能识别常用涂料、配套的固化剂、稀释剂，说明其固化机理。

涂料旧称油漆，是指可涂覆于物体表面的一种具有保护、装饰和其他特殊性能的涂层物质。涂料的品种繁多，成分各不相同，绝大多数液体涂料是由固体分和挥发分两部分组成。当液体涂料涂于制品表面形成涂膜时，其中变成蒸气挥发到空气中的部分称为挥发分，其成分主要是溶剂；其余不挥发并留在表面干结成膜的部分称为固体分，即能转变成固体漆膜的部分，一般包括成膜物质、着色材料与辅助材料三个部分。

一、涂料的组成

木用涂料与其他类型的涂料一样，都是由树脂、颜料和填充料、助剂、溶剂组成。表1-1所示为涂料的组成及功能。在木用涂料中，四大组成材料的主要品种简述如下。

表 1-1　涂料的组成及功能

组成	功能
树脂	主要成膜物质，不同的树脂将会赋予涂料不同的物理、化学性能，并决定该涂料的应用形式
颜料和填料	次要成膜物质，赋予漆膜色彩、提供遮盖力（不透明性）、耐久性、机械强度及对底材的保护作用
助剂	在涂料制造、储存、涂装、成膜的过程中会遇到很多问题，需要加入不同类型的助剂去改善或解决问题
溶剂	改善涂料黏度以适应制造、包装、储存、涂装的需要；影响涂料及涂装成本，影响涂料的施工性能、干燥过程及最终综合指标

1. 树脂

（1）醇酸树脂类　用于双组分木用涂料的含羟基组分，也是调制硝基漆的主要原料。常用品种有色浅快干的椰子油醇酸树脂，丰满度好、价格不贵的大豆油醇酸树脂，综合性能全面而又不泛黄的合成脂肪酸醇酸树脂，一些植物油酸改性醇酸树脂等。

（2）丙烯酸树脂类　多用于双组分木用涂料的羟基组分，也可制成单组分自干涂料。外观水白、色浅、保光保色性好，是丙烯酸树脂的主要特点。由于配方灵活多变，在产品的固体分、稠度、交联密度、干燥速度等指标上可有不同搭配和多种选择。

（3）硝基纤维素树脂（硝化棉）　主要用于各种硝基漆的配制，也可加入PU漆中调配干速及光泽。

（4）不饱和聚酯树脂　用于不饱和聚酯涂料的配制，多用作底漆及腻子。

（5）光固化涂料用树脂　带有活性基团的丙烯酸类树脂、环氧类树脂、经改性的其他树脂，活性基团可被光引发剂引发反应，是光固化涂料的主要原料。

（6）各种类型的水性树脂　用于水性涂料，主要有纯丙烯酸、聚氨酯、聚氨酯改性丙烯酸分散体等。

2. 颜料和填料

（1）各种着色颜料　赋予涂膜色彩、遮盖力，如钛白粉、炭黑、氧化铁红、氧化铁黄、酞菁蓝、柠檬黄等。

（2）各种填充料　如碳酸钙、滑石粉以及性能介于颜料与填料之间的立德粉等，在配方中增加固体分，调整稠度、流平性、触变性、打磨性。

（3）超细粉颜料及填料　超细粉料颜料及填料的很多品种都已发展出超细产品，便于分散使用，在配方中显示出在透明度、稠度、遮盖力、光泽方面的多选择性。

（4）透明粉料　透明颜料越来越普遍被应用，使着色力与透明度之间更易平衡。很多超细粉料都有透明效果，但不是所有透明粉料都是超细的。

（5）染料　颜料、填料之外的另一种粉料，它是完全溶解而不是分散于涂料之中，染料可单独使用，若与颜料、填料合理搭配使用，可使配方可变性大大加强。

（6）闪光类粉料　金属类粉料多用于各种闪光漆中，但能闪光的粉料不一定都是金属粉料，用于木用涂料中可获得各种高雅、特殊的质感。

3. 助剂

助剂是涂料不可缺少的组成部分，不同种类的助剂分别在涂料的制造、储存、运输、施工、干燥成膜等不同阶段发挥作用，对涂料和涂膜性能有极大的影响，有些助剂还可能赋予涂料某些特殊的功能。

（1）在涂料制造中发挥作用的助剂有湿润剂、消泡剂、分散剂等。

（2）在储存和运输时发挥作用的助剂有防沉剂、防结皮剂，对乳液类涂料还需增加防腐剂、防霉剂、冻融稳定剂等。

（3）在施工和涂膜干燥过程中发挥作用的助剂有防流挂剂、流平剂、防浮色发花剂、促进剂、催干剂等。

（4）在干燥后的涂膜中发挥作用的助剂有紫外线吸收剂、光稳定剂、划痕防止剂等。

（5）具有特种功能的助剂往往能赋予涂料某种新的功能，并常以其功能来命名涂料，如阻燃涂料、导电涂料等。

4. 溶剂

木用涂料用溶剂，除水性漆中用到水外，一般都是挥发性的有机溶剂，按化合物类型分类，有脂肪烃、芳香烃、醇类、酯类、酮类、醇醚类、醚酯类等。木用涂料常用有机溶剂如下：

（1）要求溶解力好的溶剂　酯类如醋酸丁酯、醋酸乙酯以及酮类和醇醚类溶剂。

（2）作稀释剂用的溶剂　甲苯、二甲苯。

（3）调整干燥速度的溶剂。

（4）用作化白水的溶剂　醇醚类。

（5）将活性单体作为活性稀释剂使用。

涂料对所形成的涂膜而言，是涂膜的“半成品”，涂料只有经过使用，即施工到被涂物件表面形成涂膜后才能表现出其作用。涂料通过涂膜所起的作用主要表现在四个方面：一是保护作用，金属、木材等材料经常暴露在大气中，由于受到大气中水分、盐雾、气体、微生物、紫外线等的侵蚀而逐渐毁坏，涂布涂料后能使底材得到有效保护；二是装饰作用，涂料具有光亮、美观、鲜明艳丽、色泽悦目等特点，建筑物、木家具、交通工具等通过涂料的涂装可以改变物体原来的外观，使之色彩鲜艳、光亮美观，美化生活环境；三是标志作用，如道路划线漆；四是特殊作用，如防滑漆、变色示温涂料等。

工业涂料一般强调涂膜对底材的保护作用，如船舶漆，但家电涂料和汽车涂料则保护及装饰功能均要考虑。对木用涂料而言，对装饰功能的考虑要多一些。木用涂料主要有两类：一类是指用在家具制造中的家具涂料；另一类是室内装修用到的装修涂料，也称家装涂料。

二、涂料的分类

我国在制漆及涂料涂装工艺上有着悠久的历史，经过长期发展，品种繁杂，多年来根据习惯形成了各种不同的涂料命名和分类方法。1966年起，采用以涂料中主要成膜物质为基础的分类方法，将成膜物质分为十七类，加上辅助材料，如稀释剂、催干剂、固化剂、脱漆剂等列为第十八类，国家标准《GB/T 2705—2003　涂料产品分类和命名》供用户判断产品的类别与适用性，这是我国目前对涂料产品分类和命名影响最大且最为广泛的方法，如表1-2所示。

表1-2　我国涂料按成膜物质分类

序号	代号	成膜物质类别	主要成膜物质
1	Y	油脂漆类	天然植物油、动物油（脂）、合成油
2	T	天然树脂漆类	松香及其衍生物、虫胶、乳酪素、动物胶、大漆及其衍生物等

续表

序号	代号	成膜物质类别	主要成膜物质
3	F	酚醛树脂漆类	改性酚醛树脂、纯酚醛树脂
4	L	沥青漆类	天然沥青、石油沥青、(煤)焦油沥青等
5	C	醇酸树脂漆类	甘油醇酸树脂、季戊四醇醇酸树脂、醇酸树脂、其他醇类的醇酸树脂、改性醇酸树脂
6	A	氨基树脂漆类	脲醛树脂、三聚氰胺甲醛树脂等
7	Q	硝基纤维素脂类	硝基纤维素(脂)
8	M	纤维素漆类	乙基纤维素酯、苄基纤维素酯、羟甲基纤维素酯、醋酸纤维素酯、醋酸丁酸纤维素酯、其他纤维素酯及醚类
9	G	过氯乙烯漆类	过氯乙烯树脂、改性过氯乙烯树脂
10	X	乙烯漆类	氯乙烯共聚树脂、聚醋酸乙烯及其共聚物、聚多烯树脂、聚乙烯醇缩醛树脂、聚二乙烯乙炔树脂、聚苯乙烯树脂、含氟树脂、氯化聚丙树脂、石油树脂等
11	B	丙烯酸漆类	热固性丙烯酸酯树脂、热塑性丙烯酸树脂、丙烯酸共聚物及其改性树脂
12	Z	聚酯漆类	饱和聚酯树脂、不饱和聚酯树脂等
13	H	环氧树脂漆类	环氧树脂、环氧酯、改性环氧树脂
14	S	聚氨酯漆类	聚氨基甲酸酯树脂
15	W	元素有机漆类	有机硅、有机钛、有机铝等元素有机聚合物
16	J	橡胶漆类	天然橡胶及其衍生物、合成橡胶及其衍生物
17	E	其他漆类	以上16类不包括的其他成膜物质，如无机高分子材料、二甲苯树脂等
18		辅助材料	稀释剂、防潮剂、催干剂、脱漆剂、固化剂等

木用涂料的分类目前并没有完全统一的标准，但大体上也遵循涂料行业的分类方法。根据木用涂料本身的特点，从以下几个方面进行分类。

1. 按溶剂的特性分类

按溶剂的特性分为溶剂型漆、无溶剂型漆、水性漆等。

（1）溶剂型漆　指涂料组成中含有大量有机溶剂（PU中含有50%以上，NC涂饰时含80%以上），涂饰后需从涂层中全部挥发出来的漆类。对环境会造成污染，国家相继制订和颁布有关标准和法规，其中对室内装饰内墙涂料和溶剂型木器涂料中有害物质做了明确限制，这对涂料向绿色、环保方向发展将会起到重要的推动作用。

（2）无溶剂型漆　指涂饰后成膜过程中基本没有溶剂挥发出来的漆类，如PE组成中的溶剂苯乙烯在成膜时与成膜物质不饱和聚酯发生共聚反应共同成膜而不挥发，其固体含量接近100%。

（3）水性漆　泛指主要以水作溶剂或分散剂的漆类，其特点是无毒无味，安全卫生，节省有机溶剂。

2. 按施工功能分类

按施工功能可分为腻子、填孔剂、着色剂、头度底漆、二度底漆、面漆等。

（1）腻子　是指木材涂饰过程中专用于腻平木材表面局部缺陷（如裂缝、钉眼等）的较稠厚的涂料，或用于全面填平的略稀薄的涂料，二者均含有大量的体质颜料，过去多由油工自行调配，现已有市售，也称为透明腻子或填充剂等。

（2）着色剂 专用于底着色（木材着色）与面着色（涂层着色）的材料，主要由染料、颜料等着色材料用溶剂或水、油类以及树脂漆等调配成便于擦或喷的材料。

（3）头度底漆（封闭底漆） 专用于下涂（头遍底漆），主要起封闭作用，可防止木材吸湿、解吸与变形，防止木材的内含物的渗出，可改善整个涂层的附着力，有利于均匀着色和去木毛等。头度底漆不含粉剂，固体分与黏度都比较低，有利于渗入木材，涂料市场俗称底得宝或封底宝等。NC与PU漆用的多，以后者效果更好。

（4）二度底漆 是整个涂饰过程中的打底材料，在涂面漆前一般涂2～3遍二度底漆，以构成漆膜的主体，二度底漆中含有部分填料（滑石粉）能部分渗入管孔内起填充作用。二度底漆有NC、PU、PE类。现代木材涂饰后两者用得较多，尤其镜面涂装的厚涂层用PE底漆为好。

（5）面漆 在整个涂饰过程中用于最后1～2遍罩面涂料，也就是木制品与外界接触的最外层漆膜所用涂料，几乎是最后决定整个制品外观质量的材料。现代木器用较多的品种为PU、NC、PE，分别有亮光、亚光以及不透明彩色面漆等。面漆应具备一系列完善的装饰保护性能，如清漆透明度、爽滑手感、坚硬耐磨、耐热、耐水等。

3. 按透明度与颜色分类

按透明度与颜色可分为无色透明清漆、有色透明清漆、有色不透明彩色漆（工厂称实色漆）。

（1）无色透明清漆 涂料组成中不含颜料与染料等着色材料，涂于木材表面可形成透明涂膜，显现和保留木材的原有花纹与颜色的漆类，如硝基清漆、聚氨酯清漆等。

（2）有色透明清漆 在清漆组成中含有染料，能形成带有颜色的透明涂膜，可用于面着色涂饰。

（3）有色不透明彩色漆（工厂称实色漆） 涂料组成含有颜料，可形成遮盖基材的不透明涂膜，表面可呈白色、黑色以及各种彩色与闪光幻彩等各种效果，用于不透明彩色家具的涂饰。

4. 按储存组分数分类

（1）单组分漆 只有一个组分，倒出容器即可涂饰，不必分装也不必按比例调配（稀释除外），如硝基漆、水性漆与单组分PU等。

（2）双组分漆和多组分漆 包括双组分漆、三组分漆或四组分漆，储存时需要分装，使用前需要按比例将几个组分调配在一起混合均匀再涂饰。如双组分聚氨酯漆、三组分不饱和聚酯漆、四组分不饱和聚酯漆等。

5. 按固化机理分类

（1）挥发型漆 指涂层中溶剂挥发完毕即干燥成膜的漆类，如木制品常用的硝基漆、虫胶漆等。

（2）非挥发型漆 指漆膜固化不是靠溶剂挥发而主要是靠成膜物质的化学反应而成膜的漆类，如PU等，该类漆涂饰后也有溶剂挥发，但溶剂挥发完涂层不一定固化，靠成膜物质的化学反应才成膜。

（3）光敏漆 也称紫外线固化涂料（UV），其涂层必须经紫外线辐射才能固化的漆类，其特点是固化速度最快，一般几秒钟可达实干。

（4）电子束固化型漆 与光敏漆同属辐射固化型漆，该类漆的涂层必须经电子射线辐射才能固化，其固化速度比光敏漆还快，只是固化设备过于昂贵，国内外实际应用很少。

6. 按光泽分类

（1）亮光漆 又称高光漆、全光漆等，具有一定的漆膜厚度，固化后呈现较高的光泽，多用于木制品的亮光装饰，大多数漆类均有亮光品种。

（2）亚光漆 指涂料组成中含有消光剂的漆类，涂在木材表面干后具有较低的光泽或无光泽，按亚光漆的消光程度可分为半亚光和全亚光等。现代大多数漆类均有亚光品种，尤其PU居多。

7. 按特殊效果分类

在木用涂料中，如果加入特殊效果材料（如助剂、各种粉料等）或采用特殊施工方式方法，涂料成膜后会表现出不同的涂装效果。按此可将木用涂料分为裂纹漆、浮雕漆、闪光漆、拉丝漆、仿木纹漆、仿石漆等，这些都可称为特殊效果涂料。

8. 美式涂装类

仿古涂装是美式家具的一大特点，表现出了富足的美国人对历史的怀旧以及追求浪漫生活的情结，将在后面介绍。而要表现仿古效果，使用的涂料品种，其原料、配方、调制、使用都与传统涂装有很大区别，因而自成体系。

第二节　常用木用涂料的种类和特点

知识目标

掌握涂料的种类。

能力目标

根据不同涂装工艺能识别、选用常用涂料，说明其性能特点。

在国内家具业飞速发展的同时，作为家具制造业中重要原辅料的木用涂料发展也很快。木器涂料目前流行的是上面提到的六大类涂料，表1-3列出了国内常用木用涂料的性能特点。

常见木用涂料可分成六大类，即硝基涂料（NC）、不饱和聚酯树脂涂料（UPE）、聚氨酯涂料（PU）、酸固化涂料（AC）、紫外光固化涂料（UV）和水性涂料（W）。其中，前两种是按成膜物质来命名的，后四种命名指出了这些品种最大的特点。PU涂料、AC涂料及UV涂料因为聚氨基甲酸酯、弱酸及UV光分别作为其固化的必须条件而得名；W涂料是因为用水作为溶剂或是稀释介质，因而有别于所有使用有机溶剂的“溶剂型涂料”而被命名为“水性涂料”。这种分类看似杂乱，无章可循，但实际上是一种约定俗成的结果，方便好用，为世界各国共同采用。

涂料种类与性能

扫描二维码，了解涂料种类与性能。

1. 硝基涂料

硝基漆也称硝化纤维素涂料、腊克漆、硝基涂料或NC涂料，主要原料以硝化纤维素为主体，配合其他合成树脂（如醇酸树脂、松香树脂等）、颜填料、增塑剂、助剂、溶剂或助溶剂、稀释剂调制而成。硝化纤维素（也称硝化棉）是以木棉屑、纸浆、棉毛短纤维等纤维素为原料，浸于硝酸、硫酸混合液中，硝化制成。硝化纤维素外观呈白纤维状，不溶于水，但可溶于酮类、酯类等有机溶剂。制得的涂膜坚硬、光亮、耐

表1-3 常用木用涂料性能特点

项目 品种	施工配比（质量比）	施工固含量/%	可使用时间	指压干时间	打磨性	施工性	主要施工方式	主要用途	涂料气味	丰满度	附着力	硬度	耐溶剂性	耐热性	施工安全	环保性	涂料单价
NC	漆料：稀料 1：（1~1.5）	15~30	不限制	约1h	②	②	浸涂、喷涂、辊涂、淋涂	底、面	③	⑤	③	B~H	⑤	④	②	⑤	低
PU	漆料：固化剂：稀料 封闭底2：1：（2~4） 底漆2：1：（0.5~2） 面漆2：1：（0.5~1.6）	40~70	4~8h	约4h	②	②	喷涂、底漆辊涂、淋涂	底、面	③	②	②	HB~2H	②	③	③	③	中
UPE	漆料：白水：蓝水：稀料 100：1：1：（20~30）	70~100	30min以内	约4h	③	③	手工喷涂、淋涂	底	④	②	②	H~3H	②	②	③	②	中
UV	漆料：稀料 1：（0.3~0.5）	70~100	有效期内不限制	约30s	③	②	辊涂UV底、喷PU面； 辊涂UV底、淋涂UV面；喷涂UV底、喷涂UV面	底、面	④	②	③	≥2H	②	①	③	②	高
AC	漆料：酸 1：0.2	30~50	24h	1.5h	②	③	喷涂	底、面	④	③	②	H	③	②	③	③	中
W	漆料：稀料 1：（0.2~0.4）	15~35	不限制	4~5h	③	③	擦涂、刷涂、浸涂、喷涂	底、面	①	⑤	③	B~HB	⑤	⑤	①	①	高

注：①表示非常好；②表示很好；③表示好；④表示一般；⑤表示差。

久，具有较好的抗潮和耐腐蚀等性能，但涂膜易脆，附着力较差，不耐紫外线，故一般不能单独作为涂料的主要成膜物质。

硝基涂料具有一系列优异的理化性能，但同时也存在许多不足，其性能特征主要包括以下几点。

（1）表干迅速　硝基涂料属于挥发型涂料，依靠溶剂挥发来使涂层固化成膜，在常温条件下仅需10～15min即可表干，因而大大缩短两次涂饰之间的时间。

（2）涂膜损伤易修复　硝基涂料属于可逆性涂料，即完全固化的涂膜仍能被原溶剂溶解，因此当漆膜受到损伤时极易修复得和原来基本一致，看不出修补痕迹。

（3）涂膜装饰性能优良　涂膜色浅、透明度高、坚硬耐磨，具有优异的装饰性，有较好的机械强度、一定的耐水性和耐腐蚀性，故广泛应用于高级家具、高级乐器、工艺品等的涂装。

（4）使用极为方便　可刷涂，也可喷涂、淋涂、浸涂、辊涂，且涂料可使用时间较长，不易变质报废，隔日可继续使用，便于保管。当然，硝基涂料也存在许多不足，涂膜耐热、耐寒、耐光、耐碱性较差，在使用过程中较易损伤，涂料本身固成分低，大量有害气体挥发，污染环境，这些不利因素会进一步制约其发展。在家具领域，硝基涂料主要用于美式涂装；在家装领域，其是一个主要应用品种。

硝基漆的组成与性能特点

扫描二维码观看视频，了解硝基漆的组成与性能特点。

2. 聚氨酯涂料

聚氨酯涂料是聚氨基甲酸酯树脂涂料，也称PU涂料。目前我国市场上木用家具用得最多的是双组分聚氨酯涂料，其基本原理是通过异氰酸酯与羟基发生化学交联反应成膜。市面上供应的双组分聚氨酯涂料一般分为主剂、固化剂及稀释剂，主剂含有羟基树脂，固化剂是聚氨酯树脂，含有异氰酸酯基团，主剂和固化剂按一定的配比混合，再加入适量的稀释剂调整施工黏度，即可进行施工。

由于聚氨酯涂料干燥时发生化学反应，因而具有许多挥发性涂料无法比拟的优良性能。一是对各种基材表面有优良的附着力，漆膜坚韧，硬度高，有相当高的柔韧性，因而具有极高的耐摩擦和抗冲击性。二是漆膜固化后不会被溶剂再溶解，耐化学药品、耐污染性极好。漆膜受热不会软化，漆膜耐候性、持久性良好。三是漆膜具有良好的透明度、丰满度，保光保色性优异。当然，与硝基涂料相比，聚氨酯涂料的干膜质量受施工环境和施工条件影响非常大，主要表现在：主剂和固化剂之间配比有严格要求，如果配比不当则会影响最终漆膜性能；喷涂过程中极易起泡；使用芳香族固化剂时，干膜易泛黄；重涂时要注意层间间隔时间，重涂前要打磨，否则会影响涂层附着力；另外，因为其中的游离异氰酸酯有毒，一定程度上影响施工人员身体健康，并污染涂装环境。

聚氨酯涂料

扫描二维码观看视频，了解聚氨酯涂料。

3. 不饱和聚酯涂料

不饱和聚酯涂料，也称UPE涂料，在此介绍的以气干型不饱和聚酯为主要成膜物质的涂料，综合理化性能优异。它属于无溶剂涂料，是由于该漆中所用溶剂是不饱和单体（如苯乙烯），它既能作为溶剂溶解不饱和聚酯，作为稀释剂起到调整稠度的作用，又能在涂装过程中作为活性稀释剂参与不饱和聚酯反应，固化成膜，所以UPE一次可成厚膜，涂膜固体分高，特别适合作底漆，使面漆表现出高丰满度，这些优点使UPE漆在近年来获得较大发展。

不饱和聚酯涂料属于多组分涂料，市售UPE涂料包括主剂（不饱和聚酯为主）、引发剂（俗称白水）、促进剂（俗称蓝水）及稀释剂。主剂一般是含有一定数量的不饱和二元酸的聚酯与某一单体（如苯乙烯、丙烯酸酯）的混合物；白水通常是指各种过氧化物和过氧化氢化合物溶液，它们能够分解生成自由基；蓝水的种类也很多，通常是一些环烷酸盐等。不饱和聚酯涂料固化的基本原理是引发剂先分解生成自由基，引发树脂中的双键发生自由基反应，使漆膜交联固化。促进剂的作用是加速引发剂的分解，使反应能在常温下快速进行。木用不饱和聚酯涂料具有许多优异的性能，其优点是：不含挥发性溶剂，不释放有毒有害气体，不污染环境；一次施工可获得较厚涂膜；可常温干燥；漆膜丰满度好，坚硬，光泽高。不饱和聚酯涂料的缺点是现场施工操作要求较高，蓝水和白水要分开存放，并按要求使用，否则易引起爆炸和火灾；涂膜一般较脆，易开裂；对底层处理要求严格，否则影响附着力；调好漆后活化期短、可操作时间短。

不饱和聚酯漆性能特点

扫描二维码观看视频，了解不饱和聚酯漆性能特点。

4. 紫外光固化涂料

紫外光固化涂料，也称UV涂料，是通过紫外线照射漆膜引起化学反应，从而使漆膜快速干燥的一种自由基固化涂料。UV涂料主要成膜物质有不饱和聚酯树脂、丙烯酸环氧树脂、丙烯酸聚氨基甲酸酯树脂等，另添加一定量的光引发剂、阻聚剂、助剂、低黏度的活性单体稀释剂、体质颜料等混合而成。

以往传统涂料含有大量的有机溶剂，这些溶剂在干燥过程中都要挥发掉，造成空气污染问题，而且PU漆膜干燥硬化需花费很多时间及能源。UV涂料就不存在这个问题，高固成分近100%，一次可得高厚度漆膜，含有机溶剂极少，环境污染低；干燥迅速，便于大批量生产，且涂料使用时浪费极低，涂装作业空间场所减少；漆膜硬度高，具有优良的耐溶剂性、耐药品性、耐磨耗性等。UV涂料也存在一些缺点：一是在着色时需慎选着色剂，避免紫外光照射产生褪色及涂料变黄情形；二是一般只适应大平面底材的涂装；三是重涂漆膜层间需充分打磨，否则上涂层会产生附着不良的情况；四是涂料对人体会有刺激，紫外光也会影响人体健康。

扫描二维码观看视频，了解紫外光硬化涂料。

紫外光硬化涂料

5. 酸固化涂料

酸固化涂料，简称AC涂料，一般用氨基树脂与醇酸树脂混合而成主漆，使用时加入有机酸（如对甲苯磺酸）为触媒（催化剂），使其能在室温下反应，干燥成膜。酸固化涂料具有一系列优异理化性能，其涂膜经修整后平滑丰满，透明度和光泽度高，硬度高，坚韧耐磨，附着力强，机械强度高，并有一定的耐热、耐寒、耐水、耐油、耐化学品性能。酸固化涂料用于木用涂装，相对而言，国外用得较为普遍。其缺点是涂料中含有游离甲醛，味道相当难闻，会刺激作业者眼鼻；涂料具有酸性，易腐蚀金属底材。

6. 水性涂料

水性涂料（W）是指以水为溶剂或分散介质的涂料，一般分为水乳型和水溶性两大类，其中水乳型使用较为广泛。水乳型主要品种有聚氨酯分散体（PUD）、纯丙烯酸乳液（PA）、丙烯酸—聚氨酯改性乳液（PUA）等，包装形式分为单组分、双组分。目前水性木用涂料使用的树脂主要有水性醇酸、丙烯酸乳液或分散体、水性聚氨酯分散体、水性丙烯酸聚氨酯分散体、双组分水性聚氨酯分散体等，配漆时用上述树脂配合水、增稠剂、添加剂调制而成。水性涂料具有调漆方便、使用时间长、易修补、基本安全无毒、漆膜柔韧性和附着力较好等优点。特别是随着各国环保法规对VOC（%）的限制及对环保的重视，人们环保和健康意识的增强，溶剂型涂料受到前所未有的挑战，水性涂料日益受到重视。水性涂料固含量偏低，一次无法得到高厚膜的涂装，漆膜在耐溶剂性、耐药品性、耐热性、硬度及手感方面与NC、PU相比有一定差异，涂料单价也偏高，但水性涂料将与UPE、UV等一样是中国涂料的发展大方向，是直接关系到我国环保工作及涂料发展的生死选择。

水性涂料成膜机理与溶剂性涂料在原理上是一致的，与涂料所选择的树脂体系密切相关，同样有挥发干燥、交联固化、加热固化、UV固化等，但因为水性涂料中的特殊溶剂“水”的存在，使得其固化机理变得更复杂一些。如水性双组分聚氨酯涂料，在其成膜过程中包括可挥发物（溶剂、水）的挥发、多元醇和多异氰酸酯粒子的共凝结、多异氰酸酯和水的反应、多元醇和多异氰酸酯的反应等，这些反应将伴随涂料干燥的整个过程。

扫描二维码观看视频，了解水性木器漆的优势。

水性木器漆的优势

第三节　木用涂料配套产品

知识目标

掌握涂料的主要产品及配套产品。

能力目标

能识别木用涂料主要产品及配套产品，说明配套产品的应用范围。

一、木用涂料主要产品

木用涂料主要产品指由各涂料厂自行设计配方生产的产品。性能差异可以很大，实际使用中也是用量最多的几个产品。

1. 腻子

腻子是一种厚浆状、黏稠性的涂料，主要由大量体质颜料与树脂液或黏结材料混合调制而成。腻子专门用来填充素材表面缺陷，如缝隙、凹陷等，其主要作用就是填充，使素材平整，便于下一步涂装。

常用的木用腻子有猪血灰腻子、硝基腻子、不饱和聚酯腻子（俗称原子灰）、水性腻子等。相对而言，不饱和聚酯腻子和水性腻子应用较广，而猪血灰腻子则在中低档家具涂装中使用。

不饱和树脂腻子又称原子灰，包括不饱和聚酯、粉料、苯乙烯等材料，是由主体灰和引发剂组成的双组分填充材料，具有常温固化、干燥速度快、附着力强、易打磨等特点，广泛用于汽车、机车、机床等工业品涂装，也大量用于家具、地板等室内外装修，尤其是实色漆的基材填充处理。

猪血灰腻子是用猪血、水、填充粉料混合搅拌后制得，靠猪血灰里面的血红蛋白氧化干结获得较好的硬度和打磨性，具有附着力好、施工方便、配制容易等特点，是一种资源易得、成本较低的腻子。缺点是干固后易吸潮，厚刮易开裂、脱落。另外，由于腻子层厚，刮涂量、打磨量大，材料损耗多，影响其综合成本。硝基腻子是由硝化棉、合成树脂、增韧剂、颜料、填料和有机溶剂混合制得的腻子。硝基腻子具有干燥快、易刮涂、易打磨的特点，适用于一般金属、木材表面，作填平细孔和嵌缝用，可反复多次刮涂，浪费较少，很安全，但硬度和附着力一般。

水性腻子的特点是所用的稀释剂是水，无毒，无刺激性气味，安全、环保，施工简便，打磨性和附着力也好，价廉，目前应用渐渐增多，大有取代各腻子之势，但水性腻子干燥较慢。常用水性腻子有水老粉、胶性腻子、纤维素腻子、聚乙烯醇腻子、复合水性腻子以及水性乳液腻子（水灰）。

扫描二维码观看视频，了解水性木器漆的水性腻子。

水性木器漆的水性腻子

2. 封闭底漆

封闭底漆是底漆的一种，也称头道底漆。常用的有NC封闭底漆和PU封闭底漆，有些配合填充剂使用。封闭底漆主要作用：作为头道底漆使用直接涂布于白坯上，干后轻磨，增加底材强度，能有效清除木刺，提高涂层表面的装饰效果；阻隔木材中剩余水分及挥发性物质向外扩散，减缓木材的吸湿、散湿，防止起泡，减缓木材变形，保护木材造型；封闭底漆可改善后续涂层的流平、光泽、丰满度、硬度及干燥过程；如涂装于腻子及二道底漆上，可防止上层涂料向木材或底层渗入而产生下陷，如对填充后的基材进行封闭，可节约后续涂层的涂布量；另有专用于柚木及红木等油性木材封闭的专用封闭底漆，是保证漆膜附着力的产品。若贴纸家具贴纸后先喷封闭底漆，可避免涂料向纸内渗透，增强涂料的附着力，提高面漆丰满度。封闭底漆的涂布方式有喷涂、刷涂、浸涂或擦涂。

3. 底漆

底漆是指介于素材、腻子、着色剂与面漆之间的一个重要产品，位于涂膜面漆以下、封闭底漆以上的涂层，也称中涂底漆。底漆的品种很多，一般分为透明底漆和实色底漆。底漆的作用是填平，支撑面漆，提供丰满度。

对底漆性能评估项目很多，但一般从以下方面去评价底漆品质：底漆与基材的附着力、底漆对木眼的填充性（次要）、自身流平性（主要）、底漆漆膜强度、底漆漆膜透明度、抗发白性、耐黄变性、底漆与面漆配套性、良好的施工性能、合适的干燥速度、理想的打磨性能等。

扫描二维码观看视频，了解水性木器漆底漆。

水性木器漆底漆

4. 面漆

面漆是涂装施工时涂于基材最上层的产品，涂膜中最外层的涂层，在漆膜中起主要的装饰和保护作用，漆膜的性能指标，如耐划伤、耐黄变、硬度、光泽、色彩、手感、透明度、丰满度、平整度、耐老化性能等都主要从面漆上体现出来。面漆质量及涂装水平直接影响整个涂装效果。

面漆一般可分为透明清面漆、透明有色面漆和实色面漆。根据漆膜表面光泽度高低不同，可分为高光面漆、亮光面漆、半光（亚光）面漆、无光面漆等。

扫描二维码观看视频，了解水性木器漆面漆。

水性木器漆面漆

5. 固化剂

固化剂是用于交联反应型涂料的重要产品，在干燥过程中按固定比例添加于主剂中，与其产生化学反应而使其干燥硬化。只有交联反应型涂料才有固化剂，如PU型涂料最常用的固化剂是含NCO基团的异氰酸酯组分，由于涂料加固化剂为固化的前提条件，又由于这两种组分不能混合包装，市售形式是分开包装出售，使用时才均匀混合，因此称为“双组分涂料”。

双组分聚氨酯涂料固化剂种类较多，可分为：一是采用TDI的固化剂，它的预聚物泛黄严重，应用不多，常见的品种是TDI与三羟甲基丙烷的加成物，多用于聚氨酯漆（普通底漆及面漆），一般不耐黄变；二是采用HDI的加成物，如N-7，由于其耐黄变性能好，常用于高档聚氨酯漆，如耐黄变清漆、白漆等，但干燥速度较慢，低温天气对成膜时间有一定影响；三是IPDI的固化剂，由于IPDI也是一种环脂族异氰酸酯，因而耐候性能优良，通常用于高档聚氨酯漆，同时固化速度要比HDI固化剂快一些；四是混合固化剂，有很多是涂料厂自行调配的混合固化剂，主要用各种TDI产品调配而成，混合固化剂调配的形式主要有国产的与进口的混合，加成物与三聚体混合，甚至以上几种产品的全混合，这种方法用以调整耐黄变性、干燥速度、游离TDI含量（%）、NCO含量（%）、固体分等，当然也调整成品的成本。混合固化剂用于通用涂装的用量最大。

二、木用涂料配套产品

木用涂料配套产品大都指在实际涂装中使用量相对较少的几个产品，而且其中有些是市售产品，由涂料厂购入分装再出售，不同的涂料厂使用的产品可能是一样的。当然，配套产品使用量不大，但其对涂装的影响及重要性是很大的。

1. 蓝水和白水

不饱和聚酯涂料中含有不饱和双键，使用时加入强氧化剂——过氧化物作为引发剂，因其颜色是白色而俗称“白水”。白水能生成自由基，引发涂料产生链式反应，直至干燥成膜。常用的白水有过氧化甲乙酮等。

在涂装中，为了获得理想的反应速率，除上述引发剂外，还要加入强还原剂与其产生反应，提高反应速率，使不饱和聚酯漆可在常温下使用。还原剂因其呈蓝紫色而俗称“蓝水”，也叫促进剂。常见蓝水有环烷酸盐类的环烷酸钴等。

不饱和聚酯涂料涂装时，一般按施工需要及涂料产品说明书将主剂和稀释剂先混合均匀，然后再分成相等的两份，分别加入需要量的蓝水或白水，充分搅拌均匀。喷涂时再分别取两种混合液按1：1的比例调匀后施工，即调即用。调配好的涂料必须在规定的时间内使用完，否则会因超过活化期涂料胶化而造成浪费。

另外，在使用蓝水、白水时还要特别注意安全。蓝水和白水直接接触会发生剧烈的化学反应，甚至发生起火、爆炸，因此在保管、储存或远距离运输蓝水和白水时，要特别注意不能将两者堆放在一起，要分开放置才安全。

蓝水和白水的存放和使用注意事项

扫描二维码观看视频，了解蓝水和白水的存放和使用注意事项。

2. 着色剂

在透明涂装中，分别有本色涂装、底着色、面着色、中层及面修色等方法。在以上方法的涂装过程中，现场着色是非常重要的一环，专供现场着色使用的各种着色剂也就成为重要的配套产品。在涂装过程中用于调整色彩效果的着色材料统称为着色剂。色彩的调整是木器涂装中一项复杂而又非常重要的工作，尤其是透明涂装，需要进行基材着色来表现木材特有的木纹，增加美感，有时甚至通过多层着色来表现颜色的丰富程度和层次感，提高涂装产品的附加值。

涂料厂提供给用户的着色剂一般分为两类：一类是色精，属染料型着色剂，是将染料溶解于溶剂中再与其他材料调配而成，有很好的透明度，主要用在透明涂装的基材上面或加入清漆中，染料型着色剂色彩鲜艳、亮丽，但有些色彩的耐候性较差，选择优质染料，这个问题可以解决，因此产品很成熟并形成系列；另一类是色浆，属颜料型着色剂，主要用于遮盖木材的不透明着色，半透明效果。和染料型着色剂相比，颜料型着色剂耐候性要好得多，色调丰富，但色泽鲜艳度较低。

着色剂的调配很复杂，通常根据客户的样板调配，必须要由有经验的专业者予以调配试色；好的涂装着色要由有丰富经验的涂装师合理使用着色材料，用多种方法、手法去“造色”；除了要有丰富经验的调色师外，还与木材的质量有很大关系，涂装前必须对底材颜色加以调整、处理。涂装着色所用各类涂料和着色剂最好为同一厂家的配套产品，以保证附着力、配套性。

扫描二维码观看视频，了解水性木器漆配套着色剂水性色精、水性美纹宝、水性擦色宝。

水性色精　水性美纹宝　水性擦色宝

3. 稀释剂

涂料稀释剂，也叫“稀料”，用于稀释涂料的挥发性有机液体。稀释剂可降低涂料的黏度，使之能适合不同的生产方法和施工方法。稀释剂是涂料涂装过程中最重要的配套产品，一般由松节油、松香水、甲苯、二甲苯、酯类、酮类、醇醚、醚酯类等有机溶剂组成，不同的稀释剂会由以上材料中的一种至若干种组成。

稀释剂还影响涂料涂装的干燥速度，尤其是环境温度发生变化后更加明显，因此涂料厂家除提供涂料主剂外，同时还提供配套稀释剂。木用涂料配套稀释剂，除了通用型的产品之外，还有夏用稀释剂（施工环境温度高于25℃时使用，挥发速度较慢）和冬用稀释剂（挥发速度稍快），以满足不同情况的需要。

4. 防发白水

在高温、高湿环境下施工，漆膜表面有时会出现霜状白点，严重时成片，会与漆膜乳化在一起，干固后使透明漆膜不透明，有时使实色漆膜变色。为了解决这个问题，在调配涂料时按规定加入一定量的防发白水，搅拌均匀后喷涂就可有效防止泛白现象的发生。

加入防发白水的时候，要事先计算好量，并从原来要加入的稀释剂中扣除相同的量，以保证喷涂黏度不会大幅波动。实际上，最好是先将防发白水按比例与正常使用的稀释剂调配好，再将这混合稀释剂按正常量加入漆料中。

防发白水不能过量使用，对NC漆而言，原来稀释剂加入量的25%用防发白水取代，这是极限量，如果加入25%的防发白水代替稀释剂，仍然发白，就应停止施工，否则加入过量防发白水，会使漆膜不干，粘连。因此，适合的量是从少到多，5%能解决问题最好，如果效果不明显再一步步往上加，25%是极限。一次性喷涂太厚的湿膜，虽然温度、湿度不高，也会泛白，这时应把湿膜厚度减薄，单纯靠防发白水，不一定能解决问题。

5. 化白水

化白水是漆膜发白之后，用于补救、修复的一种材料。尽管在前述方法努力防止发白的产生，但有时仍然不可避免地会发生这种现象，面对个别或成批“已经发白”的产品，笨办法是用脱漆剂或打磨进行修补、整理。而用化白水则可在尽量不损伤漆膜的前提下，用最小的工作量将异常漆膜修复，无论是成本还是效果均比采用脱漆剂或打磨后重涂更具优势。

化白水主要由卤代烃、高沸点酮酯、醇醚等有机溶剂组成，其原理是采用渗透力和极性均较强的溶剂对涂膜进行浸泡、溶胀，在不破坏漆膜的前提下，消除异常的发白漆膜，使漆膜重新对基材进行附着，并用底得宝进行封闭，视情况需要重新上一道和二道面漆，力图获得良好的涂装效果。

化白水处理工艺推荐：发白面板（不需要打磨）→刷涂化白水一遍→贴卫生纸→刷涂化白水第二遍→间隔40～60min后刷涂化白水第三遍→间隔48h打磨→喷涂底得宝→打磨→喷涂面漆。

6. 催干剂

催干剂是涂料工业的主要助剂，如有必要，木用涂料在制造时已加入了催干剂，施工时一般不需要再加，只有在气温较低的环境下施工或有特殊要求时，才可由家具厂按要求适当补加催干剂，以加速涂层干燥。但催干剂用量不能过多，否则会导致涂膜干后过脆或附着力不良、失光、日后龟裂等。

7. 慢干水

慢干水是解决涂料在涂装过程中因为干速过快而影响涂装效果的特殊有机溶剂。慢干水一般是由沸点高于150℃的高沸点酮、醇酯、醇醚类溶剂混合而成，挥发速度较慢。夏天进行涂装时，常因涂料干燥速度过快，漆膜容易产生橘皮、气泡、针孔及失光等漆病，特别是当施工环境温度高于30℃时，问题更严重。慢干水可适当调整涂料的干燥速度，防止漆病的发生。

第四节　木用涂料底漆和面漆配套原理

知识目标

掌握底、面漆配套原理。

能力目标

能根据不同施工工艺选用不同的涂料。

正确选择涂料体系、正确进行底漆和面漆的搭配，对涂装效果和涂膜性能有重大影响，也会影响涂装质量、施工效率及施工成本。

涂料封闭底漆主要考虑防止涂料被基材吸收，封锁基材的油分、水分，以免影响附着力，防止漆膜下陷。封闭底漆黏度较低，对基材有良好的渗透性，故一般选择NC与PU体系，尤其是PU体系使用最为广泛，封闭底漆还可胶固基材木纤维，打磨除木毛后便可得到平滑的表面。

底漆是漆膜骨架重要组成部分，因各种底漆的特点、配套性、施工性都有很大的差异，所以采用不同底漆就会有不同的涂装效果。面漆是涂装的最后工序，由于面漆实际上是在底漆上的重涂，很讲究层间附着力及施工操作，因而底、面搭配显得尤其重要，搭配合理，面漆才能发挥出最好的效果。在不同体系涂料的搭配使用方面，要特别注意各种涂料的性能特点，合理配套，否则容易出现诸如咬底、离层、龟裂等问题。如用NC底漆，就不宜用其他类型的面漆，就只能配NC面漆。

如表1-4所示（2）的情况，（2）的评价是好，NC底NC面，同体系，且底、面的干速、施工容易的特点统一，应用非常广泛，特别是用于美式涂装及家居装修中。AC底AC面也是同理，在采用AC漆的地区，这个配套也很普遍，效果很好。而在AC底上用PU面，则发挥了AC底干速快的优势，用PU面虽然慢干，但用提高装饰性来作为补偿，让人们多一种选择，也是好的。PU底PU面就更不用说了，是目前国内家具涂装中应用最广泛的配套。PU用作底漆时评价也居前列，而用作面漆时同体系，干速同步，配合很好，其装饰性堪称最好。

表 1-4 底层和面层配套选择及评价

底层	面层	评价	涂膜效果
NC	NC	（2）	宜做开放效果
PU	NC	特	特殊要求，易损坏的木制品
AC	AC	（2）	国内少用
AC	PU	（2）	国内少用
PU	PU	（2）	漆膜丰满度、光泽和手感都好，普遍采用的配套
UPE	UPE	—	理论上没问题，实际上很少用气干型不饱和聚酯涂料做面漆，蜡型不饱和聚酯涂料不在本讨论范围
UPE	PU	（1）	经典配套
UV	UV	（1）	未来发展趋势、效率好、环保
UV	PU	（3）	视工艺需要选择、搭配没问题，要解决好前快后慢的问题
W	W	（1）	未来发展趋势
W	PU、NC	特	视工艺需要选择

注：（1）代表最好；（2）代表好；（3）代表可用；“特”代表特殊情况下使用。

表1-4中（3）的评价是可用。UV底PU面的配套没有问题，要考虑的一点是底的生产效率远高于面，生产量的处理上前后怎样衔接。如果单从效率上讲，UV底UV面就可以了。为什么还有人选择UV底PU面呢？一定是从PU面的装饰性上来考虑或者是从PU涂装逐步转向UV涂装的一个过渡，所以选择表1-4中（3）的配套，实在无可非议。

表1-4中（1）的评价分两方面讲。一方面UV底UV面、W底W面这两种配套，除了本身性能、效果、配套均无问题外，当然环保因素就是推荐的又一个重要原因。另一方面，UPE底PU面，不考虑UV涂装的话，是公认的“经典配套”。如要做实色涂装、全封闭透明涂装，这个配套均是“第一选择”。选UPE为底，是因为它可一次性厚涂，PU底要达到这个厚度，一般要涂三次。打磨性好是又一个优点，稍有顾虑的是操作较烦琐，收缩性大。PU作面当然是其不可替代的自然装饰性（与打磨、抛光后的那种效果要分开）。最好的底漆配最好的面漆，配套性又没有问题，评价自然经典、最好。

特殊情况下使用的两种配套：W底、PU或NC作面，在家装时可考虑使用。有时可解决着色不均匀、施工期短等问题。PU底加NC面，这里的PU可视为封闭底漆，也可视为真正的PU底漆。封闭底漆可把NC托起来，木门涂装时，如选用PU底漆，托起效果更好。另外，木门涂装表面保持NC特性，又是易损坏的表面，仍用NC作面漆，容易进行无痕修补。

表1-4是指导性的，应根据实际情况灵活运用。

扫描二维码观看视频，了解水性木器漆的配套性能。

水性木器漆的配套性能

第五节　液体涂料性能

知识目标

理解液体涂料的性能、固体干漆膜性能。

能力目标

能说明液体涂料的性能在施工中的应用；根据固体干漆膜性能，查询漆膜质量检测项目内容。

目前生产中使用的大部分是液体涂料。液体涂料的性能包括颜色、外观透明度、固体分含量、黏度、细度、遮盖力、储存稳定性、施工时限、环保性、干燥时间等，它不仅影响涂料的储存与施工，而且还影响漆膜质量，因此，应了解液体涂料性能，以便更好地选用涂料。

一、清漆透明度

1. 透明度

透明度表示物质透过光线的能力。清漆的颜色应是清澈透明、无任何杂质和沉淀物。清漆多用于透明涂饰，颜色深会影响木纹的清晰显现。涂料中含有杂质和水分将影响成膜后的光泽与颜色，并延迟漆膜的固化时间。根据国家标准有关规定，检测清漆透明度，首先要配制各级透明度（“透明”与“浑浊”）的标准溶液，将涂料试样倒入闭塞管中，放入暗箱的透明光下与一系列不同浑浊程度的标准溶液相比较，选出与试样接近的一级标准溶液的透明度，以此表示被检涂料的透明度。此外，也可采用目测法直接观察试样的透明度。

2. 颜色

木制品的外观颜色是其表面装饰效果的首要因素，其着色效果常受所用涂料（透明清漆、有色透明清漆、不透明色漆、着色剂）颜色的影响。颜色是一种视觉呈现，视觉是指不同波长的光刺激人的眼睛之后，在大脑所引起的反应。涂膜的颜色是当光照射到涂膜上时，经过吸收、反射、折射等作用后，从其表面反射或透射出来，进入人眼睛的颜色。涂膜颜色取决于照射光源、涂膜本身性质和人的眼睛。

涂料颜色测定分两种情况，即透明清漆、PU硬化剂与稀释剂等用比色计测，而含染料或颜料的色漆则用目视比色法或用光度计、色度计等仪器测定色差。

（1）清漆颜色测定　清漆应是无色透明的，外观越纯正，水白透明无色的清漆其品质越好，但实际上多数清漆往往带有微黄色，有些相当深重，因此清漆的颜色越浅越好。根据《GB/T 1722—1992　清漆、清油及稀释剂颜色测定法》规定，是用铁钴比色计测定清漆颜色。铁钴比色计系由三氯化铁、氯化钴和稀盐酸溶液按标准规定的比例，配成深浅不同的18挡色阶溶液（铁钴比色计共分18个色号，号越大颜色越深），分装于18支试管中，管口密封，按顺序排列于架上，即为铁钴比色计。测定时，将受检试样涂料装入试管中，在暗箱透射光下与铁钴比色计进行比较，以最近似的溶液颜色作为该试样的颜色，以色号表示。如：C01—1醇酸清漆11号、C01—7醇酸清漆12号等。

（2）色漆颜色测定 色漆颜色应与其颜色名称一致，纯正均匀，在日光照射下，经久不褪色。检验方法是用目测观察或用色差仪检测，其颜色应符合指定标准样板的色差范围。用目视比色法检测色漆颜色时，将标准样品和受检样品各取5mL滴在对色卡上，然后用膜厚计分别拉出25mm和100mm的色卡比对，待颜色确定后再喷板判定合格与否。

无论清漆或色漆，在漆完全干透后，要求外观平整光滑，无斑点、针孔、皱纹等缺陷。

3. 黏度

黏度表示液体对于流动所具有的内部阻力，它反映涂料黏稠与稀薄的程度。黏度过大的涂料，其内部运动阻力大，流动困难，涂饰不便，湿涂层不易流平，易产生涂痕、起皱等缺陷，影响施工；相反，若涂料黏度过低，会造成流挂，涂层过薄，涂饰遍数过多等缺陷。

测定黏度的方法很多，目前多采用涂-4黏度计测定涂料黏度。涂料在使用时，可分为原始黏度（出厂黏度）和施工黏度。原始黏度为原漆的黏度；施工黏度又称工作黏度，即适合某种涂饰方法使用的黏度。施工黏度是根据生产中的具体情况（如涂料品种与涂饰方法等）经过实验确定的最适宜的黏度，并用具体数字表示出来（如涂-4黏度的秒数），它是制定涂饰工艺规程的重要参数之一。

涂料黏度可用溶剂调节，因此，涂料黏度与涂料组成中溶剂含量有关，当涂料中溶剂含量高，其黏度就低。涂料黏度还与环境气温以及涂料本身温度有关，当气温高或涂料被加热时，黏度会降低。在施工过程中，如果溶剂大量挥发，涂料就会自然变稠。

液体涂料黏度检测方法有很多种，分别用于不同的品种。一般对透明清漆和低黏度色漆的黏度检测以流出法为主，对透明清漆的检测还有气泡法和落球法。对高黏度的清漆或色漆则通过测定不同速率下的应力的方法测定黏度，一般使用旋转黏度计。

流出法是通过测定液体涂料在一定溶积与孔径容器内流出的时间来表示此涂料黏度大小，常用各种黏度杯（计）测定。

（1）涂-4黏度计 我国有关标准规定使用涂-4黏度计测定涂料黏度。它是一个杯状仪器，上部为圆柱形，下部为圆锥形，在锥形底部有直径4mm的漏嘴，容积为100mL。黏度计有塑料制与金属制两种。涂-4黏度计依据流出法原理测试较低黏度的涂料，即测试100mL涂料试样在25℃时从黏度杯底4mm孔径流出的时间，以秒作为时间单位，黏度高的涂料自然流得慢，时间长。

（2）岩田杯（NK-2型） 这是日本的黏度计，目前在我国一些制漆厂与木制品厂中也有应用。其结构原理与涂-4黏度计相同，也是一个圆柱形（下部为锥形）的杯状仪器，其结构尺寸略小（杯内直径35mm，涂-4黏度计为49.5mm），但底孔内径也是4mm。与涂-4黏度计的主要区别为手提式，不像涂-4黏度计是固定在一支架上，岩田杯则有一个可提的把手，使用方便。当要检测涂料放在一广口容器内时，可将岩田杯放入涂料内（杯口没入液面下，涂料应控制温度为25℃），待盛满涂料即提起，涂料从底孔流出开始计时，试样全部流出所需时间的秒数即为涂料的黏度值。

（3）旋转黏度计 其原理是使涂料试样产生流动（通常是回转流动）测定使其达到固定速率时所需的应力，而换算成黏度单位。例如上海天平仪器厂生产的NDJ-1型旋转黏度计（也称B型黏度计）属转盘式，即使涂料试样产生流动的是一盘式转子，是一种用于测量液体的黏性阻力与液体的绝对黏度，附有1～4号四种转子，可根据被测液体黏度的高低随同转速配合选用。

技术性能：

黏度测量范围：10～100000mPa·s

测定转子：1～4号四种转子

转速：6，12，30，60r/min

测量误差：+5%（牛顿型液体）

（4）NDJ-1型旋转黏度计　结构简单，直接悬吊在一个支架上，仪器内有微型电机带动转子自仪器下部伸出，可插接不同型号的转针，将受检涂料送仪器下方使转针深入涂料中，开动仪器，转针在涂料内转动几分钟，仪器刻度盘窗口可以读出数值（红指针的刻度盘值），用仪器读数乘以给定的换算系数，即得涂料产品的旋转黏度值，单位Pa · s。

4. 固体含量

固体含量即液体涂料中不挥发成分的含量，用百分比表示。它可以表示液体涂料的转化率，即一定量的液体涂料涂于制品表面能转化成多少干漆膜。固体含量对涂饰工艺、溶剂消耗与环境污染等均有影响，涂料固体含量越高，成膜厚度越大，可减少溶剂消耗与涂饰遍数，空气污染小，车间通风的动力消耗减少。

涂料在出厂说明书中都标有具体品种的固体含量，在涂饰施工时，若加入稀释剂，则涂料黏度下降，固体含量变小；在储存与施工过程中溶剂大量挥发，则涂料黏度增加，固体含量也会升高。

5. 储存稳定性

储存稳定性是指在规定的条件下，涂料产品抵抗其存放后可能产生的异味、稠度、结皮、返粗、沉底、结块等性能变化的程度。因为涂料是由有机高分子胶体、颜料等有机溶剂等组成的悬浮体，当它在包装桶内储存时，可能发生物理或化学变化，导致变质，如分层、结皮、沉淀、析出、结块、变色、干性减退、干固化或成膜后失光等，这就会影响涂料质量和使用。涂料储存期一般为一年，在储存期内涂料一般可正常使用；若超过储存期，只要涂料外观没有明显变化，就可继续使用。涂料的稳定性与存放的外界环境、温度、光线的照射等因素有关。

6. 干燥时间

干燥时间是指液体涂料在制品表面，由能流动的湿涂层转化成固体干漆膜所需时间，它表明涂料干燥速度的快慢。在整个涂层干燥过程中经历了表面干燥（也称表干、指触干燥、指干）、重涂时间、实际干燥（实干）与可打磨时间、干硬与完全干燥等阶段。对于具体的涂料品种，这些干燥阶段所需时间都在涂料产品使用说明书中有所记载，但在家具企业的具体施工工艺条件下，这些过程究竟需要多少时间，有时需要经过测试来确定，因为它们受空气的湿度、温度、涂层厚度、通风条件、涂料品种等因素的影响。干燥时间对涂装施工的效率、涂装质量、施工周期等均有很大影响。

（1）表面干燥时间　指在规定的干燥条件下，一定厚度的湿漆膜，表面从液态变为固态但其下仍为液态所需要的时间。刚涂饰过的还能流动的湿涂层一般经过暂短的时间便在表面形成了微薄漆膜，此时手指轻触已不黏手，灰尘落上也不再沾住，此时涂层干燥就达到表干阶段。表干快的涂料品种可减少灰尘的影响，干后漆膜表面平滑，很少有灰尘颗粒，涂饰制品立面也很少产生流挂。具体表干时间因涂料品种而异。

（2）重涂时间　PU类（聚氨酯漆）、PE类（不饱和聚酯漆）、NC类（硝基漆）等当采用“湿碰湿”工艺连续喷涂时，需确定允许重涂的最短时间间隔即重涂时间，有的漆可能表干即可连涂，有的漆表干重涂也许早了点，因为过早重涂可能咬起下层涂膜，这需由试验确定。

（3）实际干燥　是指在规定的干燥条件下，从涂饰好的一定厚度的液态漆膜至形成固态漆膜所需要的时间。用手指按压漆膜已不出现痕迹，这时涂层已完全转变成固体漆膜，已干至一定程度，有了一定硬度，但不是最终硬度。有些漆干至此时用砂纸打磨可能糊砂纸，不爽滑，即还未干到可打磨的程度。

（4）可打磨时间　面漆有时需要打磨，有时不打磨（如原光装饰、只涂一遍的面漆层），底漆层多数都必须打磨，因此底漆层允许打磨的时间对整个涂饰工艺过程是很重要的。涂层干至可打磨时间，此时涂层易于打磨，爽滑方便，否则打磨可能糊砂纸，无法打磨。

（5）干硬　是指漆膜已具备相当的硬度，对于面漆干至此时已经可以包装出货，产品表面不怕挤压。此段时间不很准确，此阶段也可称为干硬。

（6）完全干燥　也称彻底干燥，是指漆膜确已干透，已达到最终硬度，具备了漆膜的全部使用性能，木制产品可以使用。但是漆膜干至此程度往往需要数日或更长时间，此时的油漆产品早已离开车间，可能在家具厂的仓库、商场柜台或已到用户手上。

根据我国有关标准规定可用专门的干燥时间测定器或棉球法、指触法等测定涂层的表干与实干时间。

（1）吹棉球法　是在漆膜表面放一片脱脂棉球，用嘴沿水平方向轻吹棉球，如能吹走而不留棉丝，即认为达到表面干燥。

（2）指触法　是用手指轻触漆膜表面，如感到有些发黏，但无漆黏在手上（或指纹没有留下），即认为达到表面干燥或指触干燥。当在漆膜中央用指头用力地摁，而漆膜上没有指纹，且没有漆膜流动的感觉，在漆膜中央用手指尖急速反复地擦时，漆膜表面没有痕迹，即认为达到实际干燥阶段。

（3）压棉球法　是在漆膜上用干燥试验器（为一个200g重的砝码）压上一片脱脂棉球，经30s后移去试验器与脱脂棉球，若漆膜上没有棉球痕迹及失光现象，即认为达到实际干燥。

7. 施工时限

施工时限也称配漆使用期（时）限或称活性期，是指多组分漆当按规定比例调配混合后能允许使用的最长时间。因为多组分漆的几个组分一经混合，交联固化成膜的化学反应便已开始，黏度逐渐增大，即使没有使用也照样能干固，而不能使用，那么能够允许正常使用的时限有多长对于施工影响很大，如果这个时限太短，有时便来不及操作或黏度增加而影响流平，漆膜出现各种缺陷等。例如一般PU类的配漆使用期限为4～8h，而PE类的使用期限为15～20min，PU类比PE类漆使用就方便多了。

检测配漆使用期限可将几个组分在容器中按比例混合后，按规定条件放置，在达到规定的最低时间后，检查其搅拌难易程度、黏度变化与凝胶情况，并将涂饰样板放置一定时间（如24h或48h）后与标准样板对比，检查漆膜外观有无变化或缺陷（如孔穴、流坠、颗粒等）产生，如果不发生异常现象则认为合格，或者配漆后在室温下观察记录其硬化时间。

8. 研磨细度

研磨细度是涂料中颜料及体质颜料分散程度的一种量度。即在规定的条件下，于标准细度计上所得到的读数，该读数表示细度计某处槽的深度，一般以微米（μm）表示。

研磨细度是含颜料的色漆质量指标之一，它对成膜质量、漆膜的光泽、耐久性、涂料的储存稳定性均有很大影响。颗粒细、分散程度好的色漆，其所含颜料能较好地被润湿，颗粒间未被漆料充满的空间少，这样制得的漆膜颜色均匀，表面平整、光泽好，且涂料在储存过程中颜料不易发生沉淀、结块等现象，提高了储存稳定性。当然，细度并非越细越好，要求过细不但延长了制漆时的研磨工时，占用了研磨设备，同时也会影响漆膜的附着力。

由于透明清底漆中含有体质颜料（填料），因而也有细度要求，一般来说，底漆和面漆要求的细度是不一样的，我国目前底漆细度要求不大于50μm或60μm，装饰性面漆细度不大于20μm。根据我国有关标准规定，涂料细度的测定是采用刮板细度计，以微米（μm）数表示。刮板细度计的磨光平板由合金工具钢制成，板上有一长沟槽（长×宽为155mm×12mm），在150mm长度内刻有0～150μm（最小分度为5μm，沟槽倾斜度为1：1000）、0～100μm、0～50μm的表示槽深的等分刻度线。

测定时，将符合产品标准黏度指标的试样用小调漆刀充分搅匀，然后在刮板细度计的沟槽最深部分滴入试样数滴，以能充满沟槽而略有多余为宜。用双手持刀（优质工具碳素钢制），横置在磨光平板上端（在试样边缘处），使刮刀与磨光板表面垂直接触。在3s内，将刮刀由沟槽深的部位向浅的部位拉过，使漆样充满沟槽而平板上不留有余漆。刮刀拉过之后，立即对光观察沟槽中颗粒均匀显露处，记下该处读数，即受检涂料的细度。

9. 遮盖力

遮盖力表示色漆消除底材上的颜色或颜色差异的能力。遮盖力的高低由涂料组成决定。同样质量的色漆产品，遮盖力高的涂料在相同的施工条件下就比遮盖力低的涂料涂饰的面积大。色漆遮盖力测定方法有单位面积质量法、最小漆膜厚度法等。前者应用较多，测定遮盖单位面积所需的最小用漆量，用g/m^2表示遮盖力。

10. 耐黄变性

耐黄变性指涂装后漆膜不发黄，长时间内持续保留原有的色泽和透明度。在白色涂装、高档透明涂装中对底漆和面漆的耐黄变性有严格的要求。

扫描二维码观看视频，了解水性木器漆的耐黄变性能。

水性木器漆的耐黄变性能

二、固体干漆膜性能

涂在木制品以及室内装修的木质材料表面的涂料干燥后所形成的固体漆膜将与制品一起使用多年，应具备一系列使用性能，以达到对制品的装饰、保护作用。固体漆膜应具备的性能主要包括漆膜的附着力、柔韧性、耐液性（酸、碱、水、饮料、溶剂、其他化学药品等各种液体）、耐热、耐寒、耐候、耐温变、耐划伤、耐冲击、耐磨性、光泽、硬度、保光保色性、鲜度持续性、环保性等。

1. 附着力

附着力是指漆膜与被涂基材表面之间或涂层之间相互结合的能力，又称附着性。附着力是一项重要的技术指标，是漆膜具备一系列性能的前提。附着力好的漆膜经久耐用，附着力差的漆膜容易开裂、脱落，无法使用。影响漆膜附着力的因素有涂料种类、成膜物质的硬度、涂饰工艺、被涂饰表面的性质等。

涂料品种不同，漆膜附着力是有差别的，一般来说，漆膜较软的油性漆其附着力好于较硬的树脂漆。

采用不同的涂饰工艺也对附着力有影响，选择异类复合涂层需注意底、面漆的配套性，如早年多用虫胶漆打底时，其上的聚酯漆易整块脱皮；选用同类复合漆层时，某些聚合型漆（如聚氨酯），当上一道涂层过度干燥再涂下道漆时，由于涂层间未能很好交联而影响附着力。所以，在生产中，双组分聚氨酯漆需要连续涂饰多遍时，宜采用表干后接涂的工艺，即所谓的“湿碰湿”涂饰工艺，若因施工条件限制需间隔较长时间（如隔夜施工）再涂时，漆膜表面要经打磨或用溶剂擦拭后再涂下一遍涂料。

被涂饰基材表面状态对附着力也有影响，如木材表面不清洁，有油污、胶质、树脂、灰尘等，木材含水率过高（大于15%），以及涂料本身过于黏稠等，都会降低漆膜的附着力。

2. 硬度

硬度是漆膜抵抗诸如碰撞、压陷、擦划等机械力作用的能力。经过涂饰涂料的各种木制品，漆膜成为制品的最外部表面，直接经受外界环境的作用，接触其他物体，例如木地板、沙发扶手、各种台面、椅面、车厢板、篮球板、乒乓球台等，这些部位的表面漆面都应有较高的硬度。漆膜硬度高，则其表面机械强度高，耐磨性好，能耐磕碰、擦划等。尤其研磨抛光时，坚硬的漆膜易抛出光泽，而软的漆膜一般不能进行抛光。所以凡需抛光的中高档木制品，需要选用硬度较高的涂料，如硝基漆、聚氨酯漆、聚酯漆等。一般酚醛漆、醇酸漆的漆膜比较软，打磨抛光性差。但是，漆膜硬度并非越高越好，过硬的漆膜容易脆裂，影响附着力，抗冲击强度也低。根据有关标准漆膜硬度的测定有摆杆硬度计与铅笔硬度计两种方法，如图1-1所示。

摆杆硬度测定方法的基本原理是：通过摆杆下面嵌入的两个钢球接触涂膜样板，即将摆杆放在欲测的涂膜上摆动，此时钢球压迫漆膜，当摆杆以一定周期摆动时，如果漆膜硬度高，则钢球压入浅，是点接触、摩擦少，则摆动衰减时间长，漆膜软，则钢球压入多，是面接触、摩擦大，则摆动衰减时间短。测定时先测玻璃摆动衰减（振幅为5°~2°）时间，再测漆膜，由于漆膜硬度一般没有超过玻璃硬度，前者所需时间小于后者所需时间，二者时间之比值为一个小数，以此来表示漆膜硬度，例如较硬的漆膜0.8以上，较软的漆膜0.2~0.3。

铅笔硬度属于划痕硬度法，即采用在漆膜表面用硬物（铅笔）划出痕迹或划伤漆膜的方法以测定漆膜硬度。铅笔硬度法有手工操作和仪器试验两种方法，是采用已知硬度的铅笔测定涂膜硬度，以涂膜不被划伤的铅笔硬度（手工操作）或划伤涂膜的下一级硬度的铅笔（仪器试验）作为涂膜的硬度。

根据国标规定，采用一套同批号的中华牌高级绘图铅笔，操作可用手工或仪器，但作为仲裁时要用仪器试验方法。标准规定的一组中华牌高级绘图铅笔为6H、5H、4H、3H、2H、H、HB、B、2B、3B、4B、5B、6B，其中6H最硬，6B最软，由6B~6H硬度递增。

目前国产木器漆中最硬的是UV漆（硬度达4H），较硬的是PU漆（2~3H），市场上现售木器水性漆的硬度普遍低于PU、PE漆的硬度，这是造成其推广应用难的重要原因之一。摆杆硬度与铅笔硬度的试验对比结果如下：

0.6以下	相当于＜1H
0.6~0.7	约1H
0.7~0.8	≤2H
0.8以上	约2~3H

3. 柔韧性

柔韧性指漆膜随其基材一起变形而不发生损坏的能力。以适应不同变形（冲击、震动、冷热、胀缩）的需要。国家标准规定漆膜柔韧性的检测方法是：用柔韧性测定器（见图1-2）上不引起漆膜弯曲破裂的最小轴棒直径表示。柔韧性好的涂料一般为1~3mm。

4. 耐液性

漆膜的耐液性是指漆膜接触各种液体（水、溶剂、饮料、酸、碱盐以及其他化学药品等）时的稳定性，其中包括耐水性、耐酸性、耐碱性、耐溶剂性等。耐液性差的涂料，当其漆膜接触液体时可能出现失光、变色、鼓泡、起皱、变白、印痕等，耐液性好则应无任何变化或变化轻微。

各种木制品在使用中均有接触各种液体的机会，因而要求漆膜应有良好的耐液性。根据《GB/T 4893.1—2005　家

（a）　　（b）

图1-1　硬度计

（a）摆杆硬度计　（b）铅笔硬度计

图1-2　柔韧性测定器

具表面耐冷液测定法》规定，用浸透各种试液（该标准规定了氯化钠、碳酸钠、乙酸、乙醇、洗涤剂、酱油、蓝黑墨水、红墨水、碘酒、花露水、茶水、咖啡、甜炼乳、大豆油、蒸馏水15种液体）的滤纸放在试样表面，经规定时间移去，根据漆膜的损伤程度评级。

5. 耐热性

漆膜的耐热性是指漆膜抵抗热量的能力。耐热性差的漆膜遇热可能出现变色、失光、印痕、鼓泡、起皱、开裂等现象。各类木制品遇热的机会并不多，但是台面类家具（如餐桌、茶几、厨房案台、实验台、写字台等）表面上经常放热茶杯；厨房家具表面可能接触热水、蒸汽与热油，这类木制品的漆膜要有较高的耐热性。

漆膜的耐热性分耐干热和耐湿热两种情况，后者对漆膜性能要求更高，检测漆膜耐热性能时应分耐干热和耐湿热两种方法。

根据《GB/T 4893.3—2005　家具表面耐干热测定法》《GB/T 4893.2—2005　家具表面耐湿热测定法》规定，检测漆膜干热时用一铜试杯（见图1-3，内盛矿物油），加热至规定温度，置于被测样板上，经规定时间后移走，检验漆膜状态与光泽变化情况评级。检验漆膜耐湿热性能在铜试杯下放一块湿布即可。

6. 耐磨性

耐磨性表示漆膜对摩擦作用的抵抗能力。某些木制品对其表面漆膜的耐磨性要求很高，如写字台面、椅座面、地板等。一般来说，硬漆膜的耐磨性高。

根据《GB/T 4893.8—2013　家具表面漆膜理化性能试验 第8部分：耐磨性测定法》，采用漆膜磨耗仪测定漆膜的耐磨性，如图1-4（a）所示。该仪器有一回转圆盘，待测漆膜样板放在圆盘上，圆盘以70～75r/min的速度回转，在漆膜上放一橡胶砂轮，砂轮负载1000g的砝码，在具有一定负载砂轮的研磨下，耐磨性高的漆膜可能研磨几千转甚至几万转后均不露白也未研磨掉漆膜，反之，耐磨性差的漆膜可能研磨几百转便已露白并磨掉（失重）许多漆膜，故漆膜的耐磨性是以一定负载下不露白的研磨转数或漆膜在规定转数（一般100转）下的失重克数表示，并以此来评定漆膜耐磨性等级。

7. 耐温变性

耐温变也称耐冷热温差变化性能，耐冷热温差性是指漆膜抵抗温度由低到高或由高到低这种温度变化而造成漆膜破坏的能力。木制品有时会经受较大的温度变化，如在我国北方冬季时，室内外温度差异较大，漆膜耐温变性好，则漆膜会完好无损，否则可能产生失光、变色、鼓泡与开裂等缺陷。

根据《GB/T 4893.7—2013　家具表面漆膜理化性能试验 第7部分：耐冷热温差测定法》规定，检测耐温变性时，要将涂漆干透的样板连续放入高温（40℃）恒温恒湿箱与低温（－20℃）冰箱，观察漆膜变化，以不发生损坏变化的周期数

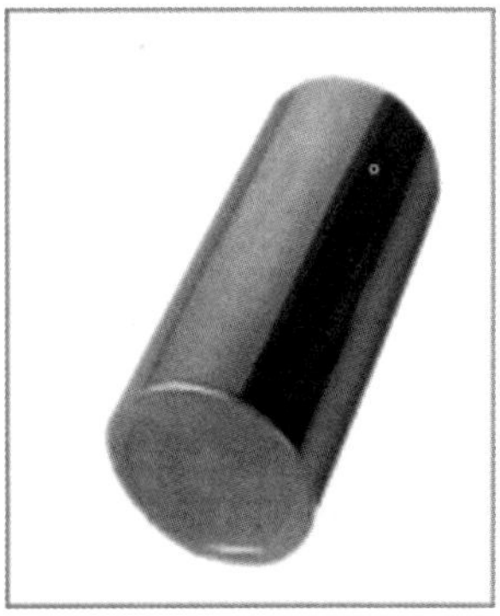

图1-3　铜试杯

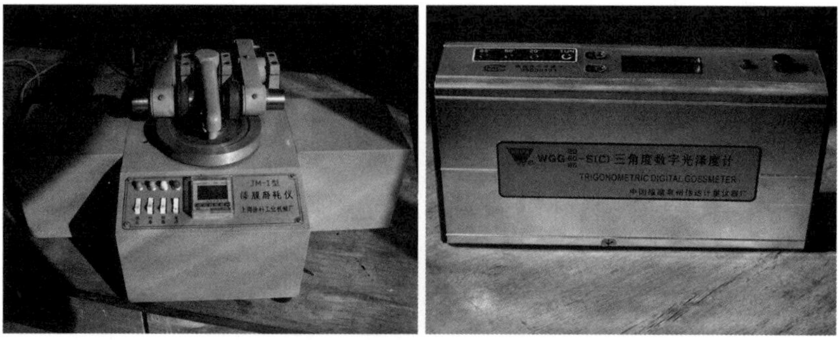

（a）　　（b）

图1-4　漆膜检测仪器

（a）漆膜磨耗仪　（b）国产光泽度测定仪

（从高温到低温）表示。

8. 耐冲击性

漆膜耐冲击性又称抗冲击性强度，是指涂于基材上的涂膜在经受高速重力作用下可能发生变形但漆膜不出现开裂与脱落的能力，它反映了被测漆膜的柔韧性和对基材的附着力，常用冲击试验仪检测。用一定质量的重锤落在漆膜样板上，使涂膜经受伸长变形而不引起破坏的最大高度，用重锤质量与高度的乘积表示涂膜的耐冲击性能，通常用N · cm表示。

9. 漆膜光泽

物体表面被光照射时，光线朝一定方向反射的性能即为光泽。漆膜光泽是其外观质量的重要指标之一，关系到漆膜的使用性能，常用光泽度测定仪检测，如图1-4（b）所示。当漆膜出现微缝、下陷和老化时，就开始失去光泽。影响漆膜光泽的因素很多，主要有涂料品种与性能、基材性质、涂饰方法、涂饰工艺等。

涂料按其光泽可分为亮光漆和亚光漆。亮光漆和亚光漆的漆膜光泽肯定是不同的，即使是亮光漆，由于涂料品种不同，漆的流平性不一样，它的漆膜光泽也不同。

亮光装饰时，基材表面应该是平整光滑的。如果表面粗糙不平，则光线不可能集中向一个方向反射，人们便感到表面不光亮。

涂饰方法不同，漆膜的光泽也有差别，一般喷涂或淋涂的漆膜比刷涂漆膜光泽高。手工涂饰时，擦涂挥发性漆要比刷涂效果好。

漆膜光泽与涂饰工艺有关，涂饰的涂层厚度、填孔质量、中间涂层与表面漆膜的修饰研磨等，都会使漆膜显现不同的光泽。

思考与练习

1. 液体涂料性能有哪些？施工时常测量哪几项？
2. 家具漆膜检测指标有哪些？查阅家具漆膜质量检测国家标准，进一步了解测量步骤和相关内容。
3. 涂料主要产品有哪些？
4. 涂料按施工分类有哪些？
5. 聚氨酯漆、硝基漆、水性漆各有什么特点？
6. 不同涂料使用时如何搭配？
7. 简述腻子的种类及作用。
8. 简述封闭底漆的作用。
9. 着色剂常用的有哪几种？在透明涂装中如何选用？
10. 简述表面干燥时间、可打磨时间、活性期的概念，各有何意义？

第二章

涂装安全管理

直接影响涂膜质量的因素很多，前面已探讨了材料、方法、设备、工艺等因素对涂膜效果的影响。而涂装管理是确保涂装工艺的实施，达到涂装目的和涂膜质量的重要条件，涂装管理包括人员、生产、技术、质量、设备、材料及现场管理等。涂装管理是现代涂装过程中必不可少的环节。

第一节　安全生产管理制度

知识目标

了解涂装安全生产管理制度、员工安全保健。

能力目标

能树立安全生产管理意识，检查、绘制生产消防安全通道图，识别消防安全基本标识。

一、涂装安全生产管理制度

涂装安全生产与防护的基本任务是保障企业生产的顺利进行，使员工的人身安全得到保证，企业财产免遭不必要的损失。为了达到此目的，必须建立各种安全管理制度、制定安全技术规定和规程，必须坚持安全第一、预防为主的原则，并做到有章必循、违章必究，使企业每一个员工认真遵守、执行。

1. 建立涂装安全生产管理制度

没有规矩不成方圆。规章制度就是企业的规矩，没有健全并严格执行的规章制度，企业安全无法保障。安全生产管理制度则是企业管理制度中的一个重要组成部分，是统一全体员工从事安全生产的行动准则，是保证劳动者的安全和健康、保证生产活动顺利进行的手段。安全生产管理制度是根据企业实现稳定、均衡生产的需要，考虑生产技术、工艺过程、物料特性、环境条件等因素而形成的企业员工的安全行为规范。

企业的安全生产管理制度一般可分为安全生产管理制度、安全技术管理制度、工业卫生管理制度三个方面。

（1）安全生产管理制度　包括安全总则、安全生产责任制、安全技术措施管理、安全生产教育、安全生产检查、伤亡事故报告、各类事故管理、特殊区域内施工审批制度、劳动保护设施管理、安全值日制度、安全生产竞赛办法、安全生产奖惩办法、劳动防护用品的发放管理办法、基本建设项目和技术改造项目的三同时（即主体工程与劳动安全卫生工程同时设计、同时施工、同时投产）审查验收管理等。

（2）安全技术管理制度　包括电气安全技术、压力容器安全技术、锅炉安全技术、危险物品安全管理、建筑安全培训、施工安全技术、消防管理、危险场所的安全技术管理、容器内作业、高空作业、企业内机动车辆安全管理、特种作业人员安全管理（培训、考核、发证、持证作业等）、各工种的安全技术操作规程。

（3）工业卫生管理制度　包括尘毒监测、防尘防毒措施、防尘防毒设备的维护管理、职业病和职业中毒的统计报告、防暑降温管理、保健食品制度等。

2. 加强员工安全教育培训

企业必须坚持“员工未合格培训不上岗”的前提，有效保持各项规章制度的运行。安全教育培训制度，包括企业组织的公司（厂）级教育、部门教育、班组教育、特殊工种教育，新员工进入企业，必须按照以上程序逐层进行安全教育培训才能上岗。

3. 安全检查

安全生产检查是安全生产职能部门必须履行的职责，也是监督、指导、及时消除事故隐患、杜绝不安全因素的方法途径和有力措施，各级职能部门必须认真执行这项工作，保留文件记录追踪处理。安全检查内容：安全生产检查应根据生产季节、气候、环境的特点，制定检查项目内容、标准，一般的检查内容包括检查思想、制度、机械设备装置、安全防护设施、安全教育、培训效果、操作行为、劳保用品使用、文明生产、伤亡事故处理等。

（1）检查频率要求　公司一级除了平时不定期抽查外，每年例行安全生产大检查不少于三次。车间一级每月不少于一次，安全生产职能部门每月不少于两次，班组每周不少于一次自查自改。一般常态性检查可分为上岗前检查、过程检查、下岗后检查、夜间巡检，共同消除安全隐患。检查后必须进行评讲活动，公司大检查除了现场消化或有必要进行讲评，有条件时利用黑板报、告示栏等进行讲评，检查后必须有书面报告，列入档案，并作为年度目标管理考核依据。对检查出来的不安全因素或事故隐患，必须出具整改单并落实“三定”工作（定人、定期限、定措施），做到及时复查验收，对整改不力者酌情处罚。

（2）加强消防检查执行　经常向职工进行安全教育，严格执行各项规章制度，积极预防火灾、爆炸、中毒等重大治安灾害事故的发生。对油库以及易燃、易爆、危险品仓库、木工间、电工间和明火使用场所等重点防火部位，按规定设立消防设施，制定章约，经常检查，防患未然，如发生火灾应立即报警和组织扑救。加强各种灭火器材的管理，根据各种灭火器材的特性，按部位配置并及时换药，做到全面有效。现场临时设施搭建应合理布局，对油库、涂料库、木工间、易燃、易爆及危险品仓库与部位、车辆加油等都必须远离明火，严禁吸烟。健全义务消防组织，定时、定人进行消防训练，提高消防知识和实际消防工作能力。

①做好对工人的安全教育工作，提高安全防火意识，遵守安全操作规程和各项规章制度。

②木工间、仓库及易燃易爆等场所不准使用明火，相关电气用品一律要求使用防爆等级。除行政区域外严格禁止在厂内吸烟；生产现场必须严格遵守用电消防安全管理规定，防止电气失火。

③电焊、气割及生产用火时，必须遵守防火安全间距的规定，远离易燃和可燃物，落实防范措施。动火前，必须按级别履行动火审批手续，落实专人现场监察制度，不准违章使用明火。

④每天要做好完工清场工作，工作场所的刨花、木屑等可燃物必须及时处理掉，并堆放到安全地点，易燃、易爆及化工材料必须按规定严格保管和存放，下班后应切断工作间设备电源。

⑤由专人负责，经常检查工作场所的防火安全，对安全隐患必须立即采取措施整改。对无视规章制度、不采取措施整改或违章造成后果的将视情节对当事人及项目部做出处罚，直到辞退，触犯法律的由司法部门依法追究法律责任。

扫描二维码，了解消防安全基本标识。

消防安全基本标识

二、员工安全保健

涂装企业应通过对作业活动及过程所存在的职业安全健康风险进行文件化的管理，以达到对职业安全健康风险的有效防范和控制，并满足职业安全健康管理有关法律法规的要求。

1. 生产现场环境监测

生产环境中应有防治扬尘、噪声、“三废”的有效措施，并在生产作业中认真组织实施，责任落实到人，确保员工健康及人身安全不受到影响。各种有效监测内容如下：

（1）基本原则及前提

①定期对现场防治扬尘、噪声、水污染及环境保护管理工作进行检查。

②确保车间和仓库疏散道路畅通无阻。

③定期进行用水、用电及专业设备安全检查。

④每日检查，确保设备安全及完整，并设置防范措施，避免人身伤害，必须安装方便、好用的紧急洗眼设备。

⑤生产过程中要严格防止因摩擦产生的电火花。

⑥各项劳动保护用品上岗前要检查并定期更换，劳动保护用品必须依据保障安全生产、防止职业伤害的需要，按照不同工种、不同岗位、不同劳动条件向员工发放。

（2）防止泄漏及大气污染监测

①车间和仓库设置排风设备，定期清理，确保设备有效运行。

②涂装水帘机须有效收集涂装废气，合格处理后高空排放。

③定点设置针对各项有机体的侦测器，并连接警报系统，当浓度异常时发布警报。

④定期组织员工体检，分析身体机能变化以及环境对员工身体的影响。

（3）防治水污染监测

①设置合格污水处理系统，确保污水排放达标。

②定期由专业监测单位进行污水排放监测。

③污水排放系统定期检查，定期清理，确保设备有效运行。

④涂装水帘机须有效收集涂装废水，合格处理后集中排放。

（4）防止噪声污染监测

①针对噪声源有效设置隔音设备，确保指标符合国家标准。

②噪声发生地点应设置噪声提示标志，并设置相关防护用品提供进入者使用。

③定期检查，定期清理，确保设备有效运行。

（5）危险废弃物及剧毒原物料

①集中放置，委托专业合格厂商处理。

②定期、不定期检查并评估该专业厂商处理危险废弃物过程对环境造成的影响。

（6）对长期接触剧毒物料的员工，除进行专门培训外，还要有特殊体检、监护及急救措施。

2. 员工劳保制度的建立与执行

化工企业结合自身职业安全、保健的特点，应建立和保持以下方面的运行控制，针对重大职业安全健康风险，建立事故管理责任制度，确保每个部门负责结合企业管理的有关规定，建立文件化的管理程序，在程序中规定运行标准，确保危险作业活动在受控条件下进行。成立由法人代表为组长的事故应急救援领导小组，生产期间保证通信畅通，小组成员手机必须保证24h开机，随时准备处理各种突发性事故。每年定期组织职工进行事故应急救援预案、防火防爆应急措施的演练。一旦发生紧急事故，应按应急救援预案进行处置，并立即向消防及上级有关部门报告。

相关管理制度与执行项目如下：

（1）危险作业活动的管理　包括高空作业、有限空间作业、机械作业、高压电作业、动火作业、破土作业、气瓶充装作业以及接触有毒、有害和腐蚀性或放射性物质的作业等。

（2）危险物品的管理　主要针对易燃易爆品、有毒有害物品、腐蚀物品、放射品等。

（3）变更活动管理　主要包括如下工艺和技术的变更，如：生产装备的新建、改建和扩建；工艺流程和生产方案的变化；工艺参数的修订；工艺技术改进引起的变化；原料、产品及化学药剂性质的变化；工艺操作规程和大机组设备操作规程中的改变；电力及公用介质的变化。

（4）设备、机械、设施变更　如设备设施的更新、改造；设备材料的代用；更换与原设备材质、结构、型号、处理能力不同的设备；临时的配管和接头；新增加的设备、容器或储存罐。

由于上述情况的改变，应对原有的规章制度做出相应改进。主要包括：法律法规及技术标准的变更，工作程序的变更，职业安全健康管理体系的变更，组织机构及人员的变化等。

第二节　涂装安全技术规程

知识目标

了解安全技术规程、防火安全规则、防毒安全规则。

能力目标

能明确家具涂装生产中的安全技术规程。

一、安全技术规程

（1）涂料施工检查，场地应有良好的通风条件，否则，必须待安装通风设备后才能施工。

（2）用钢丝刷、锉刀、气动或电动工具清除铁锈、焊渣、毛刺、旧漆膜时，需戴防护眼镜，以免眼睛受伤。如遇有灰尘、铁末时，应戴防尘口罩，以防呼吸道感染。

（3）在涂刷或喷涂涂料时，需戴防毒口罩和密闭式眼镜。

（4）工作地点的出入口，不可被任何物件堵塞，保持走道畅通。

（5）检查施工前，要仔细检查所用的设备和工具是否安全可靠、合格适用。

（6）当设备的电器装置、照明装置发生故障时，应立即切断电源并及时报告上级领导，安排专业人员修理，切不可自行其是，以防事故。

扫描二维码，了解涂装安全5S管理的内容与作用。

5S管理

二、防火安全规则

（1）经常对涂料检查人员进行防火教育。

（2）施工场所或车间内外醒目处，应设立“严禁吸烟”等标牌。不准携带各种火种进入施工现场以及涂料仓库。

（3）对于燃点低的涂料（如NC漆）或溶剂（天那水），在开桶时，应使用非钢铁件工具，以免产生火花，造成火灾和爆炸事故的发生。

（4）清洗用过的棉纱等物品因含有汽油、香蕉水等易燃物质应集中存放，并派专人妥善保管，定期清除，不要乱扔、乱堆、乱放，更不要放在阳光直射或灼热的地方，以防自燃。

（5）大量的易燃物品应放在指定安全区内，施工现场应尽量避免积存数量过多的涂料和稀释剂。

（6）施工场所的电线、电缆，照明灯、通风设备的电动机和配电设备，必须按防爆等级规定进行安装。

（7）在涂装施工过程中，应尽量避免严重敲打、碰撞、冲击、摩擦等动作，以免产生火花，引起燃烧。

（8）为避免静电积聚，喷漆室和各种固定容器必须有接地装置。

（9）每个施工场所，必须有足够数量适用于该场所、该物料的灭火器等消防器具。每个员工都必须懂得各种灭火方法和消防知识，并能熟练操作各种灭火工具。

（10）万一发生火灾，切勿惊恐乱跑，应该做到一面通知消防队，一面组织力量进行扑救。扑救时首先要扑灭员工身上的火，切断各种设备和照明装置的电源，关闭邻近车间的门窗，防止火势蔓延。

扫描二维码，了解如何正确使用消防器材。

如何正确使用消防器材

三、防毒安全规则

为保障操作人员的身体健康，涂装车间应有切实的卫生安全措施，并经常对操作人员进行卫生教育和训练，使操作人员有必要的卫生安全知识。

（1）施工场所必须有良好的通风、照明、防毒、除尘设备。施工环境中，有毒物质的浓度不得超过国家标准的规定。对有害物质的排放应该严格遵照国家标准的规定，不得任意扩散、自净、转嫁危害和污染环境。

（2）涂装人员（包括检查员）在操作时应穿戴好各种防护用具，如专用工作服、手套、面具、口罩、眼镜、鞋和帽等。

（3）在采用暖风的情况下，不允许采用循环风。

（4）不允许在施工现场吃东西和饮水，以免误食而中毒，工作服要隔离存放和定期清洗。

（5）要定期（至少半年一次）给涂装施工人员进行身体检查，发现有中毒迹象或患有禁忌症时，应及时采取措施。

（6）施工操作人员如感觉头痛、眩晕、心悸时，应立即离开工作地点，到通风处呼吸新鲜空气，若仍觉不适，应立即送医诊治。

第三节 个人安全防护

知识目标

了解涂装中的个人安全劳动防护和安全卫生常识。

能力目标

能在涂装过程中做好个人安全劳动防护。

一、劳动保护

劳动保护是指采取制定法规和技术管理手段，以保护劳动者生产活动中的安全、健康与劳动能力，达到促进社会主义现代化建设和经济发展的目的。

1. 劳动保护的意义

劳动保护工作不仅关系到每个劳动者安全健康和幸福，也是社会主义建设发展的需要。保护工人和一切劳动者的健康和安全，无疑是国家、全民族的大事，也是必须人人关注、人人参与的切身大事。因此，搞好劳动保护是实现安全生产，使社会劳动生产得以顺利进行的重要保证，把"生产必须安全，安全为了生产"的口号变成实际行动，对生产中不安全因素，采取必要的组织措施和技术措施，加以防范和制止，从而保证生产的顺利进行。搞好劳动保护的另一个意义，是有利于调动职工的生产积极性和创造性。这就是在生产全过程中，切实保证职工的安全和健康，不断改善劳动条件，进一步激发职工的生产积极性，有利于促进生产的发展。

2. 劳动保护工作的具体任务

劳动保护工作的任务，是要保护职工在生产活动中的安全与健康，并在发展生产的同时，积极改善劳动条件，将危险降到最低，变危险为安全；是有害得到改善，变有害为无害；是笨重劳动程度降低，变笨重劳动为轻便劳动，消灭脏、乱、差，变肮脏、紊乱为卫生、整洁。要做到安全生产、文明生产，需要做到以下几方面；

（1）积极采取有力措施，控制和消除生产过程中的一切不安全因素，保证职工生产安全，无后顾之忧。

（2）要有劳有逸，劳逸结合，严格控制加班加点，保证职工有适当的工作和休息时间。

（3）根据妇女的生理特征，对女职工应实行特殊的劳动保护，不允许有性别歧视。

二、安全生产和安全管理

1. 安全生产的意义

每个普通的劳动者必须努力学习生产的各种知识，全面了解安全生产的有关知识，在实际生产工作中，想尽一切办法排除存在的各种不安全、不卫生因素。例如家具涂漆，室内装饰，地坪、地板涂漆，看上去好像是一种比较安全的作业，不容易出事故，但实际并非如此。随着新科技、新技术、新工艺的应用，因科技含量的提高，操作难度也自然高了。操作简单，虽然体力消耗比较大，效率也比较低，但比较安全，不容易出事故。现在改用喷涂法，高空作业会有所减少，但减少并不等于没有，高空作业的危险性仍然存在。还有如涂漆作业中所用的涂料、溶剂蒸气的气体，所具有的毒性和在施工过程中可能存在的高温、爆炸、火灾等危害人体健康和生命的危险事故隐患，如不高度重视和预防，后果是不堪设想的。

认真贯彻“五同时”和做好“三不放”。“五同时”即在计划、布置、检查、总结和评比生产工作的同时，要计划、布置、检查总结和评比安全生产，这是贯彻“安全第一、预防为主”的重要内容。出现了事故后，除了按制度做好报告工作和保护现场外，还必须做到“三不放过”，即事故原因不查清不放过，没有措施或措施不力、不落实不放过，事故责任和从事本专业职工及有关人员未接受教训不放过，这是防止和杜绝事故再发生的关键措施。

2. 关于全面安全管理

安全管理听起来似乎只是领导的事，其实不然。任何事情只有领导者重视、领导者去做，肯定是做不好或做不完善的，安全工作同样如此，没有群众的积极参加，就不可能做到全面的安全管理。

全面的安全管理是指对安全生产实行全过程、全员参加和全部工作的安全管理。要做到：

（1）全过程的安全的管理，具体到一个单位，对一个过程从计划、设计开始，包括基建、试运行、施工、包装、运输，一直到更新、报废的全过程，都要进行安全管理和控制。

（2）全员参加安全管理，是指从企业领导、主管科室、车间领导、技术人员、班组长到每个操作工人都参加的安全管理，要求“管理生产的必须管安全，安全生产人人有责”，这是全员管理的核心。

（3）全部工作的安全管理，是指生产过程中的每项工作都要全面分析、全面评价、全面采取措施等，实行“高高兴兴上班，平平安安回家”，成为全部工作安全管理的终结点。

3. 涂料施工的安全管理

（1）全体涂装专业人员，特别是新参加涂装工作人员，都应参加所用的涂装设备及其他新设备的安全使用方法培训。其中包括像家具涂漆、室内装饰和地坪、地板涂漆的工人自认为自己工作性质虽属于涂装作业，但它的安全性远比其他涂装作业安全性要大得多，而无视安全操作重要性的人员，都要积极参加安全培训。

（2）所有涂装作业人员应熟悉所有的涂装设备及其他新型设备的结构、性能、使用方法、维护保养规则和安全技术措施。对新工人应进行专题培训，并应在这些设备的醒目位置张贴安全操作注意事项的标牌，以随时提醒操作人员注意安全操作。

（3）有比较复杂技术要求的设备、检测仪器等，初学涂装的工作人员，没有师傅带领和未经允许，不可随意乱动。

（4）空气压缩机、油水分离器、烘干设备、喷漆室循环风机以及防爆装置等，第一次接触时，应事先弄清楚使用方法和安全注意事项，或在师傅指导下启动使用。

4. 涂装工人的安全卫生常识

涂装工人在日常生产活动中除了接触必要的生产工具和设备外，就是涂料和溶剂了。家具涂漆工艺，有显露木纹的涂装和不透木纹的带色涂料涂装。带色涂料就是第一章所介绍的各种涂料，如脂胶、酚醛、醇酸、硝基、过氯乙烯、环氧、丙烯酸、聚氨酯涂料等。这些涂料，包括与它们配套的各种溶剂，对人体有些什么危害，每个实际操作的工作人员，都必须充分了解。涂料和溶剂所挥发的气体，可以直接通过呼吸道、皮肤、眼黏膜等侵入人体内，通过血液进入循环系统，影响人体内脏和神经系统，还有操作工人在调配涂料和清洗涂装工具以及工件过程中，如不戴防护用具，涂料和溶剂不可避免地接触到皮肤，这些都可能造成急性和慢性中毒。溶剂蒸气浓度高时，对人体神经有严重的刺激和伤害，造成抽筋、头晕、昏迷、瞳孔放大等症状；即使是浓度低时，也可能会有头晕、恶心、呕吐、疲劳和腹痛等现象产生。溶剂的沸点越低，其挥发速度越快，毒性影响也就越厉害。芳香烃溶剂，如苯、甲苯、二甲苯，其蒸气能破坏血液循环和血液正常组成。甲醇有剧毒，长时间吸入，可能引起失眠和癫狂。

涂料中的颜料及填料，许多是金属氧化物和金属盐类，如铅氧化物的红丹、铬黄等均对人体有害。涂料制造过程中加入的各种溶剂，在涂装施工时，如喷漆室内没有良好的抽风设施，则从喷枪内喷出的漆雾不能被迅速排出去，漆雾粒子会不停地从鼻孔甚至口腔吸入肺部和肠胃内，其伤害人体内脏更快、更直接。

第四节　涂料安全储存和保管

知识目标

了解涂料安全储存和保管常识。

能力目标

能正确分类并安全储存和保管涂料。

1. 涂料的储存

涂料的储存稳定性是一项关键性指标。一般应从生产日算起，有半年或一年以上的使用储存期（特殊性能的例外），生产单位应在产品包装上注明，以提醒用户及时使用。因为涂料是一种由有机高分子的胶黏体和颜料组成的悬浮体，它能在包装桶内发生化学以及物理的变化，从而发生变质，例如分层、返粗、絮凝、沉淀、结块、光泽差、变色析出，甚至胶凝硬化等。如果这些变化超过质量允许的范围，就会造成报废，解决方法是购入涂料时必须注意有效使用期，越新鲜越好。掌握购买量，常用常新。

2. 涂料的保管

（1）涂料的储存稳定性与外界存放环境温度、湿度、日光直接照射等因素有关，异常情况有包装物锈蚀、胀罐、破漏、爆裂、发热、自燃等。

（2）涂料的保管一定要有专用仓库，有专人负责，无关人员不得入内，库房内严禁火种。

（3）不允许露天堆放涂料材料，严禁用敞口容器储存涂料，容器应密封良好，涂料应储存在气温为

5～30℃、通风良好、无阳光直接照射的仓库。在运送有机溶剂过程中，应严防静电积聚。尽力缩短原材料的储存期，做到先来先用，超过储存期的或储存中发现异常现象的原材料，经复验后合格的可以继续使用，不合格的按报废处理。

（4）对每批原材料都应取样检验，质量稳定的、常用的可抽样检验。进厂检验是保证涂料质量关的第一道工序，是防止不合格材料投入生产的关键，可以预报问题，事先采取必要的工艺措施，做到按质使用。

扫描二维码，了解涂料保管的防火防爆知识。

防火防爆知识

第五节　环境“三废”处理

知识目标

了解“三废”的危害及处理方法。

能力目标

能查找资料，明确涂料泄露处理的应急预防措施。

一、涂装危害产生

涂装工艺可以简单归纳为：前处理一喷涂一干燥或固化一三废处理。由于涂装作业场所产生大量废气、废水和废渣（简称“三废”）污染大气和水质，直接危害人体的健康，成为人们经常议论的话题——公害。

涂装所产生的污染及危害有涂装生产线内因打磨、擦净工序产生的各种粉尘。

（1）涂装生产线废气　来自前处理、喷漆室、流平室、干燥炉所排放的污染物大体有如下几类：能形成光化学烟雾的有机溶剂，排出恶臭的涂料挥发分，热分解生成物和反应生成物，酸碱雾，漆雾中的粉尘。

（2）涂装生产线废水　主要来自涂装前处理产生的废水，水性涂料的喷漆室及清洗设备中产生的废水，喷漆室水帘机定期排放的废水。

（3）涂装生产线废渣　主要来自漆渣、废水中产生的沉淀物以及各种清洁用布、纸、包装物等。

（4）涂装噪声　主要来自风机和运输装置。

二、涂装与环境、水质的污染

1. 涂装与环境污染

造成环境污染的主要物质是粉尘和有害气体，在喷涂、酸洗作业中有大量的粉尘、漆雾、有毒有害气体向空气中散发，除了无溶剂涂料之外，一般液态涂料的溶剂含量为30%～60%（极少的甚至高达90%）。在涂装过程中全部挥发和放入大气中。除喷涂外，其他如淋涂、浸涂、刷涂、辊涂也向空气中散发大量溶剂蒸气，而打磨腻子产生的粉尘更是危害大气。根据《GB 16297—1996　大气污染物排放标准》所规定，第一类生产性粉尘100mg/m，第二类生产性粉尘150mg/m，而溶剂蒸气浓度应控制在劳动环境最大许可浓度1/10的程度，才认为合格。

对人体健康和生活环境有害且产生恶臭的涂装废气主要是涂料的溶剂和漆膜在烘干时的分解物，它们多是有机的碳氢化合物。

涂装排出空气中产生大气污染的物质有三类：

（1）能成为光化学烟雾的有机溶剂（如二甲苯、异氟丁酮等）。

（2）放出恶臭的涂料挥发物、热分解生成物和反应生成物（如丙烯醛和甲醛等）。

（3）涂料喷雾粉尘。

扫描二维码，了解喷漆技术安全。

喷漆技术安全

2. 涂装与水质污染

在木用涂装工艺中使水质污染的作业有湿打磨后的冲洗、喷漆室的循环用水等。

三、涂装“三废”的处理

1. 涂装废气处理方法

使用不含有机溶剂或有机溶剂含量低的涂料，是解决有机溶剂污染的最有效方法，降低有机溶剂废气的处理量。对于生产线中的干燥固化炉排放的高浓度、小风量的有机溶剂废气，通常使用燃烧法、催化燃烧法、吸附法进行处理；喷漆室排出的低浓度、大风量废气，以前大多使用漆雾絮凝剂或表面活性剂处理，但现在推广使用活性炭吸附法，还有使用活性炭纤维蜂轮法处理有机废气。

2. 废水处理方法

（1）凝集沉淀法　靠自然沉淀从水中分离出来的方法，不适用于在短时间内处理大量的水。

（2）上浮分离处理法　适用于凝集物质的密度比水轻的场合，这种单靠与水的重差分离的称为重力或上浮分离法，在凝集浮游物上附着细小的气泡，使其密度减小，浮在废水表面上分离方法称为加压上浮分离法。

（3）离子交换法　利用离子交换树脂基体上的离子交换基和水中同符号的离子相互交换的方法。

（4）膜分离法　用膜透过溶液使物质分离的方法。

（5）生化处理法　靠自然界中存在的细菌等微生物作用，分解含有机物为主的废水的处理方法。

3. 涂装废渣

涂装废渣一般可采用高温燃烧处理、交付专门的有资质的污染物处理企业集中处理。

4. 噪声治理

家具厂涂装过程中的噪声污染越来越严重，其来源主要是空气压缩及放空、各种涂装操作、自动涂装生产线的传送、机械打磨、机械抛光和打蜡等，具有广泛性和持久性。一方面，家具厂生产工艺的复杂性使得噪声源广泛，影响面大；另一方面，只要声源不停止运转，噪声就不会停止，工人及附近居民就会受到持久的噪声干扰。无防护措施的生产性强噪声对人体会产生多种不良影响。噪声会造成听觉位移、噪声聋，头痛、头晕、记忆力减退、睡眠障碍等神经衰弱综合征，改变心率和血压，引起食欲不振、腹胀等胃肠功能紊乱，对视力、血糖也有影响。

在目前条件下，预防和控制二级以上噪声避耳聋预防措施如下：

（1）一级预防　主要是改进工艺，改造机械结构。室内噪声可采用多孔吸声材料（玻璃纤维、矿渣棉、毛毡等），特殊操作室可采用双层玻璃隔声，加大压缩机机座重量，对机泵、电机等设备设计消声罩。另外，用橡胶等软质材料制成垫片或利用弹簧部件垫在设备下面以减振，也能收到降低噪声效果。同时，也要研制、推广使用舒适的新型个人防护用品，如耳塞、耳罩、防噪声头盔，实行噪声作业与非噪声作业轮换制度。

（2）二级预防　对接触噪声的作业工人定期进行听力检查。此外，职工还应加强自我保护意识，如不在噪声环境中吸烟等。

思考与练习

1. 安全生产管理制度包括哪些方面的内容？
2. 简单说明防火、防毒安全规则。
3. 如何做好个人安全防护？
4. “5S”管理内容有哪些？
5. 聚氨酯漆、硝基漆、水性漆、蓝水和白水如何保存？
6. 废水处理的方法有哪些？

第三章 涂装方法

木制品涂装质量不仅与涂料的质量有关，而且与涂装方法关系很大，涂装方法的选择直接影响涂装质量和效率。选择涂装方法应考虑涂料性能、基材状况、生产形式和涂装质量等因素。此外，还应考虑所选用涂装方法的涂装质量、涂装效率、设备的复杂程度、操作维护是否方便、涂装方法对涂料及被涂装表面的适应性和安全卫生条件等。木制品的涂装方法很多，但基本上分为手工涂装和机械涂装两大类。

手工涂装是使用刷子、棉团、刮刀等手工工具将涂料涂装在木制品或木质零部件上的一种传统涂装方法。其特点是工具比较简单，方法灵活方便，能适应不同形状、大小的涂装对象，依靠熟练的操作技巧，能获得良好的涂装质量，至今在一些中、小型企业中仍有一定应用。但手工涂装劳动强度大，生产效率低，施工环境与卫生条件差。手工涂装根据所用的工具不同分为刷涂法、刮涂法和擦涂法。

第一节 刷涂

知识目标

了解刷涂工具的种类、特点及使用范围。

掌握手工刷涂工具的使用、维护与保养的基本知识。

能力目标

根据涂料种类选用合适的刷涂工具进行刷涂操作。

刷涂法就是使用刷子蘸漆，在被涂装表面形成漆膜的方法，是最普遍的涂装方法。刷涂法工具简单，使用方便，可涂装任何形状的表面，除少数流平性差、固化太快的涂料不宜用刷涂法外，大部分涂料都能够刷涂。刷涂法的缺点是体力劳动强度大，效率低，涂装质量不稳定，且在很大程度上取决于操作者的技术、经验与态度。

刷具种类很多，按形状分为扁形、圆形、歪把形等。按照制造的材料可分为硬毛刷和软毛刷，前者常用猪鬃、马毛制作，后者常用羊毛、狼毫或獾毛制作。市场上通常出售的有扁鬃刷、圆刷、板刷、歪脖刷、羊毛排笔、底纹笔和天然漆刷等，如图3-1所示。木器涂装用得最多的是扁鬃刷、羊毛排笔和羊毛板刷。

一、扁鬃刷及其使用

扁鬃刷又称漆刷，是用铁皮将长毛猪鬃包在扁形木柄上制成的。其刷毛宽度规格有1.27cm（1/2in）、2.54cm（1in）、7.62cm（3in）、10.16cm（4in）等几种。选用时一般以鬃厚、口齐、根硬、毛软并富有弹性、鬃毛有光泽而不易脱落者为上品。

扁鬃刷的刷毛弹性与强度比排笔大，因此多用来涂刷黏度大的涂料，如酚醛漆、调和漆、油性漆等。但各色油漆应用不同的刷子，以免影响色调。

新毛刷初用时其毛易脱落，因此，在使用漆刷之前，应将漆刷放在1#砂纸（180#砂纸）上，来回砂磨刷毛头部，使其磨顺、磨齐后，再蘸取少量涂料在旧的物面上来回涂刷数次，使其浮毛、碎毛脱落，以保证物面漆膜美观。

刷涂施工需要有适宜的环境与条件，如温度、湿度、光线、通风、清洁、环保等，才能保证涂漆的质量与效果。刷涂最好在标准状态条件下（18～25℃）进行。

使用刷子时，要用三个手指握住鬃刷的木柄，大拇指在一面，另一面用食指和中指，不允许刷子在手中松动。用刷子蘸漆时，浸入涂料的深度不宜超过毛长的2/3，刷毛根部避免接触涂料。醮漆后刷子应轻靠容器边缘，以调整漆刷的含漆量，挤出多余的漆，以免到处滴洒。刷涂时要握紧漆刷不要松动，必要时应移动身体与手配合。刷涂操作通常按涂布、刷匀、理顺三个步骤进行。涂布就是按需要的用漆量先在表面上顺木纹刷涂几个长条，每条之间保持一定距离，然后漆刷不再蘸漆，将已涂的长条横向或斜向展开并涂刷均匀，最后漆刷上残留的多余涂料在漆桶边挤擦干净后，再顺木纹方向均匀刷平，以消除刷痕，形成平滑而均匀的涂层。

（a）（b）（c）（d）（e）（f）

图3-1 几种常用刷涂工具

（a）扁鬃刷 （b）歪脖刷 （c）圆鬃刷 （d）底纹笔 （e）排笔 （f）羊毛板刷

刷涂某一具体产品，刷水平面时，每次蘸漆按毛长约2/3；刷垂直面时，每次蘸漆按毛长1/2；刷小件时，每次蘸漆按毛长1/3。刷涂时要握紧漆刷不要松动，必要时应移动身体与手配合。刷漆时手的运力要从轻到重，漆刷的速度要快慢一致。刷涂操作顺序通常是先里后外、先难后易、少蘸多抹，先线角后平面、先上后下、先左后右、先横后竖，从前到后围绕产品从左向右转，一个一个表面刷，避免遗漏。

刷涂柜类产品时，应先用小木块将柜角垫起，以避免漆刷接触地面粘上沙土。刷涂完毕，要检查一遍，看有无遗漏、流淌、皱皮、边角积漆以及涂层不均匀等情况，一经发现就应及时消除。

扫描二维码，观看视频刷涂操作。

刷涂操作

刷痕的产生是由于后刷的涂料还没有刷上时先刷涂料的边缘已经干燥，在涂层间形成深色的接缝痕迹。油基涂料和有光涂料比无光乳胶涂料更容易产生刷痕。为防止产生刷痕，每次刷涂的面积不宜过大。一次所能刷涂的面积、所需时间与涂料的性能和气温有很大关系。在大面积平面上刷涂时，每次刷涂的面积最好在1m^{2}左右，可刷成1.5～1.8m长、0.6m宽的条形。两个人同时刷涂时，一个人从右向左刷涂，另一个人从左向右刷涂。此外，为避免刷痕，每次收刷时都应留茬口。留茬口是指每刷快要结束时，将油刷逐渐抬起，刷毛端部的压力逐渐减小，使涂层慢慢变薄，形成边缘参差不齐、羽毛状的刷涂痕迹。茬口要留在没涂刷过的部位。这种使刷涂或辊涂痕迹边缘的涂层由厚逐渐变薄的涂刷方法，对各种油漆涂料都有用，特别是在大面积的平面上，刷涂有光的油基涂料时就更为重要。

接缝部位涂刷时，对不足以填塞的木板接缝，刷涂时一般采用三个步骤。头一刷与接缝成垂直方向，使涂料插进缝中；第二刷与接缝平行刷涂，使涂料既能进到缝中又能刷平多余的涂料；最后一刷要按整个涂刷面的刷涂方向轻轻平稳地理几刷，理刷时要从接缝的高端理向低端，以便刷上的涂料不会被刮到接缝中，使多余的涂料流淌。

油性漆一般干燥慢，为使涂层均匀可反复回刷多次。但是有些醇酸漆涂层胶凝较快，如果涂刷不当，容易引起涂层流挂、起皱等缺陷，此时应选用毛厚而较硬的长毛鬃刷，增加蘸漆次数，加快刷涂速度，及时收刷边缘棱角，以防流挂。要在涂层胶凝之前尽快收刷均匀，否则易产生涂层厚薄不均、粗糙、流挂等缺陷。

新鬃刷使用前应在180#木砂纸上摩擦刷毛头部，磨顺刷毛使之柔软，并使未牢固的鬃毛脱落，然后用肥皂水洗，再用温水洗净晾干。经过处理的新刷具应平放在干燥箱中或用纸包好并注意防止虫蛀。鬃刷用完后，应将刷毛中的余漆挤出，将刷毛部分浸在水里以隔绝空气，不致干燥，再用时把水甩净即可。长时间不用的刷子一定要用溶剂洗干净，再用洗衣粉水洗净，理直刷毛保存。

二、排笔及其使用

排笔是用细竹管和羊毛制成。每排有4～20管等多种，一般根据被涂装表面的宽度决定，8～16管的应用较多。排笔刷毛软且有弹性，适于涂装黏度低的涂料。因此，排笔广泛用于涂刷水色、虫胶漆、酒色、硝基漆、聚酯漆、聚氨酯漆、丙烯酸漆等。

选择排笔时，以长度适中、具有弹性、不易掉毛、有笔锋的最好。使用排笔时，用手握牢排笔上角，如图3-2所示，一面用大拇指，另一面用四个手指夹住。涂刷时，蘸漆时要把大拇指略松开一点，每次蘸漆后应将刷子的两面在装漆容器的内壁上轻轻地各刮拍一下，使漆液能集中在笔毛头部，蘸漆量要合适，不可过多，这样刷漆时漆液不易滴落，用手腕运笔，下笔要稳准，起笔落笔要轻快，运笔中途可稍重，不可中途停顿，刷完一个长条后，再刷下一个长条，两个长条中间搭接不可过多。始终都要顺木纹方向涂刷，每笔的蘸漆量要均匀，不可一笔多一笔少。刷涂时用力均匀，要顺木纹方向将漆扫直，起笔和落笔要轻快，两笔搭接部分不可重叠过多，也不可一笔轻一笔重，上下两笔涂层之间应有漆刷1/3宽度的重叠，以使膜面均匀平整。手握漆刷应有45°的倾斜，使刷毛有上理下展的作用，否则易出现刷痕与颜色不均匀或出现刷花、流挂缺陷，如出现这些毛病应及时消除。此外，用排笔刷涂过程中，刷毛极易落在涂层上，要及时挑出。

图3-2　排笔及其握法

三、刷具的保养

新排笔或羊毛板刷要先用温水湿润浸泡，用肥皂水洗净晾干，除去刷中的残毛和灰尘。经过处理的新排笔或羊毛板刷应平放在干燥箱中或用纸包好，并注意防止虫蛀。当刷涂PU或PE等聚合型涂料时，刷具用后应立即用相应的稀释剂彻底清洗干净，将刷毛理顺并悬挂直立保管，且不可将漆刷直立于漆中过久，否则刷毛易弯曲、松散、失去弹性。当刷涂虫胶漆、硝基漆等挥发性漆时，排笔或板刷使用后，要先挤掉余漆，用食指和中指夹持刷毛理平直，下一次使用前先在相同溶剂或漆中浸泡软化后即可。若长时间不用应先用稀释剂或洗衣粉溶液彻底洗干净后保存起来。

排笔用完后，必须用溶剂洗干净，并将笔毛垂直理平，使笔尖挺直保管，下次用前在相同的溶剂中泡软即可。刷涂水性木器漆要用到另外一种弹丝刷。

扫描二维码，观看视频水性木器漆最好的涂刷工具。

水性木器漆最好的涂刷工具

第二节　刮涂

知识目标

了解刮涂工具的种类及使用范围。
掌握腻子的刮涂操作方法。

能力目标

能根据基材表面状况刮涂腻子。

刮涂就是采用金属或非金属的刮刀将黏稠涂料进行厚膜涂装的一种方法，一般用来刮腻子和填孔剂，涂布大漆、油性清漆、硝基清漆等。刮涂操作是油漆工的一个重要基本功，特别是在木制家具涂装工艺中，无论采用哪种涂装方法，都离不开刮涂操作。它决定着底材物面的平整光洁与否，并且关系到打磨用的时间，也影响各涂层的质量。

各种白坯的表面通常都有凹陷、气孔、裂缝、钉眼、擦伤以及其他凹凸不平的缺陷。常借助腻子来填满和嵌平。但应该指出，腻子层本身不能提高整个涂层的保护性能，如果刮得过厚还会使整个涂层的力学性能和保护性能下降。因此，被涂物件的表面缺陷尽可能通过砂磨、打平、刨光、清理等手段来提前消除。

一、刮涂工具

刮涂使用的工具有嵌刀、铲刀、牛角刮刀、橡皮刮刀和钢板刮刀等多种，如图3-3所示。

嵌刀又称脚刀，是一种两端有刀刃的钢刀，一端为斜口，另一端为平口。嵌刀用于把腻子嵌补在木材表面的钉眼、虫眼、缝隙等处。

铲刀又称油灰刀、腻子刀，是由钢板镶在木柄内构成，规格有1寸、2寸以至4寸等多种，用于刮涂小件家具或大表面家具。

牛角刮刀又称牛角翘，由牛角或羊角制成，其特点是韧性好，刮腻子时不会在木材表面留下刮痕。小规格的牛角刮刀刀口宽度在4cm以下，中等的在4～10cm，刀口在10cm以上的为大刮刀。选用时以有一定透明度、纹理清晰、板面平整、刀口平齐、上厚下薄为好。

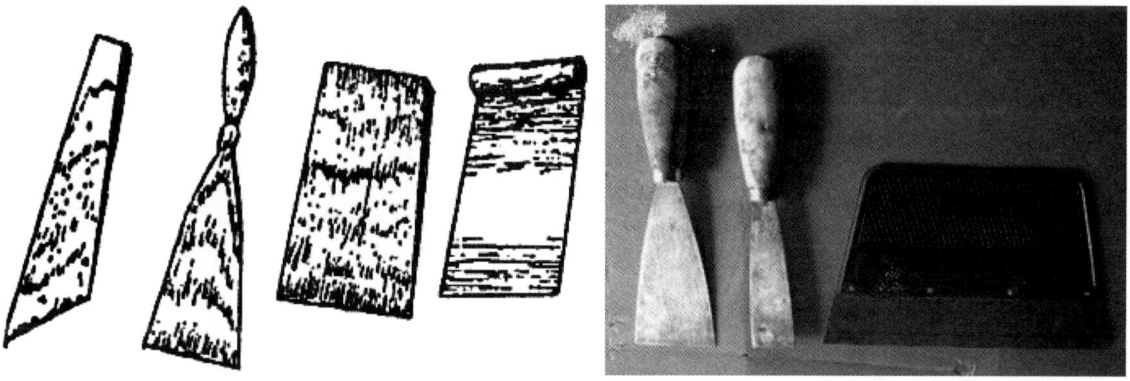

（a）　（b）　（c）　（d）　（b）　（d）

图3-3　刮涂工具

（a）牛角刮刀　（b）铲刀　（c）橡皮刮刀　（d）钢板刮刀

橡皮刮刀是用耐油、耐溶剂性能好、胶质细、含胶量大的橡皮夹在较硬的木柄内制成，多为操作者自制，适合较复杂的边棱满刮腻子使用，或用于刮平大漆表面刷纹等。可先在木柄端部锯开一条与橡皮板厚相应的槽，然后再用生漆或硝基漆将橡皮板粘接在槽内。通常要根据被刮涂表面的大小准备好几种规格的橡皮刮刀。

钢板刮刀是用弹性好的薄钢板或轻质铝合金板镶嵌在木柄内制成，其刀口圆钝，常用于刮涂腻子。

刮涂操作主要有两种：局部嵌补与全面满刮。前者是在木材表面上的如虫眼、钉眼、裂缝等局部缺陷用腻子补平，后者是用填孔着色剂或填平漆全面刮涂在整个表面上。

局部嵌补的目的是将木材表面上的局部洞眼或逆碴补平。嵌补时腻子不可挑得过多，嵌补部位周围不能有多余的腻子，不应将嵌补部位扩大。考虑到腻子干燥后的收缩，可以将缺陷部位补得略高于周围表面。

全面满刮就是刮涂整个木材表面。透明涂装工艺中粗孔材表面的填孔工序和不透明涂装工艺对木材表面进行底层全面填平工序的目的和要求是各不相同，前者是用填孔剂填满木材表面被切割的管孔，表面上下不允许浮有多余的填孔剂，后者则要求在整个表面铺垫上薄层的填平漆。

二、嵌批腻子

手工嵌批腻子的工时，一般要占到工时的40%～50%。腻子批刮好，即使是比较粗陋的底层也能涂饰成漂亮的成品；如果腻子批刮不好，就是没有什么缺陷的底层涂饰后的漆层效果也不会太理想。

1. 嵌批方法一般要求

批刮腻子时，手持铲刀与物面倾斜角度成50°～60°，用力填刮。木材面、抹灰面必须是在经过清理并达到干燥要求后进行，金属面必须经过底层除锈，涂上防锈底漆并在底漆干燥后进行。为了使腻子达到一定的性能，批刮腻子必须分几次进行。每批刮一次算一遍，如头遍腻子、二遍腻子等，要求高的精品要达到四遍以上，每批刮一遍腻子都有它的重点要求。

批刮腻子的要领是实、平、光。第一遍腻子要调得稠厚些，将木材表面的缺陷如虫眼、节疤、裂缝、刨痕等明显处嵌批一下，要求四边粘实。对于个别大的凹坑，要先刮实，然后用填坑腻子填平，不能高出基面。不可一次嵌得太厚，若在木材面上填坑，应用铲刀顺木纹方向先压后刮，填补范围尽量局限在缺陷附近，以减少沾污或留下大的刮痕。第一遍腻子的批刮要领是“实”。

第二遍腻子重点要求填平，在第一遍腻子干燥后，再批刮第二遍腻子。这遍腻子要调得稍稀一些，将第一遍腻子因干燥收缩而仍然不平的凹陷和整个物面上的棕眼满批一遍，要求平整。

第三遍腻子要求光，为打磨创造条件。上道腻子干后进行第三遍腻子的批刮。第三遍腻子要多加一点适用的油漆，调得更稀一些，用铲刀再满批物面一遍。这遍腻子批后应做到正视平平整整，侧视亮光闪闪，手摸光滑。

每遍腻子的操作次序，要先上后下，先左后右，先平面后棱角。刮涂后，要及时将不应刮涂的地方擦净、抠净，以免干结后不好清理。

2. 各种刮板的操作技法及使用范围

（1）橡胶刮板　拇指在前，其余四指托于其后使用。多用于涂刮圆柱、圆角、收边、刮水性腻子和不平物件的头遍腻子。用它刮平面也可以，但不如木刮板刮得平、净、光。

（2）木刮板　顺用的木刮板，虎口朝前大把握着使用。因为它刃平而光，又能带住腻子，所以用它刮平面是最合适的，既能刮薄也能刮厚。横刃的大刮板，用两手拿着使用，先用铲刀将腻子挑到物件上，然后进行刮涂，特点是适用于刮平面和顺着刮圆棱。

（3）硬质塑料刮板　因为弹性较差，腰薄，不能刮涂稠腻子，带腻子的效果也不太好，所以只用于刮涂过氯乙烯腻子（其腻子稠度低）。

（4）钢刮板　板厚体重，板薄腰软，刮涂密封性好，适合刮光。用它刮厚层腻子，因腰软不易刮平。

（5）牛角刮板　具有与椴木刮板相同的效能，其刃韧而不倒，只适合找腻子使用。做腻子讲究盘净、板净，刮得实，干净利落边角齐，平整光滑易打磨，无孔无泡再涂刷。

三、满刮腻子

1. 满刮方法

全面满刮就是刮涂整个木材表面。虽然如此，透明涂装工艺中粗孔材表面的填孔工序和不透明涂装工艺对木材表面进行底层全面填平工序的目的和要求是各不相同，前者是用填孔剂填满木材表面被切割的管孔，表面上下不允许浮有多余的填孔剂，后者则要求在整个表面铺垫上薄层的填平漆。两三下成刮涂法是做腻子的基础。这种刮涂法首先是抹腻子，把物面抹平，然后再刮去多余的腻子，刮光。由于抹的腻子厚，干燥稍慢，能给刮腻子留有一定的工作时间，所以这一技法既适合刮涂头几遍较厚层腻子，也适合做刮涂技术的练习。两三下成刮涂法，在刮涂一板腻子位置上，按操作顺序分为挖腻子、抹腻子、刮腻子三步，如表3-1所示。

表 3-1　刮腻子操作步骤

操作步骤	操作方法
挖腻子	从桶内把腻子挖出来放在托盘上，将水除净，以稀料调节稠度合适后，用湿布盖严，以防干结和混入异物。 当把物件全部清理好后，用刮板在托盘的一头挖一小块腻子使用，挖腻子是凭着刮板向下挖，不要向上掘。经使用后，托盘上的腻子应保持一个整体，以免干燥成渣影响刮涂。刮板的外侧应保持干净利落，刮板两角所带的腻子要一样多

续表

操作步骤	操作方法
抹腻子	把挖起来的腻子马上往物件左上角打，要放得干净利落。若放得不干净，刮板外面和左右两侧存有腻子，是不会把腻子刮均匀的。应把刮板清除干净，然后把刮板的刃全附在物件上，以刃的下脚为转轴，围着腻子向里转半弧，这时腻子就全部随附在物件上，控制在刮板之下。紧随着手腕往下沉，往下一抹，将这板腻子全用完，或者是已抹到头。这一抹要用力均衡，速度一致，逢高不抬，逢低不沉，两边相顾，涂层均匀。抹腻子的最高层应以工作平面的最高点为准，腻子的最厚层以物件平面的最高点为准。刮板下的腻子不断消耗，刮板与工作面的角度应越来越小，以压制腻子填平不平之处。如果腻子不够用或因物件凹陷太深，没有全部抹上腻子，要抓紧时间再从反方向按原手法抹一次，直到把腻子全抹到为止
刮腻子	刮腻子为同一板腻子的第二下。现将剩余的腻子打在紧挨这板腻子的右上角，把刮板里外擦净。再接上一次抹那一板的路线，留着几毫米的厚层不刮，用力按着刮下去，保持平衡并压紧腻子。这时，刮板下的腻子越来越多，所以越刮刮板越趋向于与物面垂直。当刮板刮到头时，将刮板猛一竖直，往怀里一带，就能把剩余的腻子带下来，把带下来的腻子仍然打在右上角。若是这一板还没刮完，那么就得按第二下的方法把刮板弄干净，再来第三下。刮过这三下，腻子已干凝，应争取时间刮紧挨这板的另一板，否则两板接不好，又由于手下过涩，所以再刮就卷皮

操作技巧：含单宁的木材不宜使用铁质刮刀，刮刀材质应较材面硬度稍软为宜。刮涂时，刮刀刀刃对管沟方向保持角度30°，刮刀对材面保持角度50°~60°，刀身与管沟成直角方向移动，则可获得最好的填充效果。

2. 刮涂操作注意事项

调配腻子应松软适宜。黏性太大，腻子不易填入管孔，过于疏松则不能填孔密实，易出现虚填、穿心眼；握刮刀要用力均匀，操作要按顺序进行；养成良好的操作习惯，保持物面清洁，不浪费腻子。

两三下成刮涂法的头一板腻子完成后，紧接着应刮第二板腻子。第二板腻子要求起始早，需要在刮第一板的右边高棱尚未干凝以前刮好，使两板相接平整。刮涂第二板时，可按第一板的刮法刮下去，若剩余的腻子不够一板使用，应补充后再刮。两板相连接处要涂层一致，保持平整。分段刮涂的两个面相连接时，要等前一个面能托住刮板时再刮，否则易出现卷皮。

除熟练地掌握嵌批、批各道腻子的技巧和方法外，还应掌握腻子中各种材料的特点，选用合适性质的腻子及嵌批工具。如抹灰与漆的底层腻子可用菜胶腻子，面料腻了用钢皮刮板满批。

3. 不同腻子的刮涂注意事项

硝基腻子干燥较快，所以刮涂腻子的动作要快，尽可能一刀刮成，最多不超过两刀，腻层要薄，刮涂要平，一般不超过1mm，待30～60min后可刮第二遍。

刮涂水性腻子或慢性腻子，事先做好充分准备，都会有刮涂三下的时间。如果准备不足都没刮准、没刮平，就不应再刮了。否则不但不能把以前刮的腻子刮好，还会刮坏，刮卷皮脱落。若再来一下，卷脱的腻子又堆积成块了。想刮好，就要根据腻子的干燥情况抢时间，一般在20～30s之内。刮完第一板所留有的一条厚层腻子，是准备与刮第二板相接，作润滑刮板使用。如果刮涂到物件的末端或中间停刮，这条厚层腻子就不必留。

防止卷皮或发涩的办法是在同样腻子条件下，只有加快速度刮完，或者再次增添腻子以保证润滑，后增添腻子，涂层增厚，需费工时打磨。

第三节　擦涂

知识目标

掌握擦涂工具的制作与方法。

能力目标

能制作擦涂工具。

能均匀擦涂底色、格丽斯。

擦涂法也称揩涂或拖涂法，是用棉球蘸取低浓度挥发性漆，多次擦涂表面形成漆膜的方法。这种方法只适用于低浓度挥发性漆（如固体含量为10%左右的虫胶漆、硝基漆等）。此法操作烦琐，但可获得韧性好、表面平整光滑、木材纹理清晰、花纹图案极富立体感和装饰性的透明漆膜，同时木材表面的各种缺陷如斑点、条痕等微小的擦伤等都会明显暴露出来，所以，擦涂法所要求的木材表面应是完美的。中高级木制品用此法涂装硝基清漆，曾经历相当长的时间，在过去曾是主要的涂装方法。目前内销家具应用较少，部分出口家具应用较多。

擦涂所用的工具是棉球。棉球内的材料应是在涂料溶剂作用下不致失去弹性的细纤维，过去多用脱脂棉、羊毛、旧绒线或尼龙丝等，现多用旧绒线或尼龙丝。外包布通常用棉布、亚麻布或细麻布等，棉球的制作过程如图3-4所示。

擦涂时蘸漆不宜过多，只要轻轻挤压时有适量的漆从内渗出即可。擦涂时用力要均匀，棉球不能捏得过紧，动作要轻快，棉球初接触表面或离开表面应呈滑动姿势，不应垂直起落。整个擦涂过程中，棉球移动要有规律、有顺序，不能无规律乱涂，也不能固定在一个地方来回擦，更不能太慢或中途停顿。擦涂的方式有直涂、圈涂、“8”字涂、横涂和斜涂，如图3-5所示，具体擦涂时，一般先在表面上顺木纹擦涂几遍，接着进行圈涂，圈涂要有一定规律，棉球在表面上一边转圈一边顺木纹方向以匀速移动，从表面的一头擦涂到另一头。圈涂几遍后，圆圈直径也增大，可由小圈、中圈到大圈。除圈涂外，也可以呈波浪形、“8”字形等。圈涂进行几十遍，这时可能留下曲形涂痕，因此还要采用横涂、斜涂数遍后，再顺木纹直涂的方法，以求漆膜平整，并消除涂痕，这样就完成了一次擦涂。之后表面经过一段时间的静置（12h以上），进行第

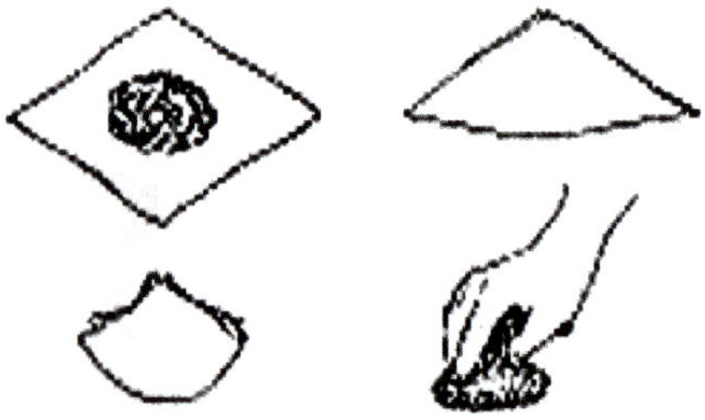

图3-4　棉球的制作及握法

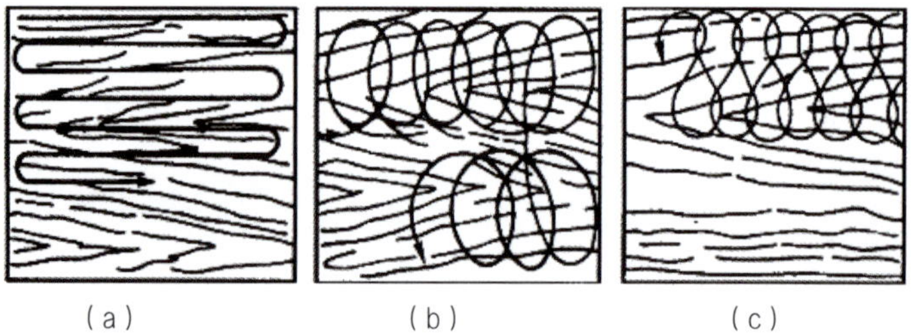

图3-5　擦涂方式

（a）直涂　（b）圈涂　（c）“8”字形擦涂

二次擦涂，最后经过漆膜修整，完成涂装过程。擦涂法虽然能获得高质量的漆膜，但操作者体力劳动繁重，施工周期长，生产效率低。

扫描二维码，了解底、面着色注意事项和水性木器漆美纹宝。

底、面着色注意事项　　水性木器漆美纹宝

第四节　空气喷涂

知识目标

了解手工喷涂方法的原理、特点和适用性。

掌握手工空气涂装工具的使用、维护与保养的基本知识。

能力目标

能安装调试空气喷涂工具设备。

能使用喷枪进行底、面漆的喷涂。

随着对环境与油漆工保护意识的增强以及消费者对家具涂装质量要求的提高，手工涂装方法在现代家具涂装技术中所占比例越来越小，取而代之的是各种机械涂装方法，如喷涂、淋涂和辊涂等，技术含量不断提高，如全自动喷涂室、智能化喷涂系统、机器人涂装和自动涂装生产线的出现，大大提高了生产效率和涂装质量，同时彻底改善了涂装环境，有效地保护了油漆工的身心健康。喷涂工具和设备的种类很多，以下主要介绍用于空气喷涂的工具和设备。

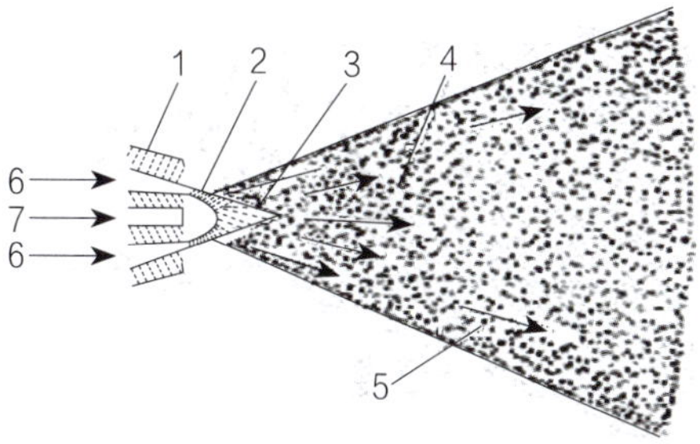

图3-6　环状喷嘴喷枪

1—喷头　2—负压区　3—剩余压力区　4—喷涂区　5—雾化区　6—压缩空气　7—涂料

一、空气喷涂原理

空气喷涂又称气压喷涂，是以喷枪为工具，利用压缩空气的气流将涂料吹散、雾化并喷在被涂装表面，形成连续完整涂层的一种涂装方法。它的基本原理如图3-6和图3-7所示。当一定压力（0.2～0.4MPa）的压缩空气从喷嘴的环形孔喷出时，在喷嘴前形成负压，涂料在大气压作用下（或对涂料加压），通过喷嘴中心孔道被抽出，涂料与

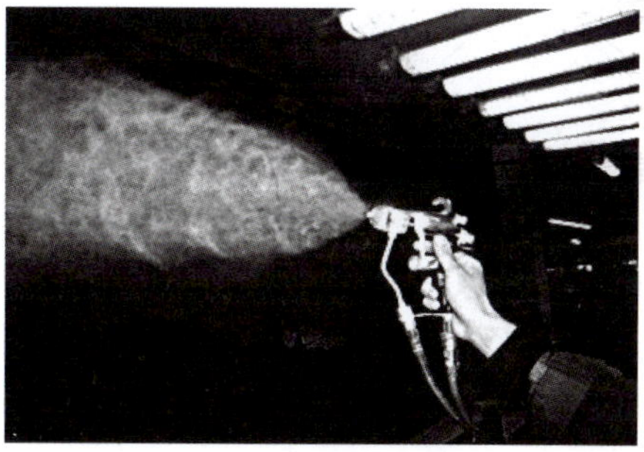

图3-7　扇形漆雾

压缩空气相会后被分散成微小的涂料颗粒，在被涂装表面上形成漆膜。

二、特点

1. 空气喷涂的优点

（1）可喷涂的涂料范围广　既可以喷涂慢干的油性漆，也可以喷涂快干的硝基漆、丙烯酸漆，对低黏度的染色剂也能喷涂。

（2）生产效率高　喷涂效率是手工涂装的8～10倍，每小时涂装面积可达150～200m^2，对大型工件的效率更为显著；喷涂可以实现机械化、自动化、智能化机器人涂装。

（3）涂装质量高　喷涂时涂料被雾化成极细的微粒，所以漆膜细致，装饰性好。

（4）适应性强　既能喷涂未组装的零部件，也能喷涂组装好的整体制品。对于制品上的倾斜凹凸及曲线部位的涂装比较方便，对于零部件的较隐蔽部件（如缝隙、凹凸）也可均匀地喷涂，喷涂较大零部件或产品时（如组装后的美式家具），更能显示其高效率的涂装优势。

2. 空气喷涂的缺点

（1）涂料利用率低，所有雾化的涂料不能完全落到被涂装表面上。

（2）一次喷涂的漆膜厚度有限，需多次喷涂才能达到一定厚度。

（3）跑到空气中的涂料和溶剂污染环境，需要通风排气装置。

三、空气喷涂设备

空气喷涂的主要设备是由喷枪、压缩空气机、储气罐、油水分离器、水帘机、排风设备、转台、风管、油管、电控箱等设备加上必需的喷涂室、烤漆房组成的，如图3-8至图3-11所示。

（一）喷涂室

喷涂室的主要作用是排除空气中的漆雾和溶剂蒸气，创造良好的喷涂环境。喷涂时，从射流脱离的涂料粒子、从工件反弹的涂料粒子以及从工件边缘飞逸的涂料粒子，形成漆雾悬浮在空气中；从高速射流蒸发的溶剂蒸气，也充满于空气中，这些漆雾与溶剂蒸气，如不及时排除，不仅危害人体健康，还可能引起火灾及爆炸的危险。另外，合理的喷涂环境对提高涂层质量也是很重要的。因此，喷涂室将喷涂限制在一定的空间内，还需配有控制风速、防尘、控制温湿度、照明的设备。

为了使喷涂室内的空气清洁、无尘，喷涂室的门窗都应装有空气净化过滤装置，常用200目绢丝布安装在门窗上，使进入喷涂室的空气被过滤、除尘，达到净化的目的。工作台前方是水帘机及排气风扇，可使喷涂作业时产生的飞扬漆雾被排气扇排出室外，保持室内空气清新，这样有利于操作者的身体健康，也可防止飞扬的漆雾溅落在喷涂后的被涂物表面，保证了被涂面的平整、光滑。

涂料室的主要结构包括室体、工件的放置和装卸设备、通风设备以及过滤设备等。室体一般由金属板制作，防止火灾。

涂装操作时，因涂料在空气中雾化会污染施工场所，影响人体健康，需设置喷漆水帘机，这是涂装作业喷涂室所必须具备的排气装置，原理是在抽走含有漆雾的空气时，用水幕洗下漆雾而排出干净空气，通过湿式水幕来净化操作环境。

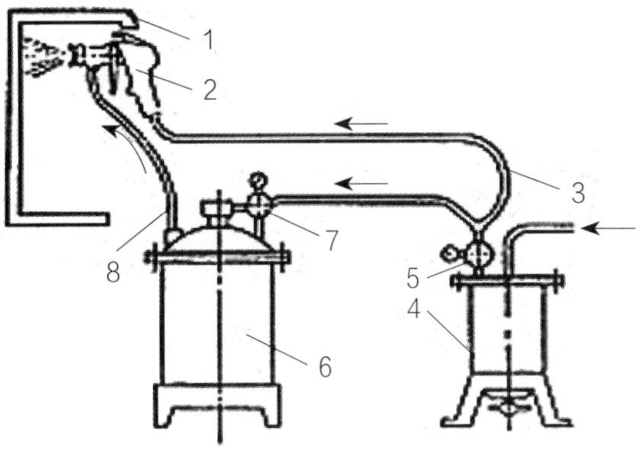

图3-8　空气喷涂设备

1—喷涂室　2—喷漆枪　3—输气软管　4—油水分离器

5，7—调压器　6—储漆罐　8—输漆软管

图3-9　烤漆房（内有干燥小车）

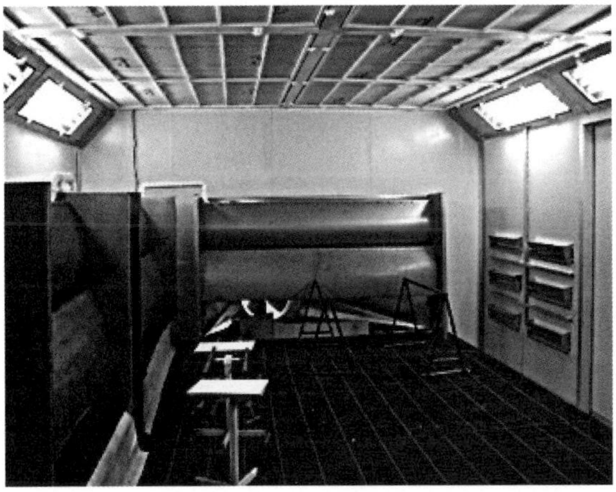

图3-10　喷涂室

图3-11　电控箱

1. 喷涂室分类

根据不同的需要，喷涂室的种类很多，通常有以下几种分类法。

（1）按被涂装工件的装卸及作业方式分类　分为连续式和间歇式两种。连续式喷涂室常用悬吊式运输机、地面式运输机等运输工件通过喷涂室时进行喷涂，常用于大批量生产。间歇式喷涂室是工件放在室内回转的圆台上或用小车等推入进行喷涂，喷好后的工件从同一门取出，此种方式适用于小规模生产。

（2）按抽风机的气流流向分类　分为横向抽风、纵向抽风和底部抽风三种。

（3）按漆雾的过滤方式分类　分为干式和湿式两种，如表3-2所示，图3-12所示为湿式喷涂室结构示意图。

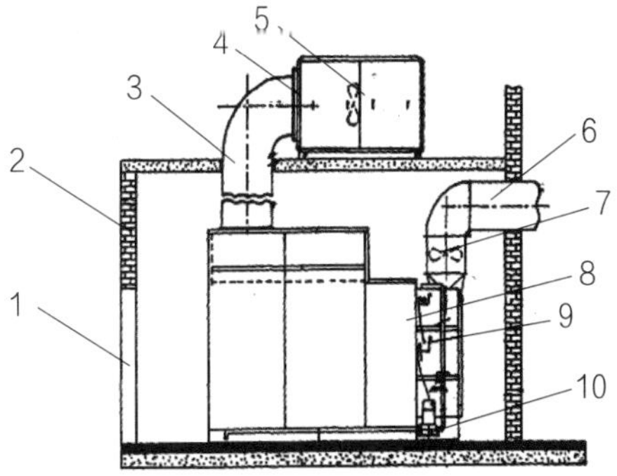

图3-12　湿式喷涂室结构示意图

1—门　2—墙体　3—进风管道　4—空气净化装置　5—引风机　6—排气管道　7—排气风机　8—不锈钢水帘导流板　9—水槽　10—循环水泵

2. 喷涂室选择原则

（1）生产规模　大量连续喷涂宜采用湿式喷涂室，小量或零散喷涂宜采用干式喷涂室。

（2）涂料种类　使用各种涂料时，漆雾与溶剂蒸气排出室外无危险时，宜采用干式喷涂室。若喷涂快干性涂料，漆雾与溶剂蒸气排出室外有危险时，宜采用湿式喷涂室。

（3）工件的形状、尺寸　工件的形状不同（如回转件和平面件）占有的空间也不一样，尺寸小的或回转件可考虑采用干式喷涂室，尺寸大的可考虑湿式喷涂室。

3. 喷涂室的设计原则

（1）喷涂作业应限制在密封或半密封的喷涂室内进行，避免漆雾与溶剂蒸气扩散到其他地方。

（2）应及时直接排走喷涂产生的漆雾与溶剂蒸气。

（3）排出的漆雾及溶剂蒸气应进行有效的过滤，以免污染空气及设备本身。

（4）喷涂操作人员在喷涂区之外有新鲜空气流的地方作业。

（5）喷涂室内的照明应便于喷涂操作人员的观察，室内的通电设备均应防爆。

（6）室内的结构尺寸应设计合理。

表 3-2　喷涂室分类

分类型式			结构示意图	工作原理、特点
干式	折流板式		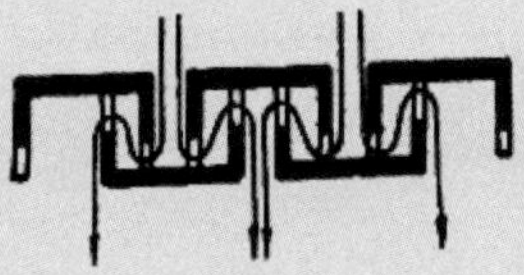	由数块梳状边缘的槽型板交错排列组成，含漆雾及溶剂的气流经两次折流后，涂料质点黏附在板上。 这种型式结构简单，成本低，不产生堵塞现象，但过滤效果差，需定期清扫，适用于少量喷涂
	垫网式		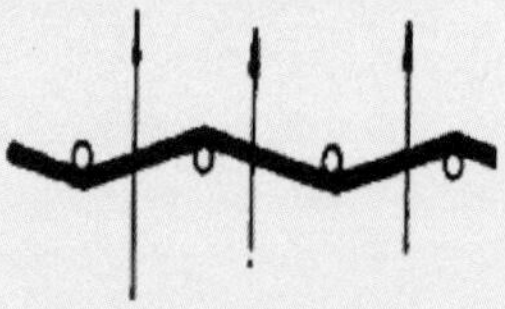	由玻璃纤维或其他材质构成过滤垫网，气流经过时，涂料质点黏附在网上。 这种型式结构简单，较折流板式过滤效果好，但垫网易堵塞，需经常更换，适用于少量喷涂
	组合式		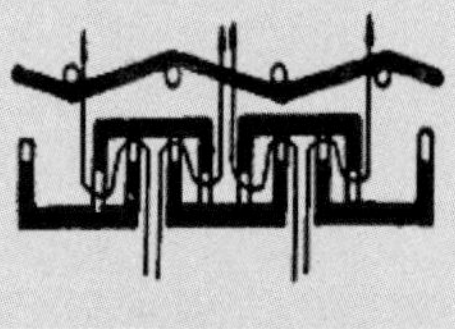	由上两种型式组合而成，折流板作为粗过滤，垫网作为精过滤。 这种型式结构简单，结合两种过滤的特点，过滤效果好，更换次数少，适用于少量喷涂
湿式	喷水式	普通式	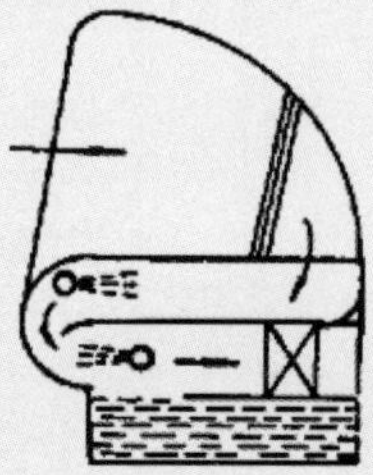	普通式的室体为一面敞开的，在风机的作用下，气流首先经过折流板或垫网过滤，再经过两次逆气流喷水过滤。气流经两个喷水头之间圆弧面时，由于离心力的作用，涂料质点附于其上，用水冲下，流入水槽中，气流经水分离器排出。 这种型式结构紧凑，过滤效果好，占地面积小，但喷嘴易堵塞，适用于少量喷涂

续表

分类型式			结构示意图	工作原理、特点
湿式	喷水式	上侧吸入式	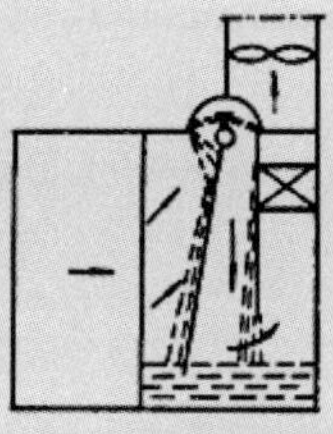	上侧吸入式是气流从过滤设备的上方进入，从喷水管喷出的水流经其上方的凸板凹面折射向两侧，然后从淌水板流下来。在风机的作用下，气流绕喷水头经四层水层后经气水分离器排出。 这种型式过滤效果好，但需要水循环系统，设备费用高，喷嘴易堵塞，适用于通过式大批量工件的喷涂，漆雾多处于上方时的情况
湿式	喷水式	下侧吸入式	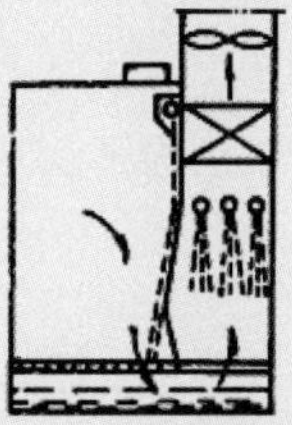	下侧吸入是气流从下方进入，因喷大型制品时，喷枪常向上，工件的移动多为地面运输机。 这种型式适用于较大工件的喷涂，常伴有上送风系统，改善气流流向
湿式	喷水式	上下吸入式	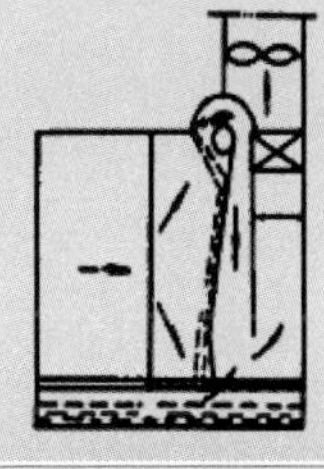	上下吸入式是气流从上下两个方向进入，从喷水管喷出的水经折射后从淌水板流下。 这种型式适用于漆雾多处于中部时的情况
湿式	溢流式		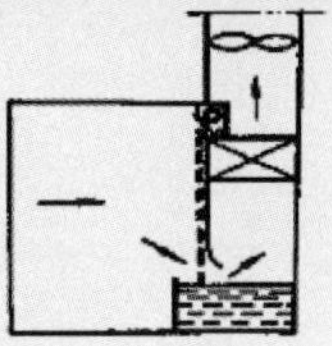	溢流式是溢流槽中的水在淌水板上溢流而下，从水管流出的水经侧边的隔板稳流后从边部溢出，气流经底部水膜时被吸附。 这种型式淌水板下部呈圆弧状向内弯曲，可以减小气流的阻力，其水膜厚度应适宜，既不产生飞溅，也不产生断流，溢流式与喷水式可以组合使用

4. 喷涂室的维护

喷涂室维护时应检查以下方面:

（1）检查折流板和垫网是否黏附过多的涂料。

（2）喷水嘴是否堵塞。

（3）溢流水层是否正常，是否有水飞溅或断流现象。

（4）气水分离器工作是否正常。

（5）排气通风机和排气管是否黏附涂料和水。

（6）喷涂室内风速是否正常。

（7）风机和水泵电机电流是否超出规定。

（二）空气压缩机

空气压缩机如图3-13所示，通常放在喷涂室外。空气压缩机的大小随生产规模的大小而定。如供一支口径为$1.5m^2$、漆罐为700mL的喷枪采用的压缩机为$1.5 \sim 2m^3$，生产规模大的选用更大的空气压缩机，另应增设合适的储气罐。储气罐的储量应与选用的压缩机排气量相对应。喷枪用的压缩空气压力一般调节在

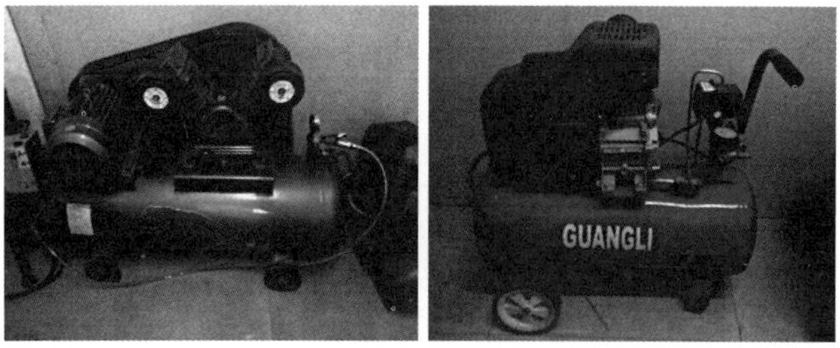

图3-13　空气压缩机

0.8MPa以内的状态。空气压缩机的压力过大，喷枪出口的压力往往会增大，漆雾飞扬，浪费较多，涂层就会容易起橘皮；反之，空气压缩机的压力过小，则喷枪口的压缩空气压力不高，使漆液难于雾化而造成涂膜表面粗糙、有条纹等弊病。空气压缩机的压力还因使用喷枪数量的多少而变动，喷枪多，压力就应该大一点，喷枪少，则压力可以小一点，只要空气压缩机的压力能维持喷枪使用时的空气压力在0.4～0.6MPa即可。空气压缩机在班前、班后或连续运行2h之后都应将积聚的水排空。

（三）空气清净器

空气被压缩之后，空气中原有的水分、油脂会被压出而游离于高压空气中，油水分离器就是用来把水分、油脂与高压空气分离开，不让水分和油脂随压缩空气经喷枪口喷涂在膜面上，否则会造成跑油、气泡、发白等漆膜病态。空气清净器一般设置在储气罐底部、输气管路或各用气点上（每支喷枪连接处）。

空气清净器如图3-14所示，作用是除去空气中的灰尘、杂质、油污。在涂装操作时，减压阀和空气清净器是连成一体的，减压阀有压力表，它的作用是可以对压力进行调整，并将其保持在一个定值。在小型作业时常选用油水分离器（见图3-15），压缩空气进入油水分离器（结构见图3-16）后，水珠、油滴就会被分离出来，沿分离的切线沉积在分离器的底部，干净的压缩空气则从分离器的顶部排出并用作喷涂，达到分离油、水的作用。油水分离器在喷涂作业中很重要，但往往不被操作者重视，甚至在喷涂作业中出现漆膜病态时也不会去检查排放油水分离器底部的积液，这是在实际生产中经常碰到的操作错误。因此，在实际操作过程中要求生产者操作前首先要排放油水分离器中的积液，一般在管道上安装的油水分离器在班前、班后或连续运行2h之后都应将积聚的水排空。在梅雨季节则要求隔15min或更短的时间放一次积液。当油水分离器使用一段时间后需进行清理和更换，过滤材料过23个月后要检查清理一次，毛毡需新换，焦炭、木炭经高温烘干后可重新使用。

图3-14　空气清净器

图3-15　小型油水分离器外形图

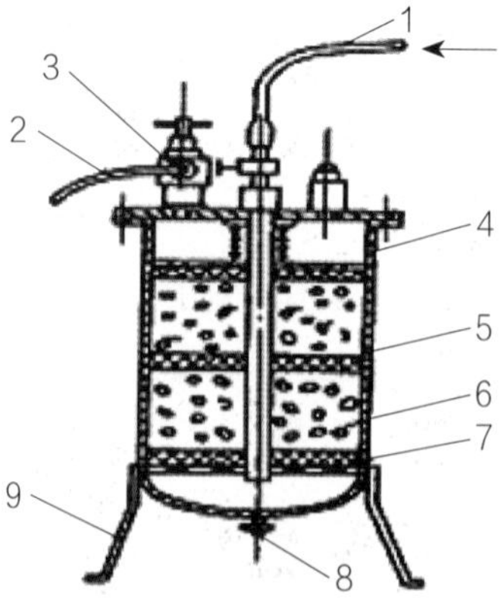

图3-16　油水分离器结构

1—进气管　2—出气管　3—减压阀

4—筒体　5—毛毡层　6—焦炭

7—格板　8—排污管　9—支架

（四）喷枪

1. 喷枪种类

喷枪的种类繁多，分类方法也很多。按涂料与压缩空气的混合方式可分为内混合式和外混合式两种，见表3-3；按涂料的供给方式可分为吸入式、自流式和压入式三种，见表3-4。

表 3-3　喷枪按混合方式分类

型式	结构示意图	特点
内混合式	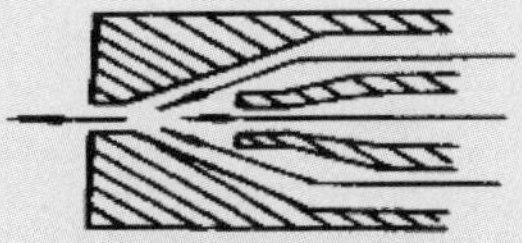	此种方式的涂料和压缩空气在喷头内混合后喷出。该型式用于涂料受压力喷涂的喷枪，射流断面呈圆形；也适用于狭长缝隙形涂料喷嘴的喷枪。为防止过量涂料喷出，涂料所受压力不宜过高
外混合式	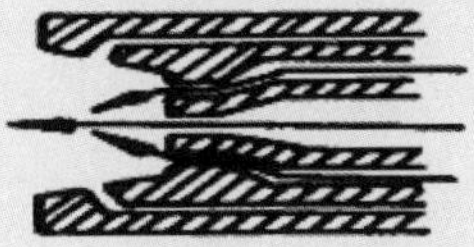	此种方式的涂料和压缩空气在喷头外混合后喷出。该型式用于涂料受压力或真空力喷涂的喷枪，射流断面形状可以调节，使之呈扁平形（水平或垂直椭圆形）

表 3-4　喷枪按供料方式分类

型式	结构示意图	特点
吸入式	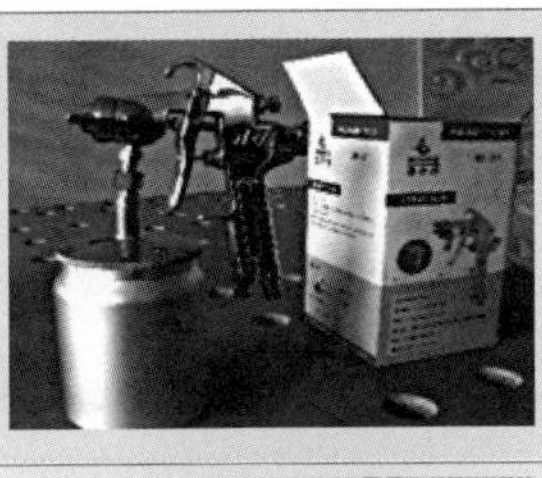	①储漆罐安装在枪身下方，涂料添加和更换方便； ②喷出量受涂料黏度影响； ③储漆罐容量小，仅适合小面积喷涂； ④喷枪重，不适合长时间作业； ⑤过度倾斜储漆罐，涂料易溢出
自流式		①储漆罐安装在枪身上方； ②少量涂料也可喷涂； ③若储漆罐换成吊桶，则适合大面积喷涂； ④喷出量受涂料液面高度影响； ⑤多种涂料要多个储漆罐或吊桶； ⑥涂料吊桶输料管长，清洗困难
压入式		①适合大面积、大批量喷涂； ②喷涂量可调； ③喷枪方向不受限制； ④无储漆罐，喷枪质量轻； ⑤多种涂料要备多个压力漆桶及输料连管或吊桶； ⑥需配空气压缩机，费用高； ⑦清洗困难

2. 喷枪结构

喷枪结构如图3-17所示，喷头结构和作用如图3-18和表3-5所示。

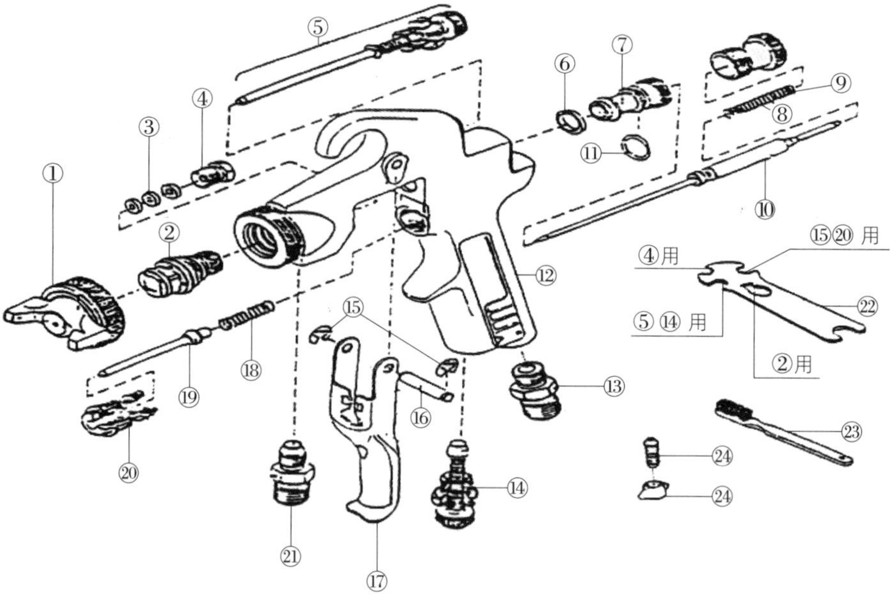

图3-17 喷枪结构分解

①—空气盖 ②—涂料喷嘴 ③—针阀密封圈 ④—针阀螺丝 ⑤—喷幅调整装置 ⑥—油量调节钮 ⑦—针阀导管 ⑧，⑨—针阀弹簧 ⑩—针阀 ⑪—针阀密封圈 ⑫—枪柄 ⑬—空气管接口 ⑭—气量调节钮 ⑮—板机固定环 ⑯—板机横插销 ⑰—扳机 ⑱—空气阀弹簧 ⑲—空气阀 ⑳—空气阀座 ㉑—涂料输送接口 ㉒—工具扳手 ㉓—清洁刷 ㉔—进气管接头

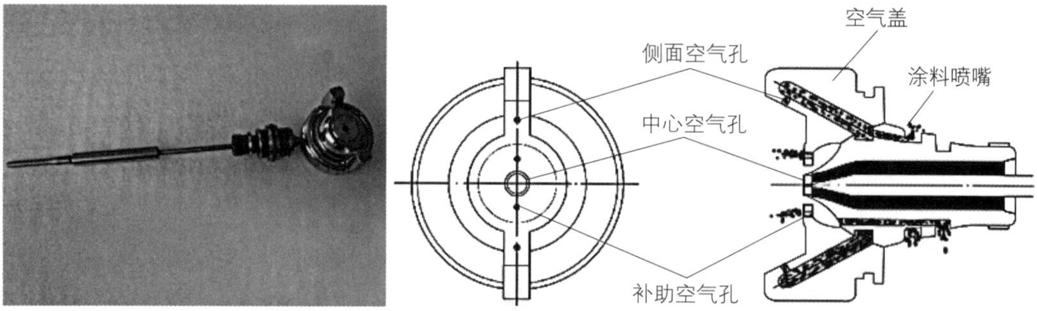

图3-18 喷头结构

表 3-5 喷枪结构及作用

序号	功能件名称	图片
1	空气盖	 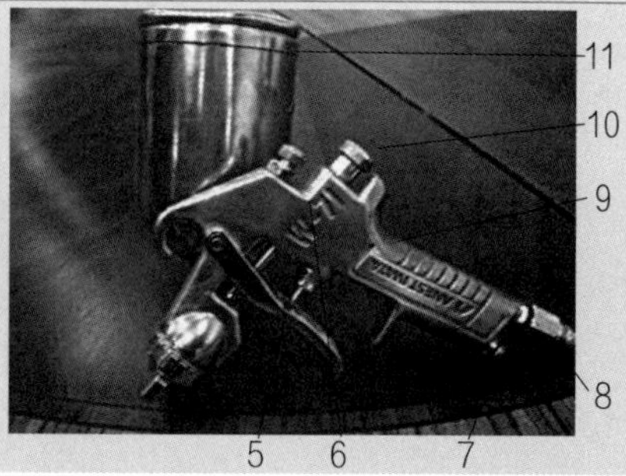
2	枪嘴	
3	枪针	
4	进油口	

续表

序号	功能件名称	图片
5	扳机	
6	幅度调节阀	
7	空气调节阀	
8	进气口	
9	枪体	
10	油量调节阀	
11	杯体	

重点提示：空气盖主要作用是雾化涂料，可以调节涂料扇面形状，比较精密，注意保养浸泡。

扫描二维码，观看视频喷枪的结构与工作原理。

喷枪的结构与工作原理

3. 喷枪的使用和保养

（1）喷枪的选择　底漆在涂层中主要起填平补缺、增加涂层厚度的作用，因此底漆的粒度较大，黏度较大，密度较大，强调出漆量要大，所以喷涂底漆的喷枪应该是喷嘴要大口径的，下边储漆罐也要大一些。而喷涂面漆的，在雾化程度方面要求高，常选用口径较小而雾化好的喷枪。常用喷枪的喷嘴有不同口径，有0.6，0.8，1.0，1.2，1.3，1.5，1.6，1.8，2.0，2.2，2.5mm等多种型号的，可根据所喷的涂料及喷涂的物件大小来选择。例如：口径2.0～2.5mm的常用来喷涂粒度较粗、黏度较大的底漆或大面积喷涂；口径1.5～1.8mm的主要用来喷涂面漆；口径0.6～1.3mm的主要用于喷涂小型部件或工艺品。

（2）喷涂工艺条件

①涂料黏度与喷涂压力：涂料黏度要与空气压力相适应。一般条件下，空气压力以0.3～0.5MPa为宜。喷涂气压过低（低于0.2MPa），则漆液雾化不充分，漆膜不均匀；喷涂气压过高时，漆液雾化好，但喷射速度过快，涂料损耗加大，且高压气流喷到未固化的漆膜上容易产生凹坑和细小的气泡等漆膜缺陷。涂料黏度高，空气压力要大些，否则喷涂困难，雾化不匀，漆膜粗糙，反之，涂料黏度低，空气压力不应过高，不然也会造成强烈漆雾，或在表面产生流挂。硝基漆和热塑性丙烯酸漆的黏度以16～18s（涂-4杯）为宜，热固性氨基醇酸漆和热固性丙烯酸漆以18～25s（涂-4杯）为宜，自干型醇酸树脂漆以25～30s（涂-4杯）为宜。空气喷涂聚酯或聚氨酯树脂涂料时，不同的气候、施工温度条件下空气喷涂施工，漆液的黏度一般控制在14～25s（涂-4杯，25℃）。夏季室温在35℃以上时溶剂容易挥发，漆液的黏度应低一些，可取14～18s为宜，否则漆膜的流平性差；冬季室内在17℃左右时，漆膜中溶剂挥发慢，漆液的黏度可以控制在18～25s，否则容易产生流挂。常用涂料喷涂工艺条件如表3-6所示。

表 3-6 常用漆类喷涂工艺条件

工艺条件	硝基漆	酸固化漆	聚氨酯漆	聚酯漆
空气压力/MPa	0.22～0.40	0.25～0.40	0.35～0.40	0.15～0.20
喷嘴直径/mm	1.5～1.8	1.5～1.8	1.2～1.9	0.8～1.2
涂料温度/℃	20～24	20～24	20～24	20～24
涂料黏度，涂-4杯/s	18～28	25～45	14～18	26～30

②喷涂距离：喷涂距离是指喷枪喷嘴到被涂装表面的距离。喷涂距离大，涂料的利用率低，同时涂料微粒在空中的时间也长。这对快干漆来说，可能漆雾到达工件表面时因黏度过大而影响流平，从而产生橘皮与颗粒。若距离太近，就容易产生流挂、起皱和喷涂不均匀等毛病。涂装经验表明，用大型喷枪时，喷涂距离以200～250mm为宜，用小型喷枪喷涂时，则以150～200mm为宜，如图3-19所示。

③喷枪的移距：当喷涂距离（l）和喷涂射流断面一定时，则喷到表面上的漆痕宽度（b）也一定，如图3-20所示，当喷涂第二条漆痕时，假设喷枪横向移动的距离为s，如果$s>b$，那么两条漆痕之间有漏喷之处；如果$s<b$，则两条纵向漆痕之间有重叠；如果$s=b$，则两条纵向漆痕刚好相接，由图3-20中可见。每条漆痕的断面厚度是不均匀的，中间部分厚，两边薄，所以当$s=b$时，涂层厚度是不均匀的，显而易见，应该是$s<b$，即两条漆痕有所遮盖。根据生产经验，当喷涂宽表面时，喷枪移动的距离$s=(0.6\sim0.7)b$，当喷涂狭窄表面时，$s=(0.4\sim0.5)b$。

④喷枪的速度和角度：喷涂时喷枪的速度要均匀一致，切忌忽快忽慢，以保证漆膜厚度均匀一致，一般在0.3～1.0m/s调整。

喷角要始终垂直喷涂表面，因为角度变，就等于喷涂距离变，也会导致漆膜厚度不均，对于大平面和曲面喷涂更应注意，如图3-19（b）所示。

水平和垂直面喷涂时，按图3-21和图3-22所示路线喷涂。

（3）喷枪的调整

喷枪的调整主要是指出气量和出漆量的调整，这是两个互相关联的主因素。出气量太小，不易使漆液

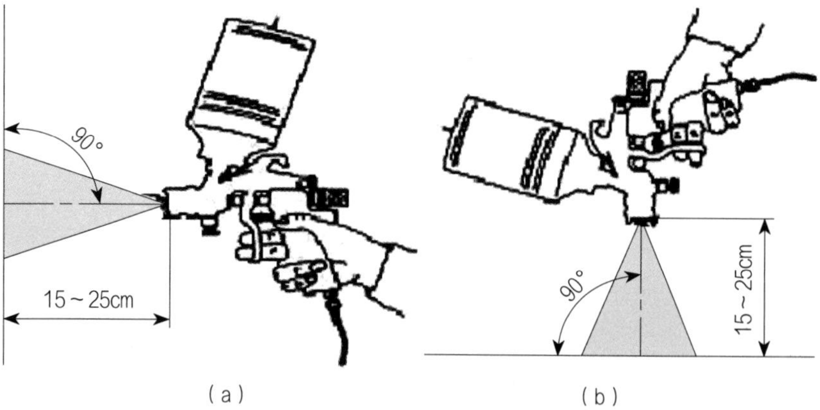

图3-19 喷涂距离与角度
（a）立面部件喷涂 （b）水平部件喷涂

雾化，使漆液成滴状洒落，会使涂膜不平整。出漆量大小是对应于出气量的大小的，在喷涂之前要调整好合适的出气量和相应的出漆量，使漆液雾化好，均匀地喷涂于物面上。调整喷枪一要听，听气流声音，知道气流大小，二要看，看喷枪口漆液的雾化程度和扇形面积的大小及扇形断面形状，如图3-23所示。

喷枪的几个重要参数如下：空气压力，喷涂的空气压力一般为0.4～0.6MPa；喷幅宽度，喷涂在作业表面的宽度约为10cm；喷涂距离，喷涂时枪嘴与被喷物间的距离为15～20cm；移动速度，喷枪的移动速度一般为30～60cm/s；重叠范围，喷涂时每一枪的重叠范围为1/2～1/3（裂纹漆除外）；喷涂角度，枪嘴与被喷物之间的角度一般为90°。调枪顺序参照表3-7和表3-8。

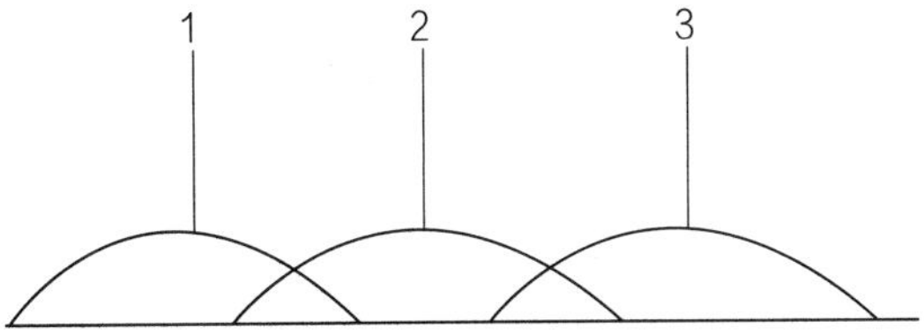

图3-20　喷涂漆痕搭接示意

1—第一条漆痕　2，3—第一条和第二条漆痕

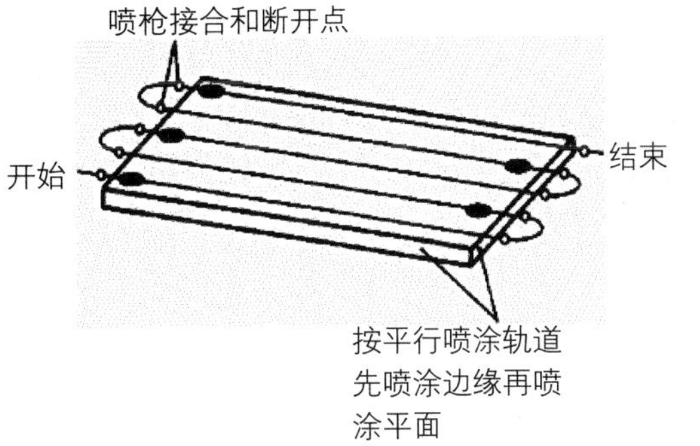

图3-21　水平表面的喷涂图

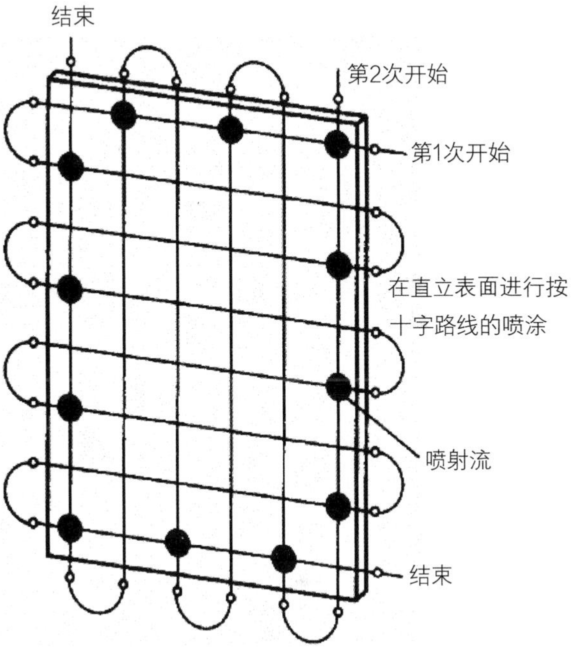

图3-22　垂直表面按十字路线的喷涂

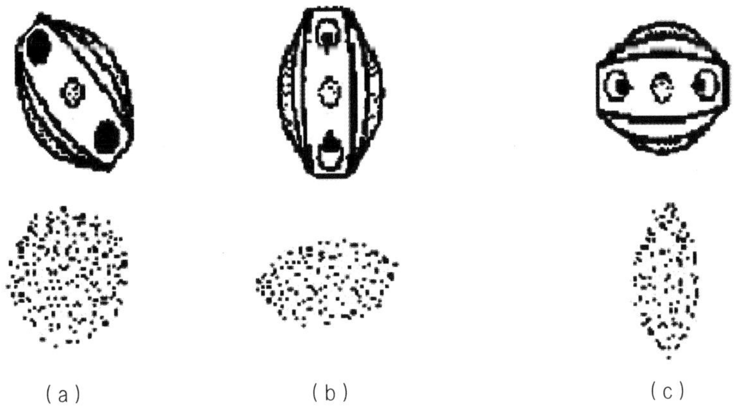

图3-23　射流断面形状的调节

（a）圆形射流断面　（b）水平射流断面　（c）垂直射流断面

表 3-7　调机顺序及简图

步骤	调试动作名称	用具	基准	图片
1	空气盖	手	呈90°	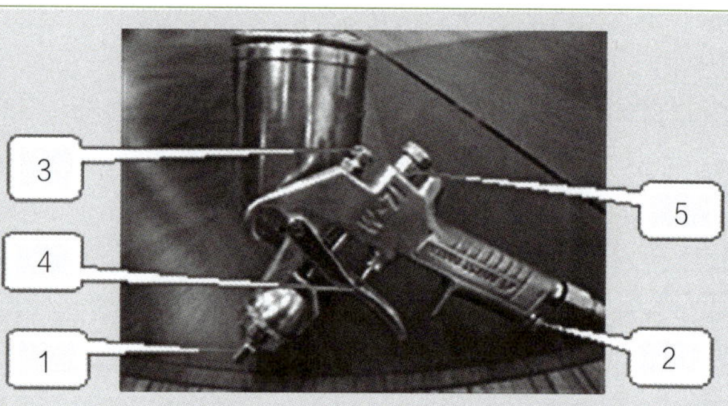
2	调气阀	手	按喷涂要求做气压调整	
3	幅度调节阀	手	按喷涂要求做适当调整	
4	扣扳机	手	压到底	
5	油量调节装置	手	按喷涂要求做适当调整	

表 3-8　作业顺序及简图

步骤	操作名称	图片
1	握枪动作	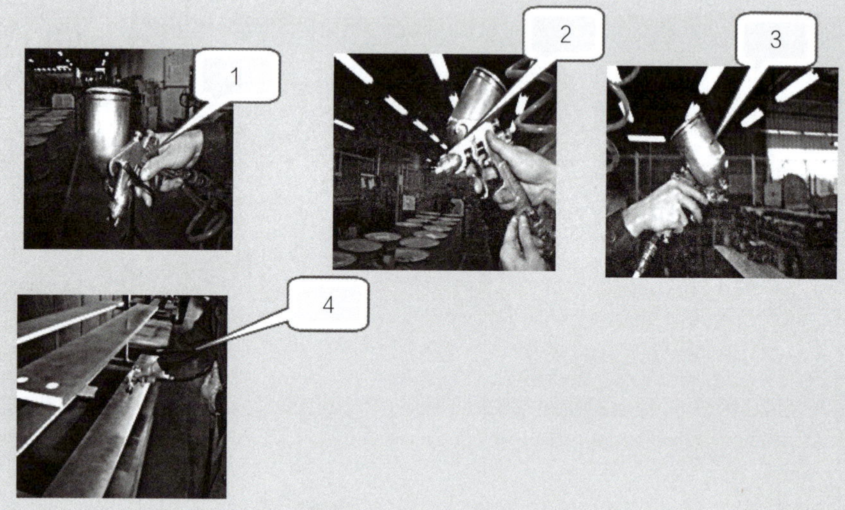
2	喷枪调试	
3	试喷涂	
4	运枪	

扫描二维码，观看视频喷枪的使用方法，理解喷漆的使用。

喷枪的使用方法

（4）喷枪的故障及其排除　喷枪故障如图3-24所示，具体原因如下：

①跳漆：喷料嘴与枪体密封不严，料灌接头帽漏气，针塞密封螺丝过松漏气。

②弧形漆雾（月牙形）：气流喷嘴尖头两侧小孔有脏物堵塞，两尖头小孔出气量不等。

③漆雾两端不均匀（偏移）：涂料喷嘴的外周及空气盖组件中心粘有固形物，或有缺陷，喷料嘴组装不良。

跳漆　月牙形　偏移　中间缩颈　中间隆起　喷出量少

图3-24　喷枪故障

④漆雾两端多中间少（中间缩颈）：幅度调节螺丝开启过大，产生气量过大，漆液过稀。

⑤扇形漆雾面不宽（中间隆起）：空气压力过低，涂料黏度过高，涂料喷出量少。

⑥喷不出漆（或喷出量少）：脏物或漆干固后将漆道堵塞，料灌盖透气孔堵塞，针阀调节螺丝旋得太紧，针塞行程小。

⑦漆雾无圆形雾状：幅度调节阀没关紧，喷料嘴与枪体的安装密封面有脏物，影响扇形与圆形雾状气流沟通，气流喷嘴与喷料嘴的安装密封面有脏物，影响扇形和圆形雾状气流沟通。

思考与练习

1. 手工涂装的特点是什么？包括哪几种方法？分别使用什么工具？
2. 手工刷涂工具有哪些？它们分别适合刷涂什么涂料？刷涂要领有哪些？怎样选用？
3. 擦涂工具如何制作？擦涂要领有哪些？
4. 刮涂要领有哪些？
5. 空气喷涂中主要设备有哪些？各起什么作用？如何安装、调试、操作和维护？
6. 空气喷涂的工艺参数有哪些？有何具体要求？
7. 喷涂柜的作用是什么？干式喷涂柜与湿式喷涂柜各有什么特点？

第四章 实色涂装

实色涂装又称不透明涂装，是用含颜料的不透明色漆（工厂称之为实色漆）涂装木制品，形成不透明彩色或黑白涂膜，多用于材质花纹较差的实木制品、贴面的人造板（刨花板、中密度纤维板）或未贴面的人造板制品。实色涂装在木制品表面涂装技术中被广泛采用。本章通过白色封闭亚光涂装、绿色亮光涂装等工作任务，引导学生从基材处理、底漆涂装与品质控制和面漆涂装与品质控制等工艺操作，独立完成实色涂装样板制作，进而使学生掌握实色涂装作业施工、实色涂装质量控制等涂装技术。

第一节 白色封闭亚光涂装

知识目标

了解白色封闭亚光涂装选用木器涂料的性能、储存条件、成膜机理、工艺特点。

理解家具企业涂装工段的安全生产、涂装材料的管理要求和常识。

掌握白色封闭涂装基材处理的方法、所用工具材料、施工要领。

掌握基材处理时易产生缺陷产生的原因及解决对策。

掌握底、面漆涂装的方法、所用工具、设备及施工要领。

掌握底、面漆涂装易产生的涂装缺陷、缺陷产生原因及其解决对策。

掌握涂装成本的计算方法。

能力目标

能根据家具基材种类、涂装效果、涂装成本、施工条件、环保要求等合理选用涂料、施工方法、工具，编写施工方案。

能独立完成基材处理、漆膜研磨施工作业。

能正确使用和维护常用工具和设备，独立完成底、面漆涂装。

能对家具表面缺陷进行准确分析，提出解决措施，进行修补。

能根据涂装工程方案进行简单的生产管控、品质监控。

能根据客户需求制定涂装工程方案，核算综合成本。
根据“5S”管理要求安全、准确取放材料和工具。
能借助工具书查阅英语技术资料，自我学习，独立思考。
能自我管理，有安全生产意识、环保意识和成本意识。
工作中能与他人协作共事，沟通交流。

一、任务介绍

封闭涂装是在涂装过程中力求用填孔剂与涂料将基材微小不平表面或木材导管孔全部填满、填实、填牢，干燥后漆膜丰满厚实，表面平整光滑的涂装。如需要经研磨抛光可获得丰满、厚实、高光的镜面效果。采用不同的亚光面漆可做成不同光泽（全亚、半亚）的亚光效果涂膜，亚光漆膜具有柔和幽雅、质朴秀丽的低光泽装饰效果。

板式家具常选择中密度纤维板为基材，涂装方式多样，有空气喷涂、静电喷涂、辊涂等多种方式。根据工艺要求可以选择不同涂料，例如聚氨酯漆（PU）、硝基漆（NC）、不饱和聚酯漆（UPE）、光固化漆（UV）、粉末涂料或水性漆（W），不同种类的涂料可以搭配使用。

在本任务中，将在中密度纤维板的基础上喷涂白色硝基漆，做白色涂装效果，如图4-1所示。

二、学习内容

（一）白色封闭亚光涂装工艺

本任务以中密度纤维板为基材制作样板：白坯表面打磨→水灰或其他腻子→干燥、打磨→封闭→干燥、打磨→实色底漆→干燥、打磨→实色面漆。

图4-1　白色封闭实色涂装

（1）白坯打磨　清除中密度纤维板上的油污和胶印。

（2）腻子　用水灰或其他腻子刮涂1～2次，将底材填平，干透后打磨干净，不宜厚涂。

（3）封闭　封闭漆，喷涂、擦涂、刷涂均可，其目的是对底材进行封闭，增加底漆对基材的附着力，防止漆膜下陷，干后轻磨。

（4）实色底漆　可选用聚氨酯漆（PU）或不饱和聚酯漆（UPE）实色底漆，按标准配比施工，均匀喷涂，需要时聚氨酯漆（PU）可选用湿碰湿工艺。

（5）实色面漆　聚氨酯漆（PU）面漆，按标准配比调到12s的施工黏度喷涂。

（二）重点内容

（1）打磨　用不同粒度的砂纸打磨基材、底漆、面漆，打磨后表面平整光滑，打磨后的砂痕不影响后道工序施工效果。

（2）刮涂腻子　可选用腻子的种类及特性，刮涂施工方法。

（3）调配实色漆　双组分漆聚氨酯漆（PU）或三组分漆不饱和聚酯漆（UPE）的调配及施工注意事项。

（4）喷涂实色漆　以常用的外混合式喷枪为例，重点掌握手工喷涂施工参数，完成硝基底、面漆的施工。

三、应用案例

白色给人纯洁、干净、明快、简单、华贵的感觉。白色涂装效果在木楼梯、木门、餐桌、餐椅等家具中应用广泛。常搭配蓝色设计出地中海风格，如图4-2所示。

图4-2 白色涂装效果（地中海风格）

四、知识准备

（一）工作安全

（1）严格遵守工作、防火和防毒操作规则。

（2）操作过程中要穿劳保鞋和工作服，戴护目眼镜和橡皮手套。

（3）喷涂底漆时，房间通风良好，但一定避免开窗户通风。

（4）喷涂底、面漆时，严禁吸烟、明火。

（5）喷涂涂料时戴防毒面具，在喷涂室内操作。

（6）溶剂、涂料和稀释剂残留液倒入预设的废料容器。

（7）溶剂接触皮肤后，接触处立即用热水清洗并涂抹护肤剂。

（8）避免吸入溶剂蒸气。

（二）材料

1. 中密度纤维板

纤维板是以木材或其他植物纤维为原料，经纤维分离、干燥、施胶、成型再热压而制成的一种人造板，如图4-3所示。根据密度不同可分为硬质纤维板、中密度纤维板和软质纤维板。硬质纤维板结构均匀，强度较大，可以代替薄板使用，缺点是表面不美观，易吸湿变形，可用于建筑、家具制造等方面。软质纤维板密度较小，物理力学性能不及硬质纤维板，但其绝缘、保温、吸音及装饰等性能优良，是室内装修的理想吊顶饰面材料。中密度纤维板主要用于家具制造、包装、音箱及电视壳等方面，是目前应用较广泛的一种板料。

图4-3 纤维板

中密度纤维板的特点如下：中密度纤维板强度高，其抗弯强度是刨花板的两倍；表面平整光滑。无论厚度方向还是宽度方向，都可以胶合和涂饰，且胶合后的加工性能较好；加工性能良好，如锯截、开槽、磨光、钻孔、涂饰等，类似于天然木材；结构均匀致密，可以雕刻、镂铣；边部可以铣削，且不经过封边就可直接涂饰；可直接使用，不需要干燥，但储存时应放平，防止变形；板材的性能与施胶量有关。

2. 砂纸

砂纸是一种附着有研磨颗粒的纸，用于平整物品的表面，或去除物品表面的污迹、附着物（如旧油漆），有时也用于增加摩擦力。砂纸根据不同的粗糙程度而分成不同的型号，以配合不同用途，砂纸类型如图4-4所示。

（1）木砂纸　木砂纸也叫砂纸或木砂皮，是由骨胶或皮胶等水性黏结料将选好粗细的砂粒粘在木浆纸上而成，这种纸质强韧、耐折、耐磨，但不耐水，故在使用或保存时要注意防潮、防止与水接触。木砂纸的特点是价格便宜，去除木毛、木刺效果好，主要用于打磨木家具表面上刨痕、非棱木毛等。木砂纸的规格见表4-1，其代号数越大，则砂粒的粒度越粗。

表 4-1　木砂纸规格

品名	代号与粒度号数对照			规格（长×宽）/mm
	代号	粒度	号数	
木砂纸	00	150	160	285×190
	0	120	140	290×210
	1	80	100	285×230
	1½	60	80	300×228
	2	46	60	280×208
	2½	36	46	280×203
	3	30	36	280×235
	3½	20	24	280×230

注：粒度号用目或粒度表示，是指标准筛网每英寸（1in=25.4mm，即1in=25.4mm）长度上的筛孔数。例：1000表示砂粒大小是25.4μm。

（2）干砂纸　干砂纸以合成树脂为黏结剂将磨料粘接在乳胶上，并涂以抗静电的涂层制成高档产品，具有防堵塞、防静电、柔软性好、耐磨度高等优点。多种细度可供选择，适用于打磨金属表面、腻子和涂

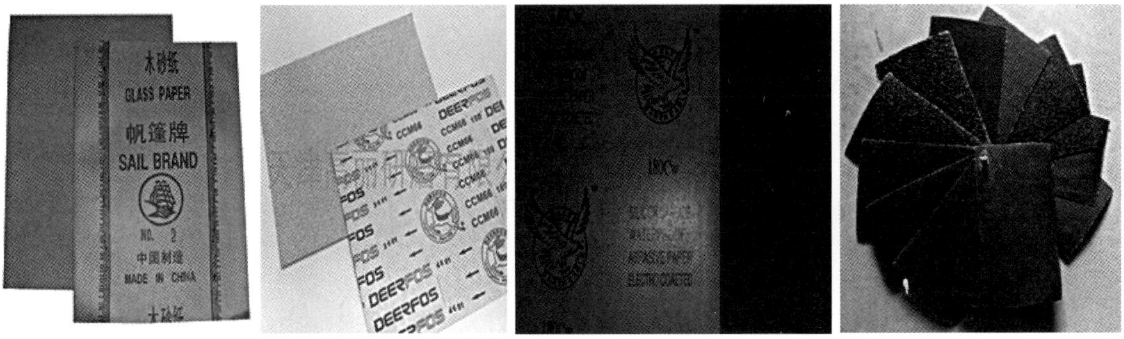

（a）　（b）　（c）　（d）

图4-4　砂纸

（a）木砂纸　（b）鹿牌干砂纸　（c）鹰牌水砂纸　（d）不同型号砂布正面

层。干磨砂纸一般选用特制牛皮纸和乳胶纸，选用天然和合成树脂作黏结剂，经过先进的高静电植砂工艺制造而成，此产品磨削效率高，不易粘屑等，适用于干磨，广泛应用于家具、装修等行业，特别是粗磨。

（3）水砂纸　水砂纸是由醇酸或氨基等水砂纸专用漆料将磨料（刚玉砂、金刚砂等）黏结在浸过熟油（桐油、亚麻油等）的纸上制成。其特点是所用磨料（砂粒）无尖锐棱角（秃形），耐水，主要用于磨平漆面上橘皮、气泡、刷痕及沾污的颗粒杂质，或磨平油性腻子、漆基腻子等（水性腻子除外）。顾名思义，水砂纸应在湿润情况下使用。如果干磨，末屑很快就能将砂粒之间空隙填满，同时易折断，造成损料误工。另外，与木砂纸相反，水砂纸的号数越大则粒度越细，常用的水砂纸规格见表4-2。

表 4-2　水砂纸规格

品名	代号与粒度号数对照			规格（长×宽）/mm
	代号	粒度	号数	
水砂纸	180	100	120	280×230
	220	120	150	
	240	150	180	
	280	180	220	
	320	220	240	
	400	240	260	
	500	280	320	
	600	320	340	
	700	340	360	
	850	380	400	

（4）铁砂布　铁砂布是由骨胶等黏结料将金刚砂、刚玉砂等磨料黏结在布上制作而成。它的特点是质地坚韧、耐磨、耐折、耐用，不耐火，价贵，多用于打磨钢家具表面锈层，或磨木家具底漆、底腻等。铁砂布的号数越大，其单位面积内的粒数越少，则粒度越粗。铁砂布规格见表4-3。

表 4-3　铁砂布规格

品名	代号与粒度号数对照			规格（长×宽）/mm
	代号	粒度	号数	
铁砂布	0000	200	200	290×290
	000	180	180	
	00	150	160	
	0	120	140	280×230
	1	100	100	
	1½	80	80	
	2	70	70	

续表

品名	代号与粒度号数对照			规格（长×宽）/mm
	代号	粒度	号数	
铁砂布	2½	60	60	290×210
	3	46	46	
	3½	36	36	
	4	30	30	
	5	24	24	

3. 腻子

腻子是一种厚浆状、黏稠性的涂料，主要由大量体质颜料与树脂液或黏结材料混合调制而成。腻子专门用来填充素材表面缺陷，如缝隙、凹陷等，其主要作用就是填充，使素材平整，便于下一步涂装。根据黏结剂种类常分成水性腻子、胶性腻子、油性腻子、虫胶腻子、硝基腻子、醇酸腻子、聚酯腻子、聚氨酯腻子等。常用的木用腻子有硝基腻子、不饱和聚酯腻子（俗称原子灰）、水性腻子等。

不饱和聚酯腻子又称原子灰，包括不饱和聚酯、粉料、苯乙烯等材料，是由主体灰和引发剂组成的双组分填充材料。具有常温固化、干燥速度快、附着力强、易打磨等特点，广泛用于汽车、机车、机床等工业品涂装，也大量用于家具、地板等室内外装修，尤其是实色漆的基材填充处理，如图4-5所示。

硝基腻子是由硝化棉、合成树脂、增韧剂、颜料、填料和有机溶剂混合制得的腻子。硝基腻子具有干燥快、易刮涂、易打磨的特点，适用于一般金属、木材表面，作填平细孔和嵌缝用，可反复多次刮涂，浪费较少，很安全，但硬度和附着力一般。

水性腻子无毒，无刺激性气味，安全环保，施工简便，打磨性和附着力好，价格低廉，但干燥较慢。常用水性腻子有复合水性腻子和水性乳液腻子（水灰）等，水灰如图4-6所示。

目前市场上销售的成品腻子在具体应用上又略有不同，原子灰与水灰的区别在于二者都是补裂缝、虫眼、钉眼、凹陷、碰伤的理想填充材料。但原子灰干速快，不适合大面积施工；而水灰干速慢，应用范围广，不易下陷，填平效果好，是大面积施工填充木眼的理想材料，多用于实色漆涂装，如以刨花板、中密度纤维板为基材时，用其填补人造板表面细微缝隙。透明腻子与钉孔宝的区别在于透明腻子适合用作管孔（俗称鬃眼）填平，若用作钉孔填平易下陷，影响效果。钉孔宝可作钉孔填平，也可用作管

图4-5　原子灰

图4-6　水灰

孔（俗称鬃眼）填平，做实色涂装效果常选择中密度纤维板。

扫描二维码，观看视频水性木器漆彩白工艺适用板材及处理方法。

水性木器漆彩白工艺适用板材及处理方法

4. 封闭底漆

下涂一般使用头度底漆，也称封固（闭）底漆、隔离漆（商品名称为底得宝或封底宝等），这是一些固体分含量较低、黏度较低、渗透性好的底漆涂料，如图4-7所示。按现代木材涂装的观念，木材下（底）涂作业，对整体涂装后的涂膜效果而言是非常重要的。下涂的作用：由于封固漆易渗透，多为薄喷，较少在材面成膜，多渗入木材深处成膜，能起到封闭作用，可阻止木材内部水分的移动和油脂或其他化学成分的渗出，赋予上层涂料以良好涂装基面，防止上层涂料与溶剂的渗入，利于木毛的竖起，且易于着色与研磨（着色填孔与研磨有时是在下涂之后进行），可改善整个涂层的附着力，有利于将管孔较大的基材表面填满、填实（如经水曲柳饰面处理的家具基材，就应涂封闭底漆，然后再进行填孔着色），利于保持木材的天然美与自然韵味。

扫描二维码，观看封闭底漆讲解。

封闭底漆

5. 聚氨酯漆

目前聚氨酯漆是品种最丰富的一类木器漆。如前述，按木器涂装施工作用分类，聚氨酯涂料有头度底漆、二度底漆、面漆、腻子、填孔漆与着色剂等品种；按透明度与颜色分类有透明清面漆、清底漆，有透明着色品种；有不透明的黑色、白色、彩色、珠光、闪光、仿皮、裂纹漆等多种；按光泽分类有全光（亮光）、亚光品种，后者又分为半亚光、全亚光等；按组分分有单组分聚氨酯涂料与双组分聚氨酯涂料。目前我国市场上木用家具用得最多的是双组分聚氨酯漆。

聚氨酯漆的固化机理是甲乙组分混合后异氰酸酯基与羟基发生加成聚合化学反应，形成聚氨酯高分子化合物而成膜。

聚氨酯漆配漆后有施工时限；有些聚氨酯涂料中含部分游离异氰酸酯，人体吸入有害健康，施工中应加强通风；异氰酸酯很活泼，对水、潮气、醇类都很敏感，储存需密闭，施工中宜避水；对溶剂要求要无水、无醇；施工中需精细操作，否则易引起针孔气泡、层间剥离等。

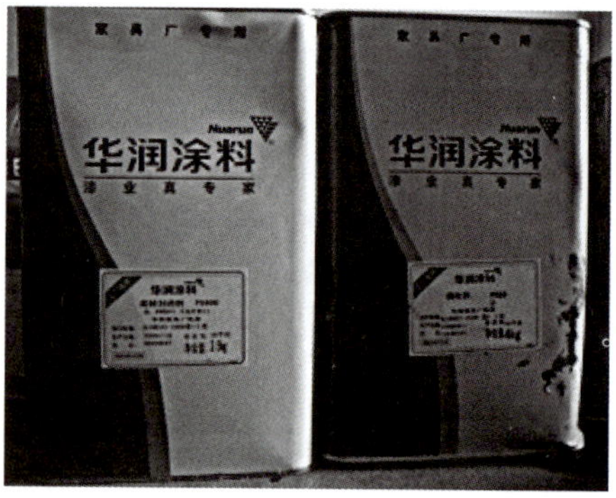

图4-7　封闭底漆

（三）工艺过程

1. 打磨

砂光俗称打磨或研磨，俗话说：“十分漆工，三分在砂”，可见砂光在涂装作业中的重要性。砂光工序主要有三方面作用：①清除基材表面上的毛刺、油污与灰尘等；②对于刮过腻子的表面，一般表面较为粗糙，需要通过砂磨获得较平整的表面，因此砂光可以降低工件表面的粗糙度；③增强涂层的附着力。喷涂新漆之前一般要对实干后的旧漆膜层进行砂光，因涂料在过度平滑的表面附着力差，砂光后可增强涂层的附着力。

选用手磨或机器打磨的方法清除中密度纤维板上的油污和胶印，打磨平整。目的主要是去污、找平。一般用砂粒较粗的砂纸（如240#和320#等）顺木纹方向打磨，不能横磨或无规则地乱磨，以免留下杂乱的砂痕。打磨白坯时，还必须注意线条、棱角等凸出部位不能砂损、变形，否则会影响其线条、棱角外形的流畅和美观。

（1）手磨　手拿砂纸或砂布打磨。效率低，劳动强度大，不易得到均一平坦的研磨效果，砂纸中包一块垫木再磨会好些。但手工研磨适用于曲面、边角等机械无法磨到的地方，比较灵活机动，适应性强，如图4-8所示。大面积砂磨时，需掌握“以高为准”的原则，应用手掌转

（a） （b） （c） （d） （e）

图4-8 手磨

（a）平面的研磨 （b）曲面或型面部件的研磨 （c）研磨方向 （d）软木垫块 （e）带毡垫的垫块

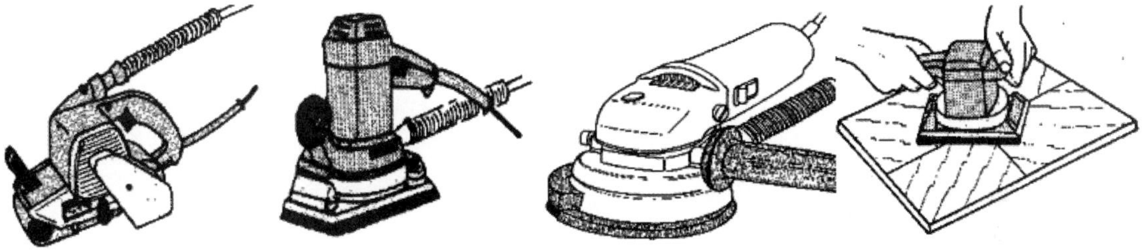

（a） （b） （c） （d）

图4-9 电动研磨工具

（a）履带式砂光机 （b）震动式砂光机 （c）圆盘式砂光机 （d）平面部件的研磨

动砂纸，也可附衬稍硬的橡皮如海绵、软木块，用大拇指和食指紧紧捏住左右端面，放平砂磨，如图4-8中（a）、（d）、（e）所示。砂磨工指甲长短要适度，操作时避免伤及指头。木材研磨时应注意顺纤维方向进行，手工研磨用力宜轻且均，若横纤维研磨会损伤材面留下较深的划痕（砂纸道子），待着色后便是深的划痕，印记将影响涂装效果。

（2）卡板磨 用木板垫在砂纸或砂布上进行打磨或以平板风磨机打磨，如图4-8中的（a）、（c）、（d）、（o）所示。

（3）机械砂光 大面积施工时，为了提高工作效率，可采用机械砂光方法。机械砂光方法多种多样，板件砂光常采用长带砂光机和宽带砂光机。对一些不适合砂光机械加工的工件，还可采用手持式砂光机加工。手持式砂光机有多种类型可供选用，如图4-9所示。手持式砂光机使用注意事项：

①使用中应特别注意其转速、研磨方法（顺木纹方向推进或后退）、压力（与砂光机的重量相当）、次数、砂纸号（150～320#）等；

②由于机械研磨中可能产生大量粉尘，应有除尘装置，且砂光后要用洁净的布刷拭去木材表面的末屑或用压缩空气吹除留在导管内的末屑；

③应注意防止吹除后飘于空气中的粉尘再度落在材面上；

④避免砂光时停留在一个地方，防止砂凹、砂穿。

⑤对较大平面部件可采用宽带砂光机或手压砂光机进行砂光，如图4-10所示。

2. 刮涂腻子

中密度纤维板表面存在纤维间隙，直接涂装会造成涂料过多渗透纤维板内，成本增加，另外，不进行腻平，简易涂装后物品表面会出现微观的不平，为了达到丰满的漆膜效果，板材表面常常要进行刮涂腻子。

除熟练地掌握嵌批、批各道腻子的技巧和方法外，还应掌握腻子中各种材料之间的特点，选用合适性质的腻子及嵌批工具。

（a）　　　　　　　　　　（b）

图4-10　较大平面部件的砂光方法
（a）宽带砂光机　（b）手压砂光机

3. 干燥、打磨

腻子的种类不同决定了腻子干燥时间的长短，在腻子干透后才可以进行打磨。

腻子打磨要求是平整、无缺陷，磨出的线条与白坯的线条要和谐一致，因此在打磨直面时常用木块等垫具。

4. 喷涂封闭底漆

涂水性封闭底漆对密度板要进行封闭处理，封闭底漆（头度底漆）可选用水性漆（W）、硝基漆（NC）、聚氨酯漆（PU）系列，尤以PU类的封闭作用更强。头度底漆只有充分渗入木材才起作用，故其对木材表面的润湿与渗透性十分重要。因此要使用固含量低（5%～10%）与黏度低（8～10s）的底漆，由于其干燥速度快，不宜厚涂，一般喷涂一遍，每次涂装量为60～90g/m^2。

扫描二维码，观看视频密度板封闭注意事项。

密度板封闭
注意事项

5. 干燥、打磨

封闭底漆漆膜薄，不能选用粗砂纸，打磨时要轻磨，切勿磨穿。

6. 喷涂白色底漆

按照施工功能白色底漆也称为二度底漆，是整个涂装过程中的打底材料，在涂面漆前一般涂2～3遍二度底漆，以构成漆膜的主体。二度底漆中含有部分填料（滑石粉）能部分渗入管孔内起填充作用，二度底漆有NC、PU、PE类。现代木材涂装中PU和PE类用得较多，尤其镜面涂装的厚涂层用PE底漆为好。

（1）喷涂工艺条件　涂料黏度高，喷涂空气压力要大些，否则喷涂困难，雾化不匀，漆膜粗糙；反之，涂料黏度低，空气压力不应过高，不然也会造成强烈漆雾，或在表面产生流挂。硝基漆和热塑性丙烯酸漆的黏度以16～18s（涂-4杯）为宜，热固性氨基醇酸漆和热固性丙烯酸漆以18～25s（涂-4杯）为宜，自干型醇酸树脂漆以25～30s（涂-4杯）为宜。空气喷涂聚酯或聚氨酯树脂涂料时，不同的气候、不同的施工温度条件下空气喷涂施工，漆液的黏度一般控制在14～25s（涂-4杯，25℃）。夏季室温在35℃以上时溶剂容易挥发，漆液的黏度应低一些，可取14～18s为宜，否则漆膜的流平性差；冬季室内在17℃左右时，漆膜中溶剂挥发慢，漆液的黏度可以控制在18～25s，否则容易产生流挂。常用涂料喷涂工艺条件见表4-4。

表4-4　常用漆类喷涂工艺条件

工艺条件	硝基漆	酸固化漆	聚氨酯漆	聚酯漆
空气压力/MPa	0.22～0.40	0.25～0.40	0.35～0.40	0.15～0.20
喷嘴直径/mm	1.5～1.8	1.5～1.8	1.2～1.9	0.8～1.2
涂料温度/℃	20～24	20～24	20～24	20～24
涂料黏度，涂-4杯/s	18～28	25～45	14～18	26～30

（2）“湿碰湿”工艺　是指第一道漆膜还没有实干时接着就喷涂第二道漆，是一种节约能源、减少工序的喷涂方法。具体地说是指喷涂第一道漆待其表干一定时间后，无须进行打磨，直接喷涂第二道漆，既节省

打磨时间，又可获得理想的漆膜丰满度，省时省料。“湿碰湿”工艺关键是何时“碰”上去，一般要求第一道湿膜的溶剂在当时环境条件下、在适当的层间间隔时间内最大限度地挥发掉，以“碰”上去的第二道漆膜在固化过程中没有针孔、气泡、流挂为准。适宜的层间间隔时间视天气、底材、漆种、湿膜厚度而异，通常在表干后的一段适宜的时间内，原则应是“下宜稍薄，上可较厚”。在具体施工时，往往要先进行测试，通过试验来确定具体参数。对“湿碰湿”喷涂工艺，要根据实际情况，灵活掌握应用，才能在质量和经济上获得良好的效果。

7. 干燥、打磨

在无尘环境下干燥，达到可打磨硬度后，用320～600#砂纸沿着一个方向进行打磨。砂纸的型号逐级加大，以使表面更加光滑。

8. 喷涂白色面漆

面漆是在整个涂装过程中用于最后1～2遍罩面涂料，也就是木制品与外界接触的最外层漆膜所用涂料，几乎是最后决定整个制品外观质量的材料。现代木器用得最多的品种为PU、NC、PE，分别有亮光漆、亚光漆，根据光泽度不同有三分光、五分光、七分光等不同的亚光漆。面漆应具备一系列完善的装饰、保护性能，如清漆透明度、触摸光滑感、坚硬耐磨、耐热、耐水等。

在喷涂过程中，常常出现喷涂弊病，出现涂装缺陷应及时分析原因并处理。影响漆膜性能的因素很多，一般可以从下几个方面考虑。

（1）涂料本身品质　主要与涂料配方设计、生产制造有关，具体来说包括涂料的稳定性、施工性能、漆膜性能等。不同品种的涂料在涂装过程中遇到的问题也会有差异，需要根据实际情况采取相应措施。

（2）基材与处理　基材的选择与处理是涂装的关键，基材处理不好，再好的涂料、再高的涂装技术，涂饰效果也不会好。

（3）施工工艺　主要包括生产工艺流程、各工序验收标准、管理规范等，不同家具厂、不同产品线、不同生产条件，其施工工艺均不完全一致，因而遇到涂装问题往往不一定相同。

（4）施工设备　不同施工设备，如辊涂设备、浸涂设备、淋涂设备、喷涂设备、干燥设备、抽风设备等，其设备状态、操作水平也会影响最终涂装效果。

（5）施工环境　如温度、湿度、灰尘、通风等。

（6）施工水平　主要是生产管理状况、施工人员操作技能、人员综合素质等。

9. 干燥

在通风、无尘、一定的温度环境下进行干燥。

（四）制定实色封闭亚光涂装实施单

实色涂装实施单见表4-5。

表4-5　实色涂装实施单

项目		学　时	
任务		学　时	
实施方式	各小组共同讨论确定实施计划，每小组填写此单		

续表

序号	实施步骤	使用资源	测定数值	摘要	出现问题	如何解决
1						
2						
3						
……						
实施说明：						
班　级		第　组		组长签字		
教师签字				日　期		

备注：
使用资源：设备、工具材料。
测定数据：黏度、配比、喷涂量、干湿漆膜厚度、干燥时间（表干时间、指压干时间）。
摘要：施工注意事项、操作要点。

五、施工操作

1. 白坯打磨

使用砂纸时一般是将整张砂纸裁成四块，每块对折后用拇指及小指夹住两端，另外三指摊平按在砂纸上来回在物件表面砂磨，也可用拇指抵住一端，另四指全部压在砂纸上来回砂磨。

施工时常用的砂纸有木砂纸、水砂纸、铁砂皮等。一般局部填补的腻子砂磨应用1#或1½的木砂纸，满刮的腻子和底漆层应用0#砂纸。

未曾涂布任何涂料的中密度纤维板，素面的木器、家具、乐器、工艺品等，在打磨施工前用湿布揩擦一遍，等水分干燥后，用1#砂纸顺一个方向砂磨；木质不够平整的地方，可用包裹了小木块或硬橡皮的砂纸来打磨，打磨时切忌纵横乱磨。木砂和铁砂在打磨腻子时，腻子灰会积在磨料缝口中，影响打磨效果，因此在打磨一段时间后应停下来将砂纸在硬处磕几下，除去腻子灰。

2. 刮涂腻子

局部嵌补对于有较大孔洞等缺陷或表面光洁要求不高的表面，可采用局部批刮或嵌补。局部嵌补的腻子可硬些。

全面刮涂腻子即将物体表面全部涂刮一遍，要求装饰性强的表面更需如此；有时还需与局部嵌补相结合，以达到技术要求。用于全面刮涂的腻子要软些，便于操作。

（1）刮涂操作方法　先将腻子敷在平面的边缘成一条线，刮刀尖成30°～45°向外推向前方，将腻子刮涂于低陷处，多余腻子挤压在刮刀口的左面成一条线；刮刀刮到前端，刀尖即转向30°～45°往回刮，又将腻子刮涂到另一低陷处，多余的腻子在刮刀的右面成一条线。这样往返施工，达到填平整个物面的目的，这种方法适用于刮涂平面物体。硝基腻子干燥较快，所以刮涂腻子的动作要快，尽可能一刀刮成，最多不超过两刀，腻层要薄，刮涂要平，一般不超过1mm，待30～60min后可刮第二遍。

（2）刮涂操作注意事项　调配腻子应松软适宜，黏性太大，腻子不易填入管孔，过于疏松则不能填孔密实，易出现虚填、穿心眼；握刮刀要用力均匀，操作要按顺序进行；养成良好的操作习惯，保持物面清洁，不浪费腻子。

3. 干燥、打磨

干磨分粗磨、平磨和细磨，其中粗磨一般是在前处理时用来去除木器白坯的木毛、伤痕、胶迹和铅笔印等脏污，而平磨通常是包裹了小木块或硬橡皮的砂布、砂纸对大平面进行打磨，这样找平效果较好，细磨则一般用于刮腻子、上封闭漆、拼色和补色之后的各道中层处理中。

一般局部填补的腻子砂磨应用1#或1½#的木砂纸；满刮的腻子和底漆层应用0#砂纸。批刮得较厚的腻子表面打磨时，要坚持“以高为准，用板磨平”的原则，切不可盲目砂磨；在打磨棱角时注意轻磨，棱角不能砂坍，一定要保持原来的圆形或方形的轮廓。装饰线一定要保持挺直，不能弯曲、断缺、变形；打磨要边磨边刷灰，由于木砂纸砂粒容易脱落，擦过物面可能出现砂痕。

木砂和铁砂在打磨腻子时，腻子灰会积在磨料缝口中，影响打磨效果，为此在打磨一段时间后，应停下来将砂纸在硬处磕几下，除去腻灰。有些漆膜用砂纸干磨，摩擦发热会引起漆膜软化而损坏涂膜，一般应采用水砂纸湿磨，湿磨前先将水砂纸放在水中浸软，然后将它包在折叠整齐的布块或木块外面砂磨。

木砂纸和铁砂布容易受潮变软，致使磨粒脱落，因此一定要将其放在干燥的地方。如砂纸受潮发软，可在炉灶旁烘烤或用电吹风吹干，也可将砂纸裁成四块，折叠整齐后放在贴身的口袋里，体温可使砂纸变得干硬一点。

4. 喷涂封闭底漆

（1）调配封闭底漆　涂料调配是否科学合理、是否符合工艺要求，不仅对成膜过程、涂膜厚薄和光泽鲜亮起一定的作用，而且对涂料的耐久性和成本也有直接影响。涂料的调配操作如图4-11所示。

①调和均匀：开桶或开罐前应用力摇动，开桶后用木棍上下搅拌，使上层油漆和下层颜料调和前均匀才能使用。若是大桶油漆，在前一两天即将漆桶倒放，使沉淀的颜料松动，然后开箱搅拌均匀。以华润涂料为例，常用封闭底漆主剂和固化剂PR50的质量比例为1：0.2。

②黏度调整。

③过滤。

④静置。

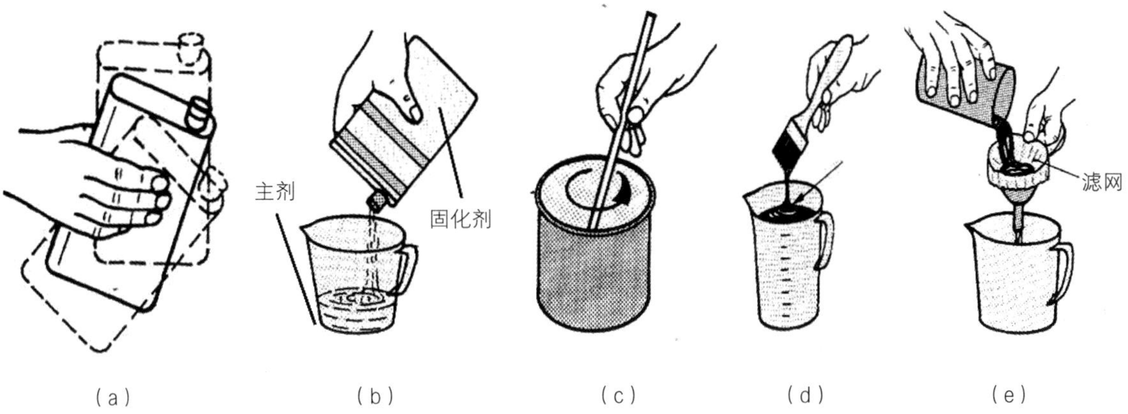

图4-11　聚氨酯封闭底漆的调配过程
（a）混合均匀　（b）调配　（c）搅拌　（d）检查黏度　（e）过滤

（2）喷涂封闭底漆　喷涂操作说明如图4-12和图4-13所示。

5. 干燥、打磨

封闭底漆打磨主要是去木毛、木刺，一般用320～400#的砂纸，打磨光滑，切忌磨穿。

6. 调配聚氨酯漆

由于聚氨酯涂料属于反应型涂料，对环境敏感，故其涂膜质量与施工有密切关系，对基材表面处理、施工环境的温度、湿度、施工遍数的衔接等均应注意。除一般性涂料施工共同注意事项外，还需特别注意下列各点：

①注意配漆的比例，主要是NCO/OH（即异氰酸基对羟基）的比例，即主剂（乙组分）和固化剂（甲组分）的比例。调漆时，若固化剂（—NCO）加入太少，则与羟基（—OH）反应不充分，易导致漆膜交联度较低，漆膜的抗溶剂性、抗化学品、抗水性、机械强度等性能明显下降，漆膜发软。若固化剂加入太多，则多余的—NCO基吸收空气中潮气转化成脲，增加了交联密度，提高了抗溶剂性、抗化学品性，漆的施工时限较长，漆膜较脆。因此涂料生产厂家在产品使用说明书中注明了配漆比例，用户在使用前要严格按说明书中规定比例调漆。配漆后有施工时限，在时限内应及时涂于制品表面，若超过施工时限，配漆桶中配好的漆液逐渐增稠，聚合化学反应照常进行，直至固化报废。

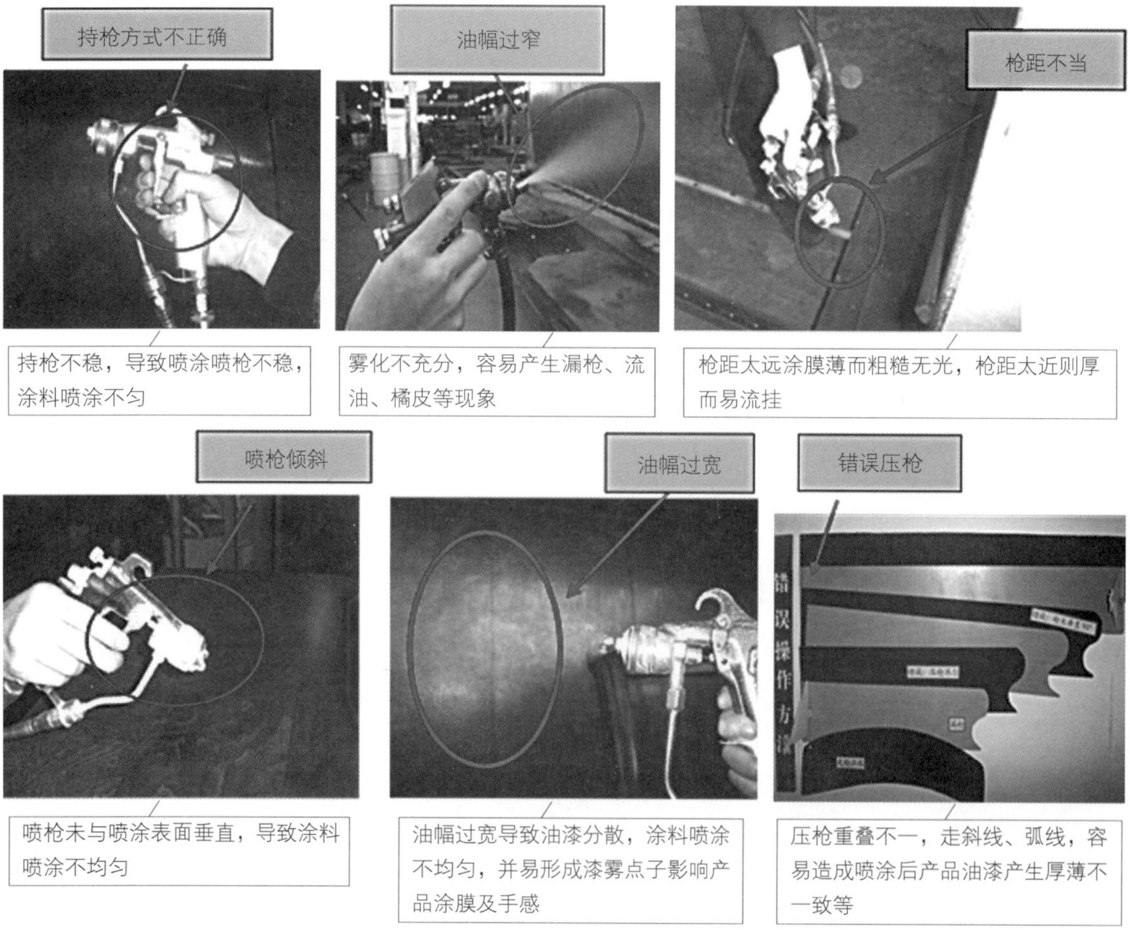

图4-12　错误操作作业

②应根据具体型号、涂料产品说明书规定的比例配漆，按当日需要量调配，用多少配多少。两组分混合后充分搅匀，需静置20min左右待气泡消失后再涂装。如配漆当日未用完则以专用配套稀释剂稀释至3倍，密封后可于次日与新漆混合使用，但混合的新漆应占80%以上。

③涂料量取后漆罐要盖严，以免吸潮变质（尤其固化剂组分）。

④聚氨酯涂料原液黏度可能因不同型号而异，冬季与夏季也不一样，施工时黏度高易发生气泡，故需用配套的专用稀释剂稀释，由于上述原因则稀释比例不同，应针对具体施工方法参考说明书建议的稀释比例经试验后确定最佳的黏度，自选溶剂可用无水醋酸丁酯、无水二甲苯、无水环己酮等，最好使用配套稀料，而不可乱用其他稀料（如硝基稀料等）代替，因为硝基漆稀释剂内含醇、微量水和游离酸等。

⑤配漆与涂装过程中，忌与水、酸、碱、醇类接触，木材含水率不可过高，湿木材或下涂层均需干透再涂漆。注意空气喷涂时压缩空气中不得带入水、油等杂质。

⑥调配时注意个人劳动保护，调漆工作场所要注意通风。

⑦涂料置于规定位置，避光储存。

7. 喷涂白色底漆

施工应特别注意劳动保护，工作场所必须通风良好，操作人员中午休息或下班后应漱口。

聚氨酯漆施工注意事项可以参照视频“水性木器漆白底漆施工注意事项”，扫描二维码观看视频。

水性木器漆白底漆施工注意事项

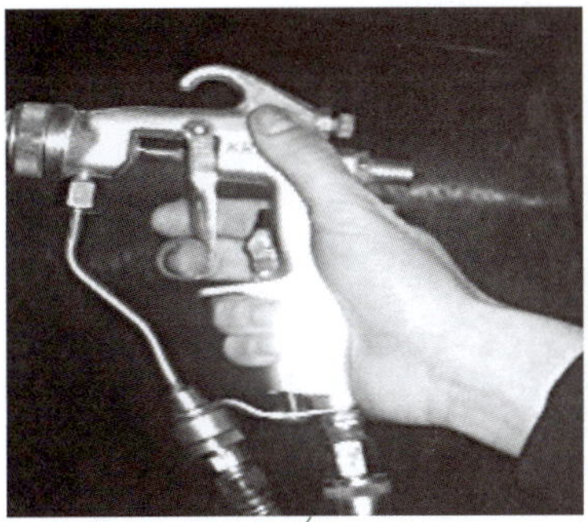

持枪：右手无名指和小指握住枪柄，食指和中指扣压扳机，枪柄夹在虎口处

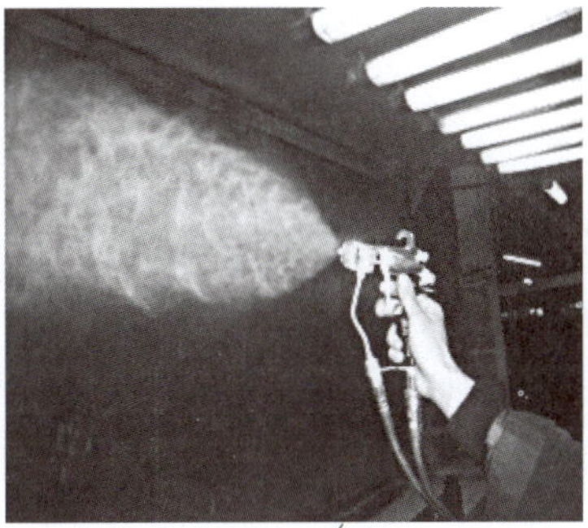

调枪：调节气压（0.3～0.5MPa）、出漆量200mL/min和油幅（8～12cm）

站立产品正前方，调整好枪距（15～25cm）进行喷涂

从产品外部开始喷涂，30～60cm/s的速度进行喷涂

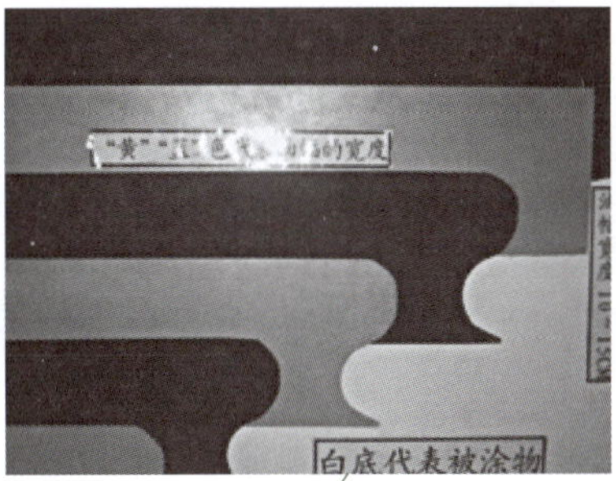

正确压枪：每一枪均压上一枪的1/2并以枪走直线，重叠一致

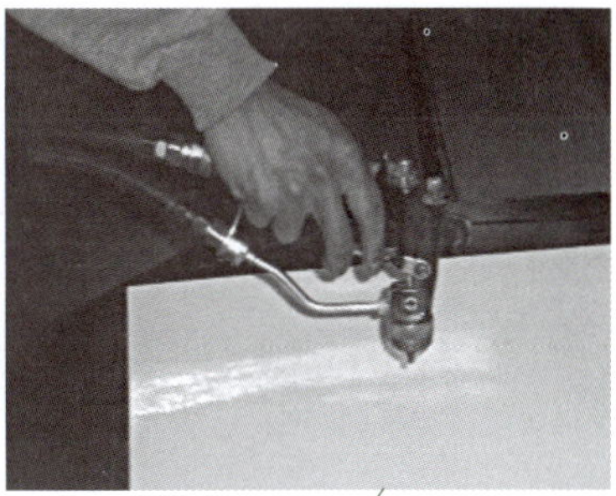

喷枪与被涂物表面成90°，距离为15～25cm

图4-13　正确操作作业

喷涂前将调配好的底漆进行过滤，按“湿碰湿”工艺喷涂。对喷涂后的喷枪进行及时清理和维护。针对出现的喷涂缺陷进行检查和控制。

“湿碰湿”工艺通常应用于PU底漆、NC硝基底漆的喷涂。PU、NC涂料一次厚喷往往容易产生针孔、气泡、流挂等现象。为了避免这种现象，可先喷涂第一道（通常一道指喷涂一个十字），对于挥发型NC类底漆，在第一道漆膜表干时，漆膜中的大部分溶剂已经挥发掉，这时碰上去以不起气泡为宜。对PU底漆而言，第一道漆膜开始初步固化，此时再喷涂第二道漆，由于第一道漆膜不是完全固化，两道漆膜互相渗透共同交联，加强了层间附着力，又不会咬起，NC类两道漆膜互相渗透更无问题。无论是PU类还是NC类，两道漆膜干结后就会融为一体，不用层间打磨，附着力也很好，就好像是一次喷涂的漆膜一样。而对于UPE底漆，其本身的特性是一次厚喷不产生针孔、气泡，因此，UPE底漆一般不采用“湿碰湿”喷涂工艺，通常是一次连续喷涂完成的。

被喷涂表面首先用抹布清除灰尘。底漆的功用是连接木材表面和漆膜，其应形成一个硬质的“基础”，以使涂料覆盖层坚固、不脱落、不撕裂而很好地附着在表面。因此，底漆必须能较深地渗入木材细胞内，并牢固地嵌入其中。只有良好地调整和正确地运行喷枪才能得到无瑕疵的喷涂结果。喷涂压力要检验和调整：清漆0.25～0.35MPa，色漆0.3～0.4MPa。喷嘴孔直径为：清漆1.5～1.8mm，色漆2.0～2.5mm。

最常见的喷嘴调整是为得到垂直的喷涂射流，因此喷涂开始前要检查喷头的位置。

为形成一定的漆膜厚度，按十字形路线在表面喷涂涂料。此时通过喷枪的来回运行在表面“湿碰湿”并在水平和垂直方向变换喷涂地进行喷涂，喷涂路线如图4-14所示。

当喷枪移动速度不一致或表面有的地方不与漆雾射流相遇可能产生缺陷。因此，重要的是在板边缘外面开始喷涂，且当喷枪转向时使其伸到板端外面，同时必须使随后平行的喷涂带与此前的喷涂带重叠，此时特别注意喷枪的停止和运动。

喷涂时必须注意喷枪正确的运行。弯曲的喷枪运行路线以及不均匀的速度造成不均匀的漆层厚度。

喷枪到工件的距离大约为手掌张开时拇指端至中指端的距离（25～30cm）。太大的距离导致在空气中形成过多喷雾，且由于溶剂蒸发提前使油漆流展性能变差。若距离太小有造成漆层厚度不均匀的风险。

水平放置的表面是按与垂直站立表面不同的工作次序进行喷涂。为了不喷已喷过的表面，当板件水平放置时在前面（远离自身）的边缘喷出第一个条带，接着一个条带挨着一个条带，按水平方向从上到下完成整个表面的喷涂。

8. 干燥、打磨

中间涂层的打磨（也叫层间打磨）可以磨掉膜面上的尘粒和因操作不当产生的气泡、橘纹、流挂等涂

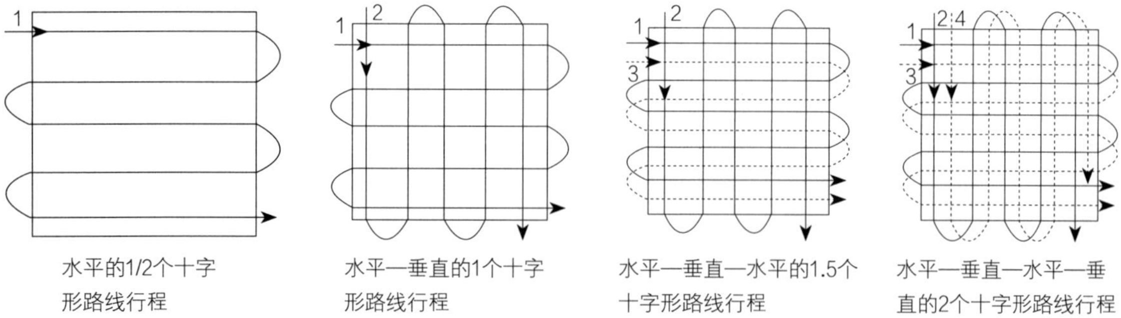

图4-14　十字路线喷涂底漆

膜病态，还可以增加涂层间的附着力。层间打磨可根据需要选择320～600#砂纸，其质量要求是平滑流畅、无亮点，尽量无砂痕，表面呈毛玻璃状。

越接近表面的漆层质量要求越高，用于打磨的砂纸应该越细，有时可以用旧的水砂纸打磨，既节约又不伤漆膜。

9. 喷涂白色面漆

家具厂在涂装生产过程中，常常面对各种漆病，极大地影响了家具生产效率，导致不合格率高，返工量大。针对涂装缺陷要及时处理，查找原因，并对实施工序进行生产管控、品质监控。

扫描二维码，观看视频老家具水性漆翻新面漆施工注意事项，了解白面漆相关施工注意事项。

老家具水性漆翻新面漆施工注意事项

喷枪使用完毕，用所喷涂的涂料稀释剂进行喷射清洁，直到喷枪涂料通道洗净为止。否则枪内涂料干固堵塞，会影响喷枪的正常使用。具体清洗方法：关闭压缩空气，拆下储漆罐，将枪内涂料倒回储漆罐中，将罐中的涂料倒入容器中；向储漆罐内倒入约1/4体积的溶剂进行冲洗，装上储漆罐，接通压缩空气，反复摇滚喷涂几次；拆开喷头，用溶剂刷洗干净后装上；擦除枪身上的涂料。

洗刷喷枪时应注意如下几点：刷洗时要用软刷子，禁止使用金属刷子，不准用硬物去捅、刮，防止磨损喷嘴，使射流形状发生变化；避免喷枪直接泡在溶剂中，以防残余涂料附在机件上和溶掉枪上的润滑油，可使用蘸有溶剂的软布擦；枪上的辊花部件均用手调节，避免使用钳子等工具；定期在针阀及枪机销轴处滴润滑油；定期应用轻油脂或凡士林润滑针阀及针阀弹簧，不得使用含硅的油。

10. 涂装缺陷分析

影响涂膜性能的因素很多，除涂料本身的质量外，涂装环境、涂装设备、涂装技术及现场管理等均会对涂装效果产生极大影响，如何规范有效地解决涂装过程中出现的各种漆病，提高家具生产效率，降低不合格率，已成为家具企业和涂料行业共同面临的问题。涂装缺陷的现象及其原因见表4-6。

表4-6　涂装缺陷的现象及其原因一览

发生阶段	漆病	原因																						
		涂料本身	基材					涂装工艺与施工操作											设备环境					
			含水率	含油脂	材质	形状	清洁	调漆搅拌	调漆静止	调漆过滤	工具清洁	操作熟练	做封闭底	干燥速度	涂膜厚度	层间打磨	底面配套	涂装方法	通风	空气清洁	温度	湿度	气候变化	设备
涂装中	脱落或附着力不良	★	★	★		★	☆	☆			☆	☆	★	★	★									
	开裂	☆	★	★								☆	☆	☆	☆	★	★	☆					☆	
	发白（泛白）	★	★	★								☆		☆	★		☆	☆	☆		☆	★	☆	☆
	起泡或针孔	★	★		☆	☆		☆	☆			☆		★	☆			☆			★	☆		☆

续表

发生阶段	漆病	原因																						
			基材					涂装工艺与施工操作											设备环境					
		涂料本身	含水率	含油脂	材质	形状	清洁	调漆搅拌	调漆静止	调漆过滤	工具清洁	操作熟练	做封闭底	干燥速度	涂膜厚度	层间打磨	底面配套	涂装方法	通风	空气清洁	温度	湿度	气候变化	设备
涂装中	缩孔及跑油	★	★	★												★	☆							
	咬底	☆												★	★	☆	★					☆		
	慢干或不干	★	☆	☆										★	★		★		★		★	★	☆	
	颗粒	★					★			★	★					☆	★	☆	★					
	失光	★	★	★								★					★		☆		☆	☆	★	
	流挂	★		☆		★		☆	☆			★				★		★	☆		☆			
	橘皮	☆	☆									★			★		★		★		★			
	色分离	★						★	☆					☆	☆		☆							
	起皱	☆	★									★		★	★		★	☆	★		☆	★		
	回黏	★	☆	☆			☆					☆			★			☆	☆		★	★	☆	
	砂痕重									☆	☆	★		☆		★		★						☆
	发汗	★		★			★					☆		★		★	☆	☆	★		★	★		
	起霜	★	★				☆					☆	☆					☆	☆			★	★	
涂装后	黄变	★	★	★	★		☆						☆				★						★	
	漆膜下陷	★	★	★	★			☆				☆	★	★	★		★	☆					☆	
	泛白（后期）	★	★	★	★							☆			☆		☆	☆				★	★	
	光泽不均匀	★	★		★		☆	★				☆		☆	☆		★	☆	☆			☆	★	☆

注：★表示主要原因；☆表示次要原因。

六、知识拓展

（一）全封闭涂装辊涂工艺

板式家具主要以平面构造为主，选用机械涂装，可高效率批量生产，下面介绍白色全封闭辊涂涂装。

白色全封闭涂装辊涂工艺（一）见表4-7。

底材：中密度纤维板　涂料：辊涂UV底漆、辊涂/淋涂UV面漆　适用家具：板式家具

表 4-7　白色全封闭涂装辊涂工艺（一）

序号	工序	材料	操作说明	固化方式	施工要点及注意事项
1	素材砂光	150～180#砂带	定厚砂光	—	底材砂磨平整，不能砂穿或砂变形
2	清灰除尘	—	机械除尘	—	将打磨的粉尘清理干净
3	辊涂腻子	腻子	腻子辊	—	涂布量：20～25g/m^2
4	固化	—	光固化机	半固化	固化能量≥100mj/cm^2
5	辊涂底漆	—	胶辊辊涂	—	涂布量：15～20g/m^2
6	固化	—	光固化机	全固化	UVA固化能量≥300mj/cm^2
7	砂光除尘	320～400#砂带	机械砂光除尘	—	砂磨平整，不要砂穿露底
8	辊涂底漆	—	胶辊辊涂	—	涂布量：15～20g/m^2
9	固化	—	光固化机	半固化	UVV固化能量≥150mj/cm^2
10	辊涂底漆	—	胶辊辊涂	—	涂布量：15～20g/m^2
11	固化	—	光固化机	半固化	UVV固化能量≥150mj/cm^2
12	辊涂底漆	—	胶辊辊涂	—	涂布量：15～20g/m^2
13	固化	—	光固化机	半固化	UVV固化能量≥150mj/cm^2
14	辊涂底漆	—	胶辊辊涂	—	涂布量：20～25g/m^2
15	固化	—	光固化机	全固化	UVA固化能量≥300mj/cm^2
16	砂光除尘	400～600#砂带	机械砂光除尘	—	砂磨平整，不要砂穿
17	辊涂面漆	—	激光辊涂	—	涂布量：20～30g/m^2
	淋涂面漆	—	淋涂机	—	涂布量：100～120g/m^2
18	固化	—	光固化机	全固化	UVV固化能量≥450mj/cm^2

注意事项：
①定厚砂光机的精度及砂带的质量将影响辊涂的漆膜效果。
②辊涂面漆后增加2m45℃流平线可以获得更佳的漆膜效果。
③批量生产前涂层间要测试附着力，附着力≤2级。
④上述工艺为实验室所得，仅供参考。

白色全封闭涂装辊涂工艺（二）见表4-8。

底材：MDF密度板　涂料：辊涂UV底漆、喷涂PU面漆　适用家具：板式家具

表 4-8　白色全封闭涂装辊涂工艺（二）

序号	工序	材料	操作说明	固化方式	施工要点及注意事项
1	素材砂光	150～180#砂带	定厚砂光	—	底材砂磨平整，不能砂穿或砂变形
2	清灰除尘	—	机械除尘	—	将打磨的粉尘清理干净
3	辊涂腻子	腻子	腻子辊	—	涂布量：20～25g/m^2

续表

序号	工序	材料	操作说明	固化方式	施工要点及注意事项
4	固化	—	光固化机	半固化	固化能量≥100mj/cm^2
5	辊涂底漆	—	胶辊辊涂	—	涂布量：15~20g/m^2
6	固化	—	光固化机	全固化	UVA固化能量≥300mj/cm^2
7	砂光除尘	320~400#砂带	机械砂光除尘	—	砂磨平整，不要砂穿露底
8	辊涂底漆	—	胶辊辊涂	—	涂布量：15~20g/m^2
9	固化	—	光固化机	半固化	UVV固化能量≥150mj/cm^2
10	辊涂底漆	—	胶辊辊涂	—	涂布量：15~20g/m^2
11	固化	—	光固化机	半固化	UVV固化能量≥150mj/cm^2
12	辊涂底漆	—	胶辊辊涂	—	涂布量：15~20g/m^2
13	固化	—	光固化机	半固化	UVV固化能量≥150mj/cm^2
14	辊涂底漆	—	胶辊辊涂	—	涂布量：20~25g/m^2
15	固化	—	光固化机	全固化	UVA固化能量≥300mj/cm^2
16	砂光除尘	400~600#砂带	机械砂光除尘	—	砂磨平整，不要砂穿
17	PU面漆	—	手工喷涂	≥48h	均匀喷涂，涂布量：130~160g/m^2

注意事项：
①定厚砂光机的精度及砂带的质量将影响辊涂的漆膜效果。
②调配好的PU面漆施工前用200目滤布过滤。
③批量生产前涂层间要测试附着力，附着力≤2级。
④上述工艺为实验室所得，仅供参考。

白色全封闭涂装辊涂工艺（三）见表4-9。

底材：三聚氰胺板　涂料：辊涂UV底漆、淋涂UV面漆　适用家具：板式家具

表4-9　白色全封闭涂装辊涂工艺（三）

序号	工序	材料	操作说明	固化方式	施工要点及注意事项
1	素材砂光	150~180#砂带	定厚砂光	—	底材砂磨平整，不能砂穿或砂变形
2	辊涂底漆	—	胶辊辊涂	—	涂布量：15~20g/m^2
3	固化	—	光固化机	半固化	UVV固化能量≥150mj/cm^2
4	辊涂底漆	—	胶辊辊涂	—	涂布量：15~20g/m^2
5	固化	—	光固化机	半固化	UVV固化能量≥150mj/cm^2
6	辊涂底漆	—	胶辊辊涂	—	涂布量：15~20g/m^2
7	固化	—	光固化机	半固化	UVV固化能量≥150mj/cm^2
8	辊涂底漆	—	胶辊辊涂	—	涂布量：15~20g/m^2
9	固化	—	光固化机	半固化	UVV固化能量≥150mj/cm^2

续表

序号	工序	材料	操作说明	固化方式	施工要点及注意事项
10	辊涂底漆	—	胶辊辊涂	—	涂布量：20～25g/m^2
11	固化	—	光固化机	全固化	UV固化能量≥300mj/cm^2
12	砂光除尘	400～600#砂带	机械砂光除尘	—	砂磨平整，不要砂穿
13	淋涂面漆	—	淋涂机	—	涂布量：100～120g/m^2
14	固化	—	光固化机	全固化	UV固化能量≥450mj/cm^2

注意事项：
①定厚砂光机的精度及砂带的质量将影响辊涂的漆膜效果。
②辊涂面漆后增加2m45℃流平线可以获得更佳的漆膜效果。
③批量生产前涂层间要测试附着力，附着力≤2级。
④上述工艺为实验室所得，仅供参考。

白色全封闭涂装辊涂工艺（四）见表4-10。

底材：三聚氰胺板　涂料：辊涂UV底漆、喷涂PU面漆　适用家具：板式家具

表4-10 白色全封闭涂装淋涂工艺（四）

序号	工序	材料	操作说明	固化方式	施工要点及注意事项
1	素材砂光	150～180#砂带	定厚砂光	—	底材砂磨平整，不能砂穿或砂变形
2	辊涂底漆	—	胶辊辊涂	—	涂布量：15～20g/m^2
3	固化	—	光固化机	半固化	UV固化能量≥150mj/cm^2
4	辊涂底漆	—	胶辊辊涂	—	涂布量：15～20g/m^2
5	固化	—	光固化机	半固化	UV固化能量≥150mj/cm^2
6	辊涂底漆	—	胶辊辊涂	—	涂布量：15～20g/m^2
7	固化	—	光固化机	半固化	UV固化能量≥150mj/cm^2
8	辊涂底漆	—	胶辊辊涂	—	涂布量：15～20g/m^2
9	固化	—	光固化机	半固化	UV固化能量≥150mj/cm^2
10	辊涂底漆	—	胶辊辊涂	—	涂布量：20～25g/m^2
11	固化	—	光固化机	全固化	UV固化能量≥300mj/cm^2
12	砂光除尘	400～600#砂带	机械砂光除尘	—	砂磨平整，不要砂穿
13	PU面漆	—	手工喷涂	≥48h	均匀喷涂，涂布量：130～160g/m^2

注意事项：
①定厚砂光机的精度及砂带的质量将影响辊涂的漆膜效果。
②调配好的PU面漆施工前用200目滤布过滤。
③批量生产前涂层间要测试附着力，附着力≤2级。
④上述工艺为实验室所得，仅供参考。

（二）实色涂装工艺面漆成本核算

以中密度纤维板及刨花板为基材，进行实色涂装面漆成本核算，如表4-11所示。

表 4-11　白色封闭涂装淋涂工艺成本核算

工序成本工艺	头道底涂布量/（g/m^2）	单价/（元/kg）	成本/（元/m^2）	二道底涂布量/（g/m^2）	单价/（元/kg）	成本/（元/m^2）	底漆总成本/（元/m^2）	面漆涂布量/（g/m^2）	单价/（元/kg）	成本/（元/m^2）	总成本/（元/m^2）
UV底 UV面	35	35	1.23	80	42	3.36	4.6	辊面40	80	3.2	7.8
								喷白面220	50	11	15.6
UV底 PU面	35	35	1.23	80	42	3.36	4.6	淋90	50	4.5	10.1
								喷220	30	6.6	11.2
								淋90	35	3.2	7.8
PU底 PU面	220	15	3.3	220	15	3.3	6.6	220	30	6.6	13.2
PE底 PU面	60	15	0.9	500	15	7.5	8.4	220	30	6.6	15.0

（三）常见UV漆弊病及应对措施

1. 附着力差的问题

附着力差原因分析与解决措施如表4-12所示。

表 4-12　UV 漆附着力差与解决措施

序号	原因分析	解决办法
1	底材含水，含油过多，如紫檀、柚木	用隔离底漆
2	贴纸表面有金粉等饰物	用隔离底漆
3	深颜色的底材或底着色过深	用隔离底漆
4	加入稀释剂过多	控制量<5%
5	加入色精或色浆过多	控制量<5%
6	一层涂布量太大	控制量
7	层与层之间打磨不好	改善打磨性
8	没有涂装工艺	硬底软面工艺
9	油漆本身问题	—

2. 影响光泽度的因素

影响光泽度的因素如表4-13所示。

表 4-13　影响光泽度的因素

	序号	影响因素	效果
淋涂光泽	1	流平时间越长（加热段的速度）	光泽高
	2	固化速度快（UV灯下的速度）UV灯数量越多	光泽升高
	3	灯距降低，第一支灯尤其重要	光泽升高
	4	灯的使用时间越长	光泽降低
	5	涂膜的厚度越薄	光泽升高
	6	温度越高	光泽升高
	7	改用不同光泽油漆	±30℃
辊涂光泽	1	涂膜厚	光泽高
	2	固化速度快	光泽升高
	3	灯距降低	光泽升高
	4	灯的使用时间增长	光泽降低
	5	温度升高	光泽降低
	6	循环时间增长	光泽降低
	7	改用不同光泽油漆	3°～10°

3. UV漆不干

影响UV漆不干的因素如表4-14所示。

表 4-14　影响 UV 漆不干的因素

序号	原因分析	解决办法
1	与UV灯的寿命有关	有1000h后要换
2	与灯的功率有关，不达标难干	80W/cm
3	涂布量小，不易干	增大量
4	底材颜色深，不易干	改镓灯或新灯
5	油漆本身问题	增加光敏剂

注：不干与照射时间无关。

4. 辊涂表面效果差

（1）辊涂表面产生横纹　辊涂表面产生横纹原因及解决办法如表4-15所示。

表 4-15　产生横纹原因及解决办法

序号	原因分析	解决办法
1	工作物未砂好	改善砂光
2	胶辊损坏	更换
3	逆转涂布轮降得太低	升高

（2）辊涂表面有直线纹路产生　辊涂表面产生直线原因及解决办法如表4-16所示。

表 4-16　产生直线原因及解决办法

序号	原因分析	解决办法
1	胶轮损坏	更换
2	流平不够	加热或降低黏度
3	传送速度比涂布轮速度快	调至一致
4	逆转涂布轮比正转涂布轮转速低	提高逆转涂布量转速或降低正转涂布轮速度

（3）辊涂表面产生橘子面　辊涂表面产生橘子面原因及解决办法如表4-17所示。

表 4-17　产生橘子面原因及解决办法

序号	原因分析	解决办法
1	涂布量多	减少涂布量（正转、逆转四级）
2	黏度太大	加热或降低黏度
3	流平性不好	加热或降低黏度
4	底材不平	改善底材打磨性

（4）涂装物前端堆油后端无油　辊涂表面涂装前端堆油后端无油原因及解决办法如表4-18所示。

表 4-18　产生前端堆油后端无油的原因及解决办法

序号	原因分析	解决办法
1	涂布量过多	降低涂布量（计量轮、正轮、逆轮）
2	底材变形（本身、砂光）	改善底材
3	后组逆转涂布轮降得太低	将涂布轮升高
4	传送带速度低于轮速	调到同步一致

（5）涂装物前端无油后端堆油 辊涂表面涂装前端无油后端堆油原因及解决办法如表4-19所示。

表 4-19 产生前端无油后端堆油的原因及解决办法

序号	原因分析	解决办法
1	底材变形（本身、砂光）	改善底材
2	涂布轮降得太低	升高涂布轮
3	转送	—

5. 淋涂油漆的弊病及解决方法

淋涂油漆的弊病及解决方法如表4-20所示。

表 4-20 淋涂油漆的弊病及解决方法

序号	现象	原因分析	解决办法
1	涂膜厚薄左右不均匀	刀口不平行	调整至平衡
		刀口磨损	拆下刀片研磨
2	产生气泡	涂料不足	补充涂料
		涂料黏度过高	降低涂料黏度或加热
		涂料流量过大，涂布量大	降低流量
		涂料本身	改善涂料
		输送管或密封圈破裂	改换新的
		涂料混入溶剂或水	—
		底材打穿	增大底漆涂布量或改善打磨
3	破膜	涂料流量过小	补充涂料
		涂料黏度太低	调高黏度或降温
		泵速不均匀或太低	改善泵速
		过滤网杂物太多	清除污物
		刀口间隙不适	调整刀口
		油漆污染	注意保护
		油漆本身	改善配方

6. 辊涂UV底漆或淋涂UV、PU等产生缩孔（跑油、鱼眼、火山口）

从形状上可分为平面式、火山口式、点式、露底式、气泡式。缩孔产生由涂料的流动性、施工过程、涂膜厚度、黏度等决定。高固含（PE）、紫外光固化油漆（UV）易出现此类现象。辊涂UV底漆或淋涂UV、PU等产生缩孔原因及解决办法如表4-21所示。

表 4-21 产生缩孔原因及解决办法

序号	原因分析	解决办法
1	涂料的配方、组成等内在因素	改善配方
2	涂料中有不溶性颗粒或树脂胶化	点式（过滤）
3	表面活性物质过多，例如加入过多硅油等，水分污染油漆	火山口式（薄涂）
4	黏度过大	平面式（降低黏度）
5	底材有油污、水分、灰尘等，未能被涂料润湿	露底式（清除、厚涂）
6	湿涂膜中气泡破裂	导致气泡或缩孔

思考与练习

1. PU、PE、NC、UV、W各代表什么涂料？举出与其配套稀释剂的名称。
2. 基材为什么要进行砂光处理？砂光时应注意哪些问题？
3. 空气喷涂的工艺参数有哪些？有何具体要求？
4. 中间涂层研磨具体要求是什么？
5. “湿碰湿”工艺适用于哪几种涂料？施工时何时“碰”上去？
6. 常见的喷涂缺陷有哪些？分别是什么原因造成的？
7. 辊涂常见缺陷有哪些？分别是什么原因造成的？
8. 淋涂常见缺陷有哪些？分别是什么原因造成的？

第二节　实色裂纹涂装

知识目标

了解实色涂装选用涂料的性能、储存条件、成膜机理、工艺特点。
理解家具企业涂装工段的安全生产、涂装材料的管理要求和常识。
掌握实色裂纹涂装基材处理的方法、所用工具材料、施工要领。
掌握基材处理时易产生缺陷的原因及解决对策。
掌握底、面漆涂装的方法、所用工具、设备及施工要领。
掌握底、面漆涂装易产生的缺陷、缺陷产生原因及其解决对策。
掌握涂装成本的计算方法。

能力目标

能根据家具基材种类、涂装效果、涂装成本、施工条件、环保要求等合理选用涂料、施工方法、工具，编写施工方案。

能独立完成基材处理、漆膜研磨施工作业。

能正确使用和维护常用工具和设备，独立完成底面漆涂装。

能对家具表面缺陷进行准确分析，提出解决措施，进行修补。

能根据涂装工程方案进行简单的生产管控、品质监控。

能根据客户需求制定涂装工程方案，核算综合成本。

根据“5S”管理要求，安全、准确取放材料、工具。

能借助工具书查阅技术资料，自我学习，独立思考。

能自我管理，有安全生产意识、环保意识和成本意识。

工作中能与他人协作共事，沟通交流。

一、任务介绍

对物件进行实色涂装时，一般都采用前面所讲过的施工方法，但是有的物件表面需要做成各种不同的花纹，或者是要适应某种特别需要，这时就要用其他方法、其他材料及特种工具，结合涂装技术来制作，裂纹效果涂装就通过采用各色裂纹漆喷涂在物面上，可形成均匀美观的裂纹。本任务以裂纹漆涂装效果为例，讲解裂纹涂装工艺。

透过表面的裂纹效果可以看到底层的颜色，红、蓝、金色等多种色彩来展现个性，体现色彩美，裂纹漆多以遮盖力强的耐黄变白漆为主，如图4-15所示。

二、学习内容

（一）中密度纤维板裂纹涂装工艺

中密度纤维板→封闭→打磨→刮腻子→打磨→实色底漆→打磨→透明底漆→裂纹漆→透明面漆（亮光或亚光）。

（1）白坯处理　白坯处理要平整光洁。

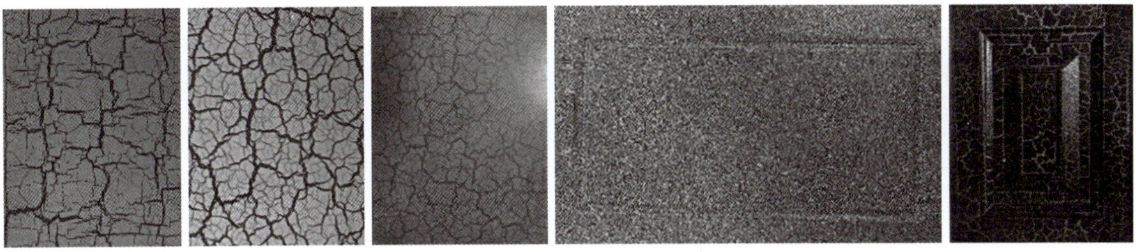

图4-15　裂纹涂装效果

（2）封闭底漆　PU封闭底漆，有利于除去毛刺，有效封闭基材。

（3）刮腻子　主要是填充截面的较大缺陷。

（4）实色底漆　PU或UPE实色底漆，可根据效果需要选择配套的实色底漆颜色，按标准配比施工，干后打磨，切勿磨穿。

（5）清底漆　NC清底漆，是裂纹漆的基础漆，漆膜厚薄越均匀越好，干后不要打磨。

（6）裂纹漆　NC实色裂纹漆，调整到合适的施工黏度喷涂，漆膜厚薄越均匀越好。

（7）清面漆　NC亮光或亚光清面漆，调整到合适黏度（通常为12s）进行喷涂施工，白色效果最好选用耐黄变清面漆。

扫描二维码，观看视频裂纹漆涂装工艺，了解裂纹漆工艺流程。

裂纹漆涂装工艺

（二）重点内容

（1）底色调配与喷涂　根据工艺效果需要选择配套的实色底漆颜色，准确调色。

（2）裂纹漆喷涂　均匀喷涂裂纹漆，根据裂纹漆漆膜厚度来控制裂纹的大小。

（3）喷涂底、面漆　均匀喷涂底漆和面漆。

三、应用案例

在美式涂装中，裂纹漆局部应用起到了特殊的仿古效果，木门、实木家具中都有广泛的应用，如图4-16所示。

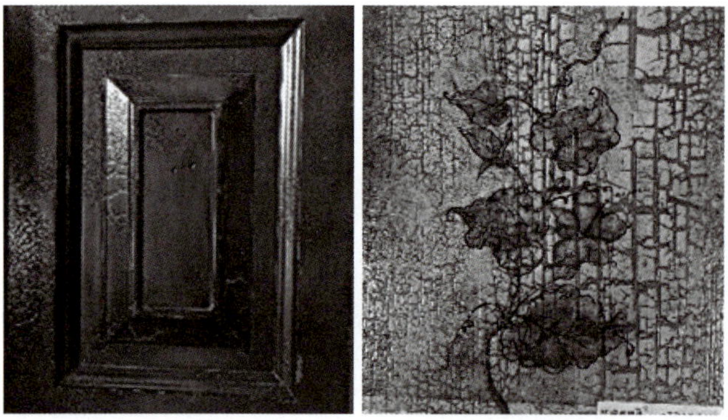

图4-16　裂纹漆局部应用

四、知识准备

（一）工作安全

（1）严格遵守工作、防火和防毒操作规则。

（2）操作过程中要穿劳保鞋和工作服，戴护目眼镜和橡皮手套。

（3）被拉丝处理板件固定夹紧。

（4）刷涂底漆时，房间通风良好，但一定避免开窗户通风。

（5）涂饰底、面漆时严禁吸烟和明火。

（6）喷涂涂料时戴防毒面具，在喷涂室内操作。

（7）溶剂、涂料和稀释剂残留液倒入预设的废料容器。

（8）溶剂接触皮肤后，接触处立即用热水清洗并涂抹护肤剂。

（9）避免吸入溶剂蒸气。

（二）材料

1. 中密度纤维板

表面平整光滑，无论厚度方向还是宽度方向，都可以胶合和涂饰，且胶合后的加工性能较好。

2. 硝基漆

硝基漆为单组分溶剂挥发型漆，溶剂挥发后即可干燥。硝基漆固含量低，干固后漆膜较薄，溶剂挥发多，施工时注意通风，做好个人防护。在本任务中用硝基底漆、硝基面漆，面漆选用耐黄变漆。

3. 裂纹漆

裂纹漆与一般喷漆不同的是颜料成分所占的比例特别大，并采用挥发快的低沸点溶剂（如丙酮等），它可降低漆液的黏度，形成的漆膜韧性较小，漆膜可形成均匀的裂纹。

（三）工艺过程

1. 白坯打磨

中密度纤维板表面平整，选用240～320#砂纸打磨平整，去污渍、毛刺。若选用实木做基材，要顺木纹打磨。

2. 封闭

对底材有效封闭，增加附着力，去木毛。PU封闭底漆，也可以选择NC或水性封闭漆。

3. 打磨

去毛刺，要打磨平整，不要磨穿。

4. 刮腻子

常选用PU或UPE腻子，局部填补钉眼和划痕等缺陷，满刮腻子填平平面、截面。

5. 打磨

去毛刺，腻子干透再打磨平整，实木木径上面要打磨干净。

6. 实色底漆

PU或UPE实色底漆，按工艺要求调配颜色，按标准比例调配，喷涂均匀。

7. 打磨

打磨均匀、平整，切勿磨穿。

8. 透明底漆

NC清底漆，调整到合适的施工黏度喷涂，漆膜厚度越均匀越好，干后不要打磨。

9. 裂纹漆

NC裂纹漆，调整到合适的施工黏度喷涂，漆膜厚度越均匀越好，干后不要打磨，裂纹显现时间大约为3～5min，一般来说，如想获得粗或深的裂纹，可适当增加漆膜厚度或提高裂纹底漆的厚度；反之，如想获得细或浅的裂纹，则要降低漆膜厚度或控制裂纹底漆的厚度。

10. 透明清面漆

选用耐黄变NC清面漆。根据工艺要求可以选择亮光或亚光，按标准配比调到12s施工黏度喷涂。

（四）实色底漆调色

1. 实色漆调色色料

颜料是一种微细粉末状的有色物质，一般不溶于水、油和溶剂，但能均匀地分散其中。颜料是色漆的次要成膜物质，在木材装饰过程中调制底漆、腻子以及木材着色也经常使用颜料。不透明的色漆中加入颜料后，其涂膜具有某种色彩和遮盖力，同时，颜料还能增强涂膜的耐久性、耐候性、耐磨性等。

色浆系列产品可用于亮光、亚光实色漆底着色的调色。具有色彩鲜艳纯正、遮盖力强、耐候性优良、保光、保色的特点。在需要调色的油漆中直接加入色浆搅拌，调配到所需的颜色，分散至细度合格。调色时注意由浅到深，慢慢加入，并充分搅拌均匀。色浆用量越多遮盖力越强。

应用色浆的调色产品有：亮光实色面漆系列、亚光实色面漆系列、NC实色面漆系列、仿皮漆系列、有色底漆系列、有色透明面漆系列、木纹宝系列。

2. 调色前基本要领

实色漆系列调色色浆一般有13色：白色、黑色、桃红（紫红）、大红、铁红、橙色、橙黄、铁黄、柠檬黄、绿色、酞菁蓝、群青（蓝色）、紫色。在红色域中，有桃红、大红、铁红三支色浆，桃红和大红比铁红要鲜艳，桃红比大红偏紫相，铁红偏黑和黄相。在黄色域中，有橙黄、柠檬黄、铁黄三支色浆，橙黄和柠檬黄比铁黄鲜艳，橙黄偏红（即橙相），柠檬黄偏青相，铁黄相对为暗黄色。在蓝色域中，有酞菁蓝、群青两支色浆，酞菁蓝为蓝色偏暗、绿相，群青偏紫相。已知红+黄=橙、黄+蓝=绿、红+蓝=紫，但是这样配出来的颜色没有橙色、绿色、紫色色浆本身的颜色鲜艳。

在保证颜色合乎要求的前提下，所使用的调色料品种应尽量少，由前述颜色相减混合调色原理可知，加入的颜色品种越多，颜色的明度越低，色彩越灰暗。实色漆调配选择包括白色浆在内应不超过四种色浆，调配透明漆不超过三种色精，这样在调色的过程中便于判断色相的变化，也符合大批量生产的要求，提高颜色的重现性。

大多数鲜艳度低的颜色应该说不仅只有一种色料的搭配才能达到此颜色。在不同的几种色料组合都可以调到此颜色的情况下，应选择一组简单、利于控制的最佳配合。一般用铁红、铁黄、黑色、白色四支色浆调配的颜色鲜艳度是最低的。下面就在理论上假设每支色浆的用量一样的情况下来分析、选择色浆的搭配。

铁红+铁黄=暗橙，大红+橙黄=橙色，橙色色浆，这三个颜色都属于橙色调，但橙色鲜艳度是从低到高的。如果颜色主色为橙色，要调偏黄相些，首先考虑用黄色偏红的橙黄色浆，如是偏暗的黄相，则应选择铁黄色浆；如果在橙色上调偏红相些，应先考虑相对偏黄的大红色浆，如果是暗红相，则选择铁红色浆。

铁黄+黑色=暗绿（黑色色浆偏少许蓝相），柠檬黄+黑色=暗草绿，铁黄+酞菁蓝=草绿，柠檬黄+酞菁蓝=绿色，绿色色浆，这五个颜色都属于绿色调，但绿色鲜艳度是依次从低到高的。在绿色上调黄相，应先选择带绿相的柠檬黄色浆，如果没有黄红相出来，则要考虑铁黄色浆了。

铁红+黑色=暗黑紫，桃红+黑色=暗紫，桃红+酞菁蓝=紫色，桃红+群青（蓝）=紫色，紫色色浆，这五个颜色都属于紫色调，但紫色鲜艳度也是依次从低到高的。紫色调红相，应先选用红色偏紫相的桃红色浆。

以上的理论只是指导我们去考虑选择色浆问题的思路，在实际调色当中，大家还应该多总结，提高颜色的经验判断能力。

3. 色料的配色

（1）配色的准备工作　使用各种色料进行配色时，要以标准色卡或标准色板为基准，首先要弄清楚所要配制的颜色在色卡上的名称，然后找出同标准色卡相一致的调配颜色的基本色相，判断出颜色的主色和辅加色，色彩的明度和纯度。需要几种色料色相调配时要明确主次颜色的加入顺序、相互间的比例（即配比）及需用量，然后选择使用性能和色彩度（即着色力）都比较好的色料，准备好调配设备与工具，就可以进行颜色的调配了。

（2）配色方法　根据色彩基本知识理论，色料的配色方法可分加色法和减色法进行配色。

①加色法配色：以颜色相加而能获得更多不同明亮度的混合色彩的方法称为加色法配色。如用两种不同颜色的光，把它们照射在同一点上（照在白色幕布上），反射（折射）回来的色光刺激人的眼睛，人们眼睛可见到的这种色光的颜色比单一色的人眼可见色光的色彩（色相）更鲜艳明亮。

②减色法配色：几种色料色相混调后得到的一种复合颜色，是吸收了用来调配这种颜色的其他几种原色，而且降低了那些色料本来很亮的色相、明度和彩度，就是说，不同程度地降低了色相、明度和纯度，这种色料配色法则称为减色法配色。

（3）配色的原则　涂装生产过程中的涂料与颜料的配色方法有目测对比法和仪器设备配色法两种。两种或两种以上颜色相混调成另一种颜色，有着一定的成色规律，配色不可随意进行，必须遵循配色的各项原则。调色操作是个认真仔细的过程，要求少加多看，不可盲目急躁。善于总结经验，提高调色速度。调制完每一种颜色都要保留漆样、记录数据，这对保证质量、提高调色效率都有实际意义。

①涂料颜色的辨别：辨别涂料的本色，首先应在标准色卡上找出涂料颜色的名称，将标准色卡或标准色板置于足够亮度的阳光下或标准光源下，辨别出涂料颜色的主色，以及主色是哪几种颜色调配而成的、基本比例关系、色料的主次混合顺序、色相组合及明亮度和纯度等。辨别应以原色的成色、间色、复色、补色和消色等调配成色的色相、明度和纯度进行准确判断。

②配色的依据与步骤：绝大多数的配色依据是按照光谱色制作的色卡或标准色板。如果是标准色板，首先要在标准色卡中找到样板颜色的涂料与颜料的混合色的名称或代号，需要调配颜色的色相、明度和纯度。配色前，要准确判断和辨别出所要调配颜色的主色（即底色），需要哪几种色料相配，分清主、次相配的顺序等。颜色辨别清楚后，就可进行色料的选择并备齐。再依次准备好配色的盛装容器和工具、选择好适宜配色后与标准色卡或样板进行对比的场所（有标准的自然光或光源）、配色后用作对比的标准样板等就可以进行配色了。

③调配小样：涂料与颜料配色时，应先调配出试验性的小样（即少量但必须涂装后与标准色卡或样板色对比）。首先配制小样，可避免大量配色时找不准几种颜色相混调后的色相、明度和纯度，造成材料和时间浪费以及调量过多或配色失败。先配小样，从中找准几种所需颜色的主、次顺序和加入量的比例，进行配比记录，为大量调配提供条件。

④配色“先主后次、由浅至深”的原则：调色时，应是先加主色色料，主色色料也可说成是比例大的色料，次色色料占的比例小，但次色色料影响却最大，每次加料应按估计量少加一些，特别是接近所要求的颜色时更应注意，以免过量。在加入色料基本符合标准颜色色相后，按色料的比例由浅向深慢慢调节，当比标准颜色浅少许时判别色相差异，最后在这基础上微调色相。无论配制小样或大量调配，都要遵循先调配预调颜色的主色（调色相）混合调配成基本的色相（色调），再由浅至深的调整色相、明度、纯度以及光泽和浮色等。配色时要进行充分搅拌使之均匀互溶。鲜艳度从高向低调节容易，明度从高向低（即颜色从浅到深）调节容易，反之就难，有些在实际中根本就没办法调配了。

⑤颜色对比与色料用法：配色时，无论是调制小样或大量调配，在调配出基本色相后，再进行色相、明度和纯度的调整，在调整至与标准色相接近时，应边调边将调配好的涂料涂装在样板上，待溶剂挥发干后，与标准色卡进行对比，再边调整边对比，直至颜色完全一致为止。调配鲜艳色相、明度纯正的颜色时，应遵循选用的色料品种越少越好。根据减色法配色的原理，使用原色涂料与颜料的品种越多（一般不要超出三种为好）配出颜色的色相鲜艳度越不够，越发暗。

（4）配色的色料选择

①配制复色涂料用色料选择：原色涂料必须类型、品种、性能、用途等相一致的色料，相互之间配套，互溶性好，稀释剂也应配套，辅助添加剂的加入要适应所选色料允许加入的原则，否则会无法成色或调配色相不准确，涂料产生质量弊病，使用时分层不溶或树脂析出、颜料沉淀等。颜料则应选择着色力、遮盖力等性能好、色泽纯正的色料。

②色料颜色的辨别：配色前，选择的色料与标准色卡或样板置于标准自然光或标准光源下，对比辨别主色料和底色料的色相、明度和纯度。

③颜色对比：配色色料选择正确与否，可以在配色后涂装一块较大面积的样板与色卡对比。未干燥前对比很难准确一致，最好干燥后对比，则会准确无误。配色量较大时，配制好以后，使用前要涂装几块标准样板，对颜色的色相、明度、纯度进行确认。

④理想的对色条件

a. 在实际现场没有办法利用标准光来对色时，原则上均利用太阳光线，并在日出后3h至日落前3h，避开直射日光。

b. 光与观察者的角度，光要对色样的比色面，原则上由垂直方向照明，从约45°观察，或约45°方向照明，从垂直方向观察。

c. 调色者应具有正常色觉，无视神经及视网膜疾病。

d. 在喷涂作业时，有时无法移动到有利的光线下对色，通常会在特定的场所进行施工，只能利用实地的光源进行对比，光源受到限制，将会对对色者产生影响，因此对色者应多加观察，以求达到最佳效果。

（五）制定实色裂纹涂装实施单

实色裂纹涂装实施单见表4-22。

表4-22　实色裂纹涂装实施单

项目				学　时		
任务				学　时		
实施方式	各小组共同讨论确定实施计划，每小组填写此单					
序号	实施步骤	使用资源	测定数值	摘要	出现问题	如何解决
1						
2						
3						
……						
实施说明：						
班　级		第　组		组长签字		
教师签字				日　期		

备注：
使用资源：设备、工具材料。
测定数值：黏度、配比、喷涂量、干湿漆膜厚度、干燥时间（表干时间、指压干时间）。
摘要：施工注意事项、操作要点。

五、施工操作

1. 白坯打磨

顺木纹方向彻底打磨，清除毛刺或油污，检查并处理白坯加工过程造成或遗漏的各种质量缺陷，为涂装作准备。

2. 封闭

PU配漆时将主漆和固化剂先混合均匀，再加入稀释剂调节施工黏度，配好后用120～150目滤网过滤，过滤后静置15～20min再施工。

黏度：NC封固底漆8～12s；PU封固底漆8～12s。

喷涂量：NC、PU = 60～90g/m^2。

3. 打磨

选用320＃砂纸，实木顺木纹方向轻磨，中密度纤维板沿着一个方向打磨，去除木毛及颗粒，不能砂穿。

4. 刮腻子

实色漆或中密度纤维板贴纸根据需要可选择水灰、猪血灰、原子灰等，但刮涂施工时应注意以下几点：

①薄刮：底灰一定不能刮涂过厚，否则易出现脱落、开裂问题；纤维板可见底。

②彻底干透：底灰（特别是水灰）要彻底干透，否则易出现附着力差、发白（贴纸做清漆）等现象。

5. 打磨

用240＃砂纸打磨，补土的残留物必须打磨干净，不留残渣，检查有无漏补或补土不完全的状况，并及时予以修补，工件表面砂磨平整干净。

6. 实色底漆

扫描二维码，观看视频实色漆调色。

实色漆调色

可以选用成品色，开罐后将漆搅拌均匀。根据工艺要求也可在透明漆的主剂基础上调色，后加固化剂混合均匀，再加入稀释剂调节施工黏度，配好后用120～150目滤网过滤，过滤后静置15～20min再施工。

黏度：PU二度底漆15～18s，PE二度底漆25～40s。

喷涂量：PU100～125g/m^2，湿碰湿2次，层间打磨。

在施工中要根据工艺要求，不要喷太厚或太薄，喷涂太厚易产生气泡、痱子、发白或起皱现象。一般可喷涂两个“十”字架，干膜厚度30μm左右。采取“湿碰湿”工艺喷涂，即表干接涂，需参考说明书建议的重涂时间间隔，可先试验后再确定最佳的重涂时间。间隔时间也不可过长，否则涂层间交联不好，影响涂层间的附着力。对固化已久的漆膜应用砂纸打磨或用溶剂擦拭后再涂漆。

PU漆的配比要严格按说明要求，固化剂不能加入过多或过少，过多会出现漆膜脆、开裂、气泡、针孔等弊病，过少会导致漆膜软或不干。

稀释剂要配套使用，为保证涂膜适当的干燥速度和良好的流平，冬、夏用稀释剂一般以20℃为界限，高于20℃时可选用夏用稀释剂，低于20℃时宜选用冬用稀释剂。

涂料过了活化期后黏度增加，切记不能用稀料冲稀再用，会严重影响漆膜的附着力、硬度等性能。为了避免这种浪费，配漆时一次不要配得太多。

PE漆白水与蓝水不能直接混合，建议将主漆分成两半，一边加入蓝水搅匀，一边加入白水搅匀，施工时按1：1混合均匀再加入PE稀料即可。喷涂量：PE=220～350g/m^2，可以一次厚喷。

油漆配好后一定要将罐口密封，特别是固化剂，否则会固化，造成浪费或涂装质量问题。

7. 打磨

平整底漆的砂光用320＃砂纸，彻底完全打磨，检查有无针孔、凹陷等不良，并处理。最后一次用400～800＃砂纸，完全彻底打磨平整光滑，使表面呈毛玻璃状，降低砂痕程度。

8. 透明底漆

NC清底漆是裂纹漆的基础漆，开罐后将漆搅拌均匀。

NC清底漆施工黏度16～20s，用120～150目滤网过滤后静置15～20min再施工。

喷涂量：NC清底漆，NC=100～125g/m^2。

先选好底漆的色泽，底色漆若采用硝基喷漆，做裂纹漆的底层处理可不必像喷漆那样精细，但所喷涂物面应保持平滑，如有缺陷应用腻子批平。底漆的颜色应与裂纹漆有对比，不能采用同一颜色。底漆喷涂后，应用水砂纸轻轻地把漆膜表面砂磨平滑，并用布揩抹干净，干燥后便可喷涂裂纹漆。

9. 裂纹漆

裂纹的大小取决于快、慢干稀释剂的调配、黏度及配合被裂涂层厚度，其他为个人操作技巧不同，气压油量、速度等不同，效果也不同。完成后充分干燥，再做下一步工艺。

喷前将裂纹漆用稀释剂稀释到喷涂的黏度，再用扁嘴喷枪进行均匀喷涂，要一气呵成，不回喷或补喷。如裂纹漆喷得厚，裂纹就大；喷得薄，裂纹就小；如果太薄就会显现不出裂纹。裂纹漆喷上后大约间隔3～5min，裂纹就会显示出来；裂纹漆干后，用水砂纸蘸水砂磨平滑，待其彻底干燥后，在裂纹漆上喷涂1～2道硝基清漆，使裂纹牢固。若要使裂纹呈金色或银色，可用毛笔在裂纹处填上金粉或银粉（在铜金粉或铝银粉中加点胶水），不是裂纹处的金粉、银粉要揩净，待干后罩上硝基清漆即可。如在已制好的裂纹漆上罩上一层棕黄色或咖啡色的硝基磁漆，便可得到人造革状花纹。

10. 透明清面漆

注意施工温度、湿度，PU漆夏天施工最佳温度与湿度：温度20～30℃，湿度50%～75%，面漆喷房应无灰尘，涂装设备要保持干净、无污染，可用稀料清洗，检查油水分离器是否良好。

NC清面漆施工黏度：12～15s，200～250目滤网过滤后静置15～20min再施工。

NC喷涂量：80～120g/m^2。

重喷或修补的工件用600～800＃砂纸彻底打磨，增强机械附着力；抛光工件用1000～2000＃砂纸去除颗粒，增加粗糙度，便于抛光。

修补砂光应根据工序状况选择轻砂。面漆前工序中的修补只进行局部砂光，注意不能砂坏周围部分造成新的不良；面漆后的修补则应全面彻底打磨后方能进行重涂。

11. 裂纹漆施工常见缺陷

施工裂纹效果时常见问题及处理方法如下：

①裂纹太细甚至不开裂：裂纹图案是靠漆膜均裂而呈现，且漆膜对温度、湿度较为敏感，应小心控制出油量及枪数以选择最佳图案，不能一次性喷得太厚。环境湿度过大、温度过高或过低时均不宜施工（一般以温度25℃，相对湿度75%为佳），否则裂纹会很细甚至裂纹面不开裂。

②裂纹大小不均匀：大裂纹要求底漆膜要厚，施工时多喷2～3次，气量不需太大；小裂纹底漆不需太厚，施工时漆膜应喷薄一些，气量可稍大一点。裂纹大小主要影响因素是施工人员喷涂技巧，应保持喷涂的均匀性，喷涂时只能喷涂一道，应当一枪成功，不得回枪或补枪（在喷涂过程中，裂纹正在形成但尚未终止时，可在裂纹上再喷，以控制裂纹大小，但这需要施工人员具有非常高超的技术手法，一般施工人员不建议使用）。

③裂纹开裂后漆面脱落：裂纹漆的粉性大，收缩性大，柔韧性小，附着力差，漆面干燥收缩后较容易脱落。为了使裂纹漆坚固耐久，更加光亮美观，在裂纹漆干透后，打磨平滑，表面清除干净后及时罩光。

六、知识拓展

（一）其他特殊涂装效果

为了满足特殊需求，实色涂装除了裂纹效果，还有其他特殊涂装效果。

1. 仿大理石纹与涂装工艺

涂装效果如图4-17所示，涂装工艺方案见表4-23。

扫描二维码，观看视频仿大理石涂装。

仿大理石涂装

表4-23　实色涂装仿大理石涂装工艺

施工条件	底材：中密度纤维板。涂料：封闭底漆、实色底漆、清底漆、裂纹漆、清面漆。施工温度25℃，湿度70%			
序号	工序	材料	施工方法	施工要点
1	白坯处理	砂纸	手磨或机磨	去污渍、毛刺，打磨平整
2	封闭	PU封闭底漆	喷涂、刷涂	对底材有效封闭，增加附着力
3	打磨	砂纸	手磨或机磨	去毛刺、打磨平整
4	刮腻子	PU或UPE腻子	刮涂	填平截面、钉眼
5	打磨	砂纸	手磨或机磨	去毛刺，腻子干透再打磨平整，面要打磨干净
6	实色底漆	PU或NC实色底	喷涂	按标准比例调配，喷涂均匀
7	打磨	砂纸	手磨或机磨	打磨均匀、平整，切勿磨穿
8	透明底漆	PU或NC清底漆	喷涂	调整到合适的施工黏度喷涂，漆膜厚度越均匀越好，干燥充分
9	拍色	酒精着色剂	手工拍色	黑红棕，拍花一点，不自然可用棉布蘸纯酒精拍自然散开
10	透明底漆	NC清底漆	喷涂	调整到合适的施工黏度喷涂，漆膜厚度越均匀越好，干燥充分
11	拍色	酒精着色剂	手工拍色	偏棕红，拍花一点，不自然可用棉布蘸纯酒精拍自然散开
12	透明底漆	NC清底漆	喷涂	调整到施工黏度喷涂，漆膜厚度越均匀越好，干燥充分。根据需要可拍色，着色剂可偏黄红，按标准配比调到12s施工黏度喷涂
13	透明面漆	NC清面漆	喷涂	—

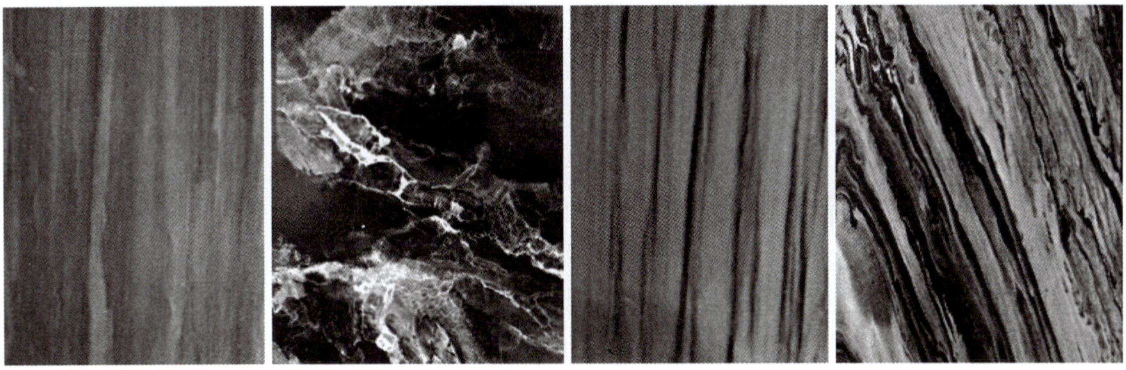

图4-17　实色涂装仿大理石纹

2. 闪光漆涂装工艺

中密度纤维板闪光漆涂装工艺：中密度纤维板→封闭→打磨→刮腻子→打磨→实色底漆→打磨→闪光漆→清面漆（亮光或亚光），见表4-24。

①白坯处理：要平整光洁，棱角圆滑。

②封闭底漆：有利于除毛刺，有效封闭基材，增加层间附着力。

③刮腻子：主要是满刮、填平截面及木材导管，干后打磨平整。

④实色底漆：PU或UPE实色底漆，根据面漆颜色效果配套选用实色底漆，按标准配比施工，干后打磨光滑，切勿磨穿。

⑤闪光漆PU闪光漆：按标准比例调配施工，表干后喷涂清面漆。注意：在喷涂清面漆之前不能打磨。

⑥清面漆：PU亮光或亚光清面漆，按标准配比调到合适黏度（通常是12s）进行施工，待闪光漆表干后均匀喷涂，浅色效果最好选用耐黄变清面漆。

表 4-24　闪光漆涂装工艺

施工条件	底材：中密度纤维板。涂料：封闭底漆、实色底漆、闪光漆、清面漆。施工温度25℃，湿度70%			
序号	工序	材料	施工方法	施工要点
1	白坯处理	砂纸	手磨或机磨	去污渍、毛刺，打磨平整
2	封闭	PU封闭底漆	喷涂、刷涂	对底材有效封闭，3~4h后打磨
3	打磨	砂纸	手磨或机磨	去毛刺、打磨平整
4	刮腻子	PU或UPE腻子	刮涂	填平截面、钉眼、导管
5	打磨	砂纸	手磨或机磨	去毛刺，腻子干透再打磨平整，木径上面要打磨干净
6	实色底漆	PU或UPE实色底漆	喷涂	按标准比例调配，喷涂均匀
7	打磨	砂纸	手磨或机磨	打磨均匀、平整，切勿磨穿
8	闪光漆	PU闪光漆	喷涂	按标准比例调配，漆膜表干后喷清面漆
9	清面漆	PU清面漆	喷涂	按标准配比调到12s施工黏度喷涂，待闪光漆表干后再喷涂清面漆

3. 锤纹漆涂装工艺

中密度纤维板锤纹漆涂装工艺：中密度纤维板→封闭→打磨→刮腻子→打磨→PU或UPE实色底漆→打磨→锤纹漆→清面漆（亮光或亚光），见表4-25。

①白坯处理：棱角要磨得比较圆润。

②封闭底漆：有效封闭基材底色，增加腻子对基材的附着力。

③刮腻子（可选择）：主要是填充横截面的缺陷。

④实色底漆：PU或UPE实色底漆，可根据锤纹漆的色彩配套选择实色底漆的颜色，按标准配比施工，干透后打磨。

⑤锤纹漆：NC锤纹漆，按所需效果要求调整施工黏度。

⑥清面漆：NC清面漆，按标准调到合适黏度（通常为12s）施工，均匀喷涂。

注意：锤纹漆中有帮助形成锤花纹的硅油，喷涂过锤纹漆的喷房、喷枪，以及喷涂中用过的其他设备、工具、部件的清洗非常关键，如有疏忽，在喷涂其他涂料时极易出现“缩孔”。

表 4-25 锤纹漆涂装工艺

施工条件	底材：中密度纤维板。涂料：封闭底漆、实色底漆、锤纹漆、清面漆。施工温度25℃，湿度70%			
序号	工序	材料	施工方法	施工要点
1	白坯处理	砂纸	手磨或机磨	去污渍、毛刺，打磨平整
2	封闭	PU封闭底漆	喷涂、刷涂	对底材有效封闭，增加附着力
3	打磨	砂纸	手磨或机磨	去毛刺、打磨平整
4	刮腻子	PU或UPE腻子	刮涂	填平截面、钉眼
5	打磨	砂纸	手磨或机磨	去毛刺，腻子干透再打磨平整，木径上面要打磨干净
6	实色底漆	PU或UPE实色底漆	喷涂	按标准比例调配，喷涂均匀
7	打磨	砂纸	手磨或机磨	打磨均匀、平整，切勿磨穿
8	锤纹漆	NC锤纹漆	喷涂	调到合适黏度，均匀喷涂，膜厚一致、锤纹均匀
9	清面漆	NC清面漆	喷涂	按标准配比调到合适黏度施工（通常为12s），均匀喷涂

4. 中密度纤维板贝母漆涂装工艺

中密度纤维板贝母漆涂装工艺：中密度纤维板处理→封闭→打磨→刮腻子→打磨→白色底漆→打磨→贝母漆→清面漆（亮光），见表4-26。

表 4-26 贝母漆涂装工艺

施工条件	底材：中密度纤维板。涂料：封闭底漆、实色底漆、贝母漆、清面漆。施工温度25℃，湿度70%			
序号	工序	材料	施工方法	施工要点
1	白坯处理	砂纸	手磨或机磨	去胶印、污渍、毛刺，打磨平整
2	封闭	PU封闭底漆	喷涂、刷涂	对底材有效封闭，3~4h后打磨
3	打磨	砂纸	手磨或机磨	去毛刺、打磨平整
4	刮腻子	PU或UPE腻子	刮涂	填平截面、补钉眼，干透后打磨
5	打磨	砂纸	手磨或机磨	去毛刺，腻子干透再打磨平整，木径上面要打磨干净
6	白色底漆	PU或UPE白色底漆	喷涂	按标准比例调配，喷涂均匀
7	打磨	砂纸	手磨或机磨	打磨均匀、平整，切勿磨穿
8	贝母漆	PU贝母漆	喷涂	按标准比例调配，采用先喷后点的施工方法，期末厚度越均匀越好，漆膜表干后，即可喷清面漆
9	清面漆	PU清面漆	喷涂	按标准配比调到合适黏度（通常12s）施工，待贝母漆表干后喷涂

①白坯处理：要平整光洁。

②封闭底漆：有利于除去木毛刺，有效封闭基材，增加附着力。

③刮腻子（可选择）：主要是填充截面的较大缺陷。

④白色底漆：PU或UPE白色底漆，一般多数选用白色，按标准配比施工，干后打磨，切勿磨穿。

⑤贝母漆：PU贝母漆，按标准比例调配，采用先喷后点的施工方法，首先按常规喷涂方法喷涂，漆膜厚度越均匀越好，接着调整合适的气压、出漆量，喷涂成均匀的“点”状，漆膜会自然形成七彩的贝壳效果，表干后喷涂清面漆。注意在喷涂清面漆之前不能打磨。

⑥清面漆：PU耐黄变亮光清面漆，按标准配比调到合适黏度（通常12s）施工，待贝母漆表干后喷涂。

5. 中密度纤维板油丝（蜘蛛网）漆涂装工艺

中密度纤维板油丝（蜘蛛网）漆涂装工艺：中密度纤维板→封闭→打磨→刮腻子→打磨→PU实色底漆→打磨→NC透明底漆→油丝漆→仿古漆→NC清漆（亮光或亚光），见表4-27。

表4-27 油丝（蜘蛛网）漆涂装工艺

施工条件	底材：中密度纤维板。涂料：PU封闭底漆、PU实色底漆、油丝漆、仿古漆、清面漆。施工温度25℃，湿度70%			
序号	工序	材料	施工方法	施工要点
1	白坯处理	砂纸	手磨或机磨	去脚印、污渍、毛刺，打磨平整
2	封闭	PU封闭底漆	喷涂、刷涂	对底材有效封闭，3~4h后打磨
3	打磨	砂纸	手磨或机磨	去木毛，增加层间附着力
4	刮腻子	PU或UPE腻子	刮涂	嵌补填平基补材、钉眼
5	打磨	砂纸	手磨或机磨	去毛刺，腻子干透再打磨平整，木径上面要打磨干净
6	PU实色底漆	PU或UPE实色底漆	喷涂	按标准比例调配，喷涂均匀
7	打磨	砂纸	手磨或机磨	打磨均匀、平整，切勿磨穿
8	NC透明底漆	NC清底漆	喷涂	均匀到位
9	油丝漆	NC实色或透明漆	喷涂	调节黏度、施工气压，关闭喷枪的风围，进行施工
10	仿古漆	NC格丽斯	擦涂	调制合适黏度，用干刷做效果
11	NC清面漆	NC清面漆（亮光或亚光）	喷涂	按标准配比调到合适黏度施工（通常为12s），均匀喷涂

①白坯处理：要平整光洁。

②封闭底漆：有利于除去木毛刺，有效保护基材。

③刮腻子（可选择）：主要是填充截面的较大缺陷。

④实色底漆：PU或UPE实色底漆，可根据效果需要选择配套的实色底漆颜色，按标准配比施工，干后打磨不要磨穿。

⑤做透明底漆：NC清底漆。

⑥油丝漆：普通的NC清漆、实色面漆，调整到合适的施工黏度和喷涂施工气压，关闭喷枪的风围，喷涂成蜘蛛网丝状效果。

⑦清面漆：NC亮光或亚光清面漆，按标准配比调到合适黏度（通常为12s）施工，白色效果选用耐黄变清面漆。

（二）水洗白工艺

水洗白是一种半透明的涂装效果，是现代生活中比较流行的涂装工艺。

水洗白工艺可分为面着色工艺，底、面着色工艺，面、底着色工艺三类。下面以PU与NC漆为例介绍水洗白工艺。

1. 面着色工艺

水洗白面着色工艺适用底材：水曲柳、红橡木，水洗白效果如图4-18所示，工艺见表4-28。

表 4-28 水洗白面着色工艺

序号	工序	施工方法	备注
1	底材封闭	刷涂	待干
2	打磨	手磨或机磨	去胶印、污渍、毛刺，打磨平整
3	底漆	喷涂	湿碰湿，喷涂均匀，达到漆膜填平效果
4	打磨	手磨或机磨	打磨均匀、平整
5	修色	喷涂	修色所用的材料为：白面漆：清漆=1：3
6	打磨	手磨或机磨	打磨均匀、平整
7	清面漆	喷涂	按标准配比调到合适黏度施工

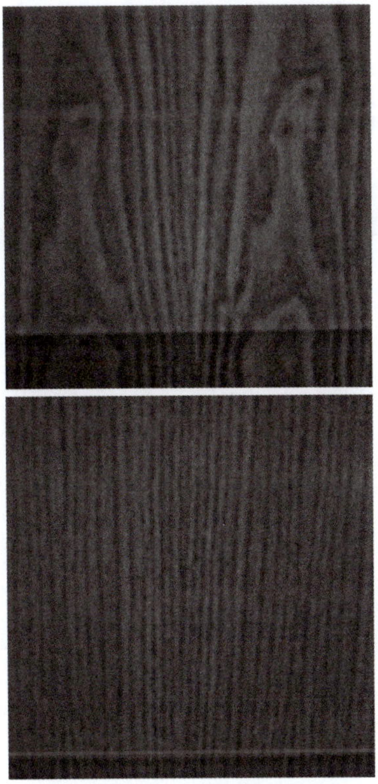
图4-18 水洗白面着色工艺效果

2. 底、面着色工艺

水洗白底、面着色工艺适用底材：水曲柳、红橡木，水洗白效果如图4-19所示，工艺见表4-29。

表 4-29 水洗白底、面着色工艺

序号	工序	施工方法	备注
1	底材封闭	刷涂或喷涂	喷涂量60～90g/m^2
2	打磨	手磨或机磨	清除毛刺，切忌磨穿
3	刮水灰	刮涂	待干，填平木眼
4	打磨	手磨或机磨	磨掉木径表面残留水灰
5	底漆填平	喷涂	湿碰湿、喷涂均匀
6	打磨	手磨或机磨	打磨平整
7	修色	喷涂	白面漆：清漆=1：3，修色时注意走枪均匀
8	清面漆	喷涂	均与喷涂罩光

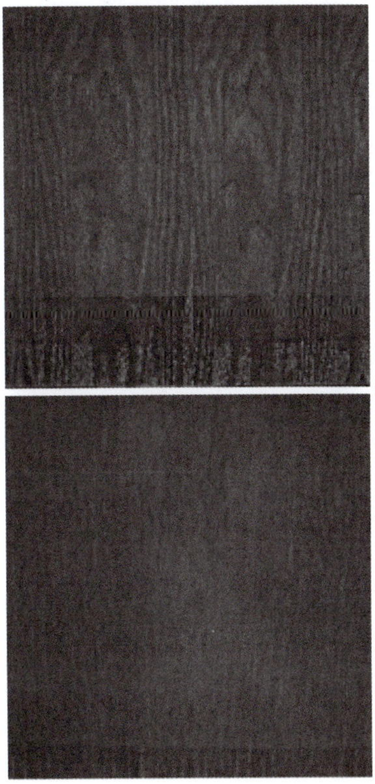
图4-19 水洗白底、面着色工艺效果

3. 面、底着色工艺

水洗白面、底着色工艺适用底材：水曲柳、红橡木，家庭装修经常见到，如图4-20和图4-21所示，工艺见表4-30。

图4-20　水洗白面、底着色工艺效果

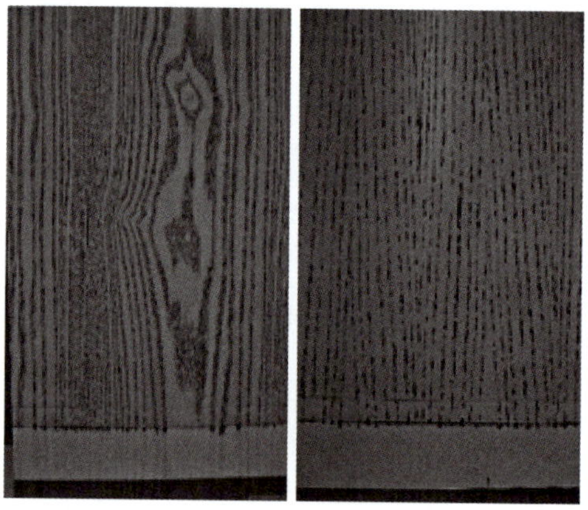

图4-21　水洗白面、底着色工艺

表 4-30　水洗白面、底着色工艺

序号	工序	施工方法	备注
1	打铜刷	手工	把木材导管清空，使导管更深
2	底材封闭	喷涂	底得宝配比为：漆：固化剂：稀释剂=1：0.2：0.5喷半个“十”字
3	补钉孔	点补	水灰要压入钉孔，干燥后打磨
4	打磨	手磨	320#砂纸
5	底修色	喷涂	用白色面漆直接修色，黏度稍高，薄喷2遍，第一遍喷完后待几分钟再喷第2遍
6	打磨	弹力砂	清除表面颗粒和将表面打磨成毛玻璃状即可
7	清漆（亮光）	喷吐	喷涂均匀，一个“十”字即可
8	擦色	擦拭干净	专用调色水灰（或用格丽斯调色）
9	打磨	手磨	600#砂纸
10	清面漆	喷涂	罩面

思考与练习

1. 裂纹涂装效果常见缺陷有哪些？
2. 裂纹大小如何控制？
3. 底、面漆喷涂施工注意事项有哪些？
4. 实色特殊效果有哪些？举例说明。
5. 水洗白工艺有哪些？举例说明生活中的水洗白工艺。

第五章 透明涂装

透明涂装是指采用透明涂料或者用含染料及与染料、颜料结合的透明色漆直接对木材进行涂装，形成木本色或透明彩色涂膜，多用于材质花纹较好的实木制品或者经过实木贴面的人造板材料。常有面着色和底着色面修色等工艺。透明涂装在木制品表面涂装技术中应用非常广泛。本章通过透明涂装工艺方案设计、基材处理、底漆涂装与品质控制、面漆涂装与品质控制四个工作任务，引导学生独立完成透明涂装样板施工的完整过程，进而使学生掌握透明涂装工艺方案设计、作业施工、质量控制等透明涂装技术。

第一节 本色封闭涂装

知识目标

了解家具本色透明涂装工艺所用材料选用原则及市场状况。

了解家具企业涂装工段的安全生产常识。

了解本色透明涂装所用涂料的种类、成膜机理、工艺特点。

掌握基材处理时易产生缺陷的原因及解决对策。

掌握典型家具本色透明涂装工艺设计原则、方法、施工技术规范。

了解家具企业涂装工段的安全生产、涂装材料的管理要求和常识。

能力目标

能根据家具基材种类、涂装效果、涂装成本、施工条件、环保要求等合理选用涂料、施工方法、工具，编写施工方案。

能根据涂饰工艺和实际工作任务，合理选择各工序的施工方法、工具。

能独立完成基材处理、漆膜研磨施工作业。

能正确使用和维护常用工具和设备，独立完成底、面漆涂装。

能对家具表面缺陷进行准确分析，提出解决措施，进行修补。

能根据涂装工程方案进行简单的生产管控、品质监控。

能根据客户需求制定涂装工程方案，核算综合成本。

根据“5S”管理要求，安全准确取放材料、工具。

能借助工具书查阅英语技术资料，能网络查询，确定制作工艺及材质的特点，自我学习，独立思考。

能自我管理，有安全生产意识、环保意识和成本意识。

工作中能与他人协作共事，沟通交流。

一、任务介绍

本色封闭亚光/亮光涂装是指直接针对木材进行填孔、透明涂料涂装木制品，形成木本色涂膜。实木家具或板木结合类家具常选择水曲柳、榆木、橡木、乌木、柚木、胡桃木、樱桃木、山毛榉、铁力木、红松等，常采用空气喷涂方式。根据工艺要求可以选择不同涂料，例如聚氨酯漆（PU）、硝基漆（NC）、不饱和聚酯漆（UPE）、光固化漆（UV）、粉末涂料或水性漆（W），不同种类的涂料可以搭配使用。

在本任务中，将在樟子松实木板基础上喷涂聚氨酯漆（PU），做本色透明涂装效果。

二、学习内容

（一）本色封闭亚光/亮光涂装工艺

本任务以樟子松为基材制作样板：实木板→基材处理→封闭→打磨→刮腻子→打磨→底漆→打磨→底漆→打磨→面漆→打磨→面漆。

（1）基材处理　需要修补板件上的缺陷，清除白坯板上的油污和胶印，以避免在底着色时产生着色不均的现象。

（2）封闭底漆　喷涂、擦涂、刷涂均可，其目的是对底材进行封闭，增加底漆对基材的附着力，防止漆膜下陷，干后轻磨。

（3）用水灰或其他腻子刮涂1～2次，将底材填平，干透后打磨干净，不宜厚涂。

（4）透明底漆　用聚氨酯漆（PU）透明底漆，按标准配比施工，均匀喷涂，需要时聚氨酯漆（PU）可选用“湿碰湿”工艺。

（5）透明面漆　用聚氨酯漆（PU）面漆，按标准配比调到12s的施工黏度喷涂。

扫描二维码，观看视频水性木器漆木色涂装工艺，了解本色涂装工艺流程。

水性木器漆木色涂装工艺

（二）学习重点

1. 基材修补

严丝合缝，自然美观。

非覆盖色产品：死节等缺陷用果树枝修补，胶囊等缺陷用实木块修补。

覆盖色产品：死节与胶囊等缺陷都用实木块修补。

2. 调配透明底、面漆

双组分漆聚氨酯漆（PU）的调配及施工注意事项。

3. 喷涂透明底、面漆

以常用的外混合式喷枪为例，重点掌握手工喷涂施工参数，完成底、面漆的施工。

三、应用案例

实木本色给人简单、干净、温馨、舒适的感觉。木本色透明涂装效果在实木床、木门、餐桌、餐椅等家具中应用广泛，如图5-1所示。

图5-1 木本色透明涂装效果

四、知识准备

（一）工作安全

（1）严格遵守工作、防火和防毒操作规则。

（2）操作过程中要穿劳保鞋和工作服，戴护目眼镜和橡皮手套。

（3）喷涂底漆时，房间通风良好，但一定避免开窗户通风。

（4）喷涂底、面漆时严禁吸烟、明火。

（5）喷涂涂料时戴防毒面具，在喷涂室内操作。

（6）溶剂、涂料和稀释剂残留液倒入预设的废料容器。

（7）溶剂接触皮肤后，接触处立即用热水清洗并涂抹护肤剂。

（8）避免吸入溶剂蒸气。

（二）材料

1. 樟子松实木板

樟子松被人们称为“顽强的战士”，它能适应恶劣的环境条件，樟子松板材也被人们称为“有生命会呼吸的木料”。樟子松年轮细密、木纹细直、物理性能中等，并且硬度适中，因此加工成板材之后就不易变形，具有极好的机械加工性能，因此樟子松板材用来制造中档实木家具非常合适。樟子松表面纹理如图5-2所示。

图5-2 樟子松实木板

2. 砂纸

砂纸是一种附着有研磨颗粒的纸，用于平整物品的表面，或去除物品表面的污迹、附着物（如旧油漆），有时也用于增加摩擦力。砂纸根据不同的粗糙程度而分成不同的型号，以配合不同用途。

3. 腻子

常用的木用腻子有猪血灰腻子、硝基腻子、不饱和聚酯腻子（俗称原子灰）、水性腻子等。相对而言，不饱和聚酯腻子和水性腻子应用较广，而猪血灰腻子则在中低档家具涂装中使用。本任务中采用硝基腻子，硝基腻子具有干燥快、易刮涂、易打磨的特点，适于一般金属、木材表面作填平细孔和嵌缝用，可反复多次刮涂，浪费较少，很安全，但硬度和附着力一般，其配方见表5-1。

表 5-1 硝基腻子配方

材料	质量比/%
硝基清漆	10
硝基稀料	15
填料（滑石粉或大白粉）	75
着色颜料	适量

4. 封闭底漆

透明涂装中利用封闭底漆去木毛的方法可以将木毛彻底除去，有利于透明涂装木纹的清晰显现。

本任务中用到的针叶材含有树脂，木材中的油脂与水分如不能有效地加以封闭，经过一段时间会破坏涂膜的附着性，造成剥离的缺陷。封闭不好，木材将会逐渐吸收太多的中涂底漆（二度底漆），影响漆膜附着力，产生底漆承托力不足，将影响整个涂层丰满度。

头度底漆多选用硝基漆（NC）和聚氨酯漆（PU）系列，尤以PU类的封闭作用更强。不宜厚涂，一般喷涂一遍，如遇油脂多的木材需多涂一遍，每次涂装量为60～90g/m^2，待漆膜干透后要适度轻磨，不能研磨过度。

5. 二度底漆

二度底漆是整个涂饰过程中的打底材料，在涂面漆前一般涂2～3遍二度底漆，以构成漆膜的主体，二度底漆中含有部分填料（滑石粉）能部分渗入管孔内起填充作用。二度底漆有NC、PU、PE类，现代木材涂饰以PU和PE用得较多，尤其镜面涂装的厚涂层用PE底漆为好。

6. 面漆

在整个涂饰过程中用于最后1～2遍罩面涂料，也就是木制品与外界接触的最外层漆膜所用涂料，几乎是最后决定整个制品外观质量的材料。现代木器用最多的品种为PU、NC、PE，分别有亮光、亚光以及不透明彩色面漆等。面漆应具备一系列完善的装饰、保护性能，如清漆透明度、爽滑手感、坚硬耐磨、耐热、耐水等。

（三）工艺过程

1. 基材处理

基材处理又称基材修整，也可称为表面准备工艺，是在没有形成漆膜前的表面处理，是木制品涂装之前重要的工艺环节。

（1）缺陷处理

①对较大缺陷的处理：如对于实木板方材上较大裂缝、虫眼、贯通节、树脂囊等缺陷可采取挖补填木的方法处理，即先将缺陷处挖开，然后选用与基材树种、纹理、颜色均一致的木块经涂胶后填塞修补。

②对局部缺陷的处理：如对于面积较小的裂缝、虫眼、钉眼、凹陷、碰伤等缺陷可采取用腻子腻平方法处理。如透明涂装需注意嵌补的腻子颜色不可与未来整件制品颜色不一致，有过大的虫蛀、裂缝缺陷的板方材就不宜在制品上选用，应在选料时截去。

③变色或色差的处理：应进行漂白处理，或贴面或做深色以及不透明涂装，漂白与各种颜色污染的处理见后面叙述。

④碰撞凹伤的处理：可先用涂热水或用湿布敷于下凹处，再用熨斗熨烫，使其受热膨胀后恢复平整，此法多用于高级实木制品。另外，目前许多企业利用快干胶水（101胶）先在凹陷处涂抹，再在其上放上砂光粉尘，立即用砂纸砂光平整。

⑤灰尘、脏污、油脂或胶迹等缺陷的处理：可用吹、扫、刷、刮或其他方法除净，太脏则不可选用。

另外，目前在家具与室内装修中胶合板与薄木贴面人造板（市场上俗成“面板”）使用较多，选材不当，其表面缺陷较多影响涂装。如胶黏剂渗出，可用热水擦涂或刮除；如胶合板剥离或鼓泡，应先对剥离或鼓泡处予以放气再胶合处理。

（2）打磨

用180#砂纸进行打磨，打磨时应顺着纹理方向进行，避免砂粒破坏木材天然纹理。

2. 满刮腻子

封闭涂装工艺满刮腻子在局部嵌补腻子后进行。局部嵌补腻子指对家具表面进行嵌补腻子，是为了弥补木材本身和木材加工过程中产生的缺陷（裂缝、孔洞和节疤等）。全面满刮就是刮涂整个木材表面。

3. 干燥、打磨

腻子的种类不同决定了腻子的干燥时间不同，在腻子干透后才可以进行打磨。腻子打磨要求平整、无缺陷，磨出的线条与白坯的线条要和谐一致，因此在打磨直面时常用木块等垫具。

4. 喷涂封闭底漆

封闭底漆（头度底漆）多选用硝基漆（NC）和聚氨酯漆（PU）系列，尤以PU类的封闭作用更强。头度底漆只有充分渗入木材才起作用，故其对木材表面的润湿与渗透性十分重要。

5. 干燥、打磨

封闭底漆漆膜薄，不能选用粗砂纸，打磨时要轻磨，切勿磨穿。

6. 喷涂透明底漆

按照施工功能，透明底漆也称为二度

底漆，是整个涂装过程中的打底材料，在涂面漆前一般涂2～3遍二度底漆，以构成漆膜的主体，二度底漆中含有部分填料（滑石粉）能部分渗入管孔内起填充作用。

7. 干燥、打磨

在无尘环境下干燥，达到可打磨硬度后，用320～660#砂纸，顺纤维方向进行打磨。砂纸的型号逐级加大，以使表面更加光滑。

8. 喷涂透明面漆

面漆是在整个涂装过程中用于最后1～2遍罩面涂料，也就是木制品与外界接触的最外层漆膜所用涂料，几乎是最后决定整个制品外观质量的材料。在喷涂过程中常常出现喷涂弊病，出现涂装缺陷及时分析原因并处理。影响漆膜性能的因素很多，一般可以从下几个方面考虑。

（1）涂料本身品质　主要与涂料配方设计、生产制造有关，具体来说包括涂料的稳定性、施工性能、漆膜性能等。不同品种的涂料，在涂装过程中遇到的问题也会有差异，需根据实际情况采取相应措施。

（2）基材与处理　基材的选择与处理是涂装的关键，基材处理不好，再好的涂料、再高的涂装技术涂饰效果也不会好。

（3）施工工艺　主要包括生产工艺流程、各工序验收标准、管理规范等，不同家具厂、不同产品线、不同生产条件，其施工工艺均不完全一致，因而遇到的涂装问题往往不一定相同。

（4）施工设备　不同施工设备，如辊涂设备、浸涂设备、淋涂设备、喷涂设备、干燥设备、抽风设备等，其设备状态、操作水平也会影响最终涂装效果。

（5）施工环境　如温度、湿度、灰尘、通风等。

（6）施工水平　主要是生产管理状况、施工人员操作技能、人员综合素质等。

9. 干燥

在通风、无尘、一定的温度环境下进行干燥。

（四）制定本色封闭亚光/亮光涂装实施单

本色封闭涂装实施单见表5-2。

表 5-2　本色封闭涂装实施单

项目				学　时		
任务				学　时		
实施方式	各小组共同讨论确定实施计划，每小组填写此单					
序号	实施步骤	使用资源	测定数值	摘要	出现问题	如何解决
1						
2						
3						
……						
实施说明：						
班　级		第　组		组长签字		
教师签字				日　期		

备注：
使用资源：设备、工具材料。
测定数据：黏度、配比、喷涂量、干湿漆膜厚度、干燥时间（表干时间、指压干时间）。
摘要：施工注意事项、操作要点。

五、施工操作

（一）基材处理

1. 修补

（1）死节修补　一定尺寸范围内的死节或可用修补块覆盖的其他待修缺陷：果树枝或实木块（圆形）锯切成10mm左右长度的木片→冲床冲制各种规格的修补块（如25，20，15，10mm等）→零部件在台钻上打孔去缺陷→孔内四周均匀布胶→将修补块敲进孔内或用果树枝嵌入修补→刨平、砂光。死节修补如图5-3所示。

（2）树脂囊修补　胶囊或可用修补块覆盖的其他待修缺陷：实木锯切成木片（材质同待修产品）→制块机制作胶囊块用挖补机将缺陷部分顺木纹挖去→孔内四周均匀布胶→将胶囊块按进孔内并敲紧→削平砂光，修补过程如图5-4所示。

（3）特殊部件或已成型部件曲面的修补　修补程序：挖缺陷→布胶→装修补块→等待胶干→立轴机装型刀铣平。

（4）劈裂修补　修补程序：刨刀刨

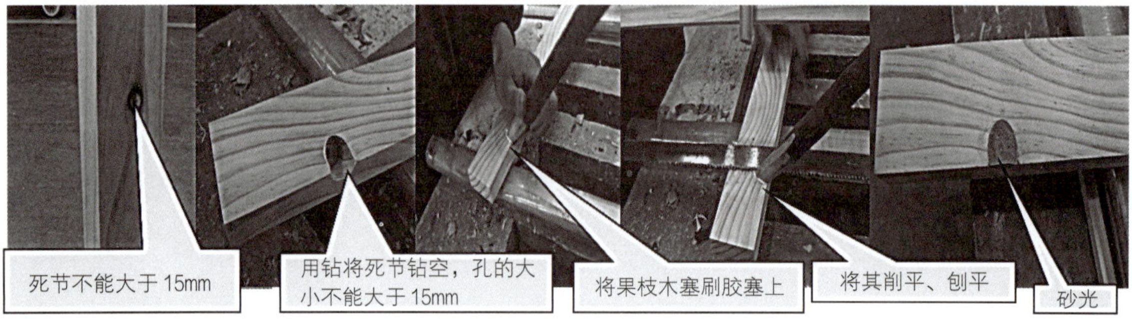

图5-3　死节修补过程

图5-4　胶囊修补过程

平→顺木纹黏合→等待胶干→立轴机装型刀铣平，修补过程如图5-5所示。

2. 修补标准

（1）修补原则　在尽可能不浪费原材料的情况下，以最大限度减少修补为原则。

（2）修补目的　最大限度弥补木材天然缺陷，达到以假乱真的效果。

（3）修补材料　果树枝、实木块如图5-6所示，木丝、木皮节疤如图5-7所示。

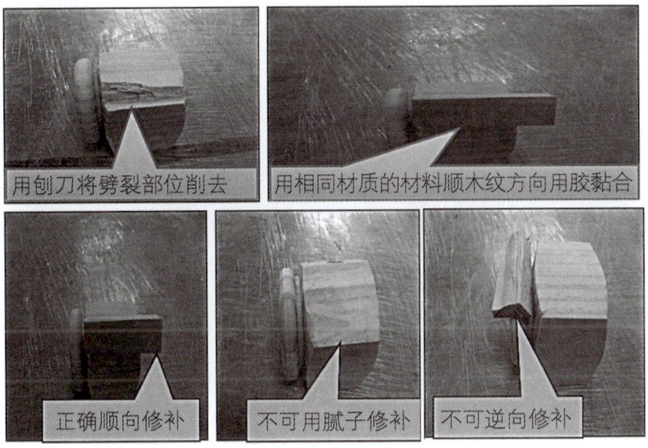

图5-5　劈裂修补

（a）　（b）

图5-6　实木修补材料

（a）月牙木块　（b）果树枝

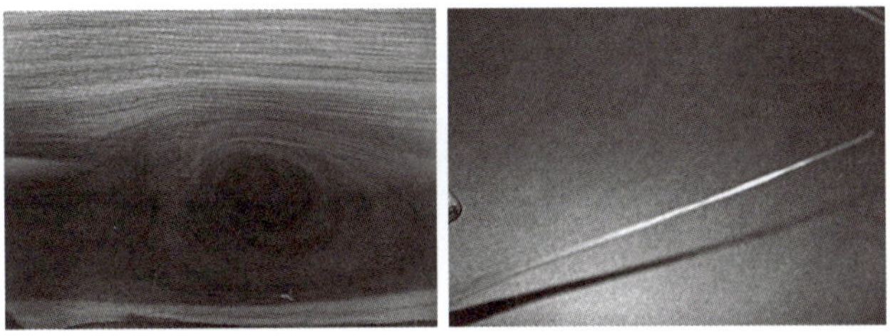

（a）　（b）

图5-7　薄皮修补材料

（a）木皮节疤　（b）木丝

（4）修补效果　严丝合缝，自然美观。

（5）修补方式　非覆盖色产品：死节等缺陷用果树枝修补，胶囊等缺陷用实木块修补；覆盖色产品：死节与胶囊等缺陷都用实木块修补。

（6）修补要求

①必须是圆形或椭圆形修补块，严禁使用方形、三角形或菱形等多边形修补。

②实木块和挖补坑要配合紧密，刀具磨损变形后要及时更换，保证修补后严密无缝，且自然平整，不能和零部件周围形成明显反差。

③果树枝修补要有活节的效果，圆形实木块只适用于覆盖色产品的修补。

④死节、胶囊等缺陷部位要挖干净，保证修补块能完全覆盖缺陷部位。

⑤严禁重节修补，严禁多个节疤的密集修补。

⑥修补块要顺木纹，要求木色纹理搭配一致，不得与零部件整体形成反差。

⑦修补块完好无破损，且能全部覆盖缺陷部分，不得重节或并列节修补，修补块和孔径大小适宜，四周布胶后以用力敲进去为准，不得留有缝隙，修补后要表面平整，修补块不得下陷，以高出部件表面0.5mm为宜。

⑧无论是产品的正面还是侧面，修补的节疤直径：松木等针叶类不超过30mm，桦木等阔叶类不超过20mm。同时，节疤直径以不大于零部件宽度的1/3为限。

⑨修补的节疤间距看样板。

⑩活节开裂在1mm之内可以补土，1～2mm可用果木片修补，2mm以上要把活节打掉用果树枝修补。

（7）修补标准

①新西兰松：主要缺陷有死节、鸟

眼、胶囊、表裂等。

a. 非覆盖色产品的正面部位，允许修补的死节直径在20mm以内。20~30mm的死节修补，只允许在床下横板等较宽且不铣型的零部件上。

b. 胶囊、表裂等缺陷在50mm×5mm之内可用新西兰松的实木块修补，纹理搭配要一致，此类修补避免出现在产品正面。

c. 覆盖色产品修补的节疤直径不超过30mm，修补的部位和节疤间距不限。

②芬兰松：主要缺陷有死节（小而多）、胶囊（较多），活节开裂、表裂等。

a. 死节修补用果树枝，最大应控制在于20mm之内，因为芬兰松死节小而密，所以应尽量采用大小不等的果树枝修补，打孔用手提电钻和较小的钻头，避免出现一块零部件上有多块大小等同的节疤。

b. 胶囊、表裂在50mm×5mm之内要用挖补机挖干净，再用胶囊块修补。胶囊块要用芬兰松制作，顺木纹修补，且纹理搭配要一致。

③桦木：主要缺陷有活节开裂（较严重），死节等。

a. 非覆盖色产品允许修补的死节直径在20mm以内。

b. 桦木节疤较多，所以应尽量采用大小不等的果树枝修补，打孔用手提电钻和较小的钻头，避免出现一块零部件上有多块大小等同的节疤。

c. 覆盖色产品的修补间距不限，死节用实木块修补，要避免密集的节疤修补。

④水曲柳：主要缺陷是死节（数量较少）。

a. 非覆盖色产品零部件的正面不允许有修补。

b. 非覆盖色产品零部件的侧面允许直径15mm以内的修补。

c.（覆盖色）产品的正面允许修补的节疤直径不超过15mm，柜类侧面允许修补的节疤直径不超过20mm，修补材料可用果树枝。

d.（覆盖色）产品如用实木块修补，修补块要完全覆盖缺陷，且要严密合缝。

⑤枫木：主要修补缺陷为死节（较少）。

a. 产品正面不允许有修补。

b. 产品侧面允许有直径15mm以内的死节修补。

⑥橡胶木：主要缺陷为黑节、夹皮（不可修补）。

a. 产品正面与侧面、里面都只允许用果树枝修补，修补的节疤直径不大于15mm。

b. 注意尽量把有修补的面放在零部件的背面。

⑦赤杨：主要修补缺陷为死节（较少）。

a. 产品正面与侧面、里面都只允许用果树枝修补，修补的节疤直径不大于15mm。

b. 注意尽量把有修补的面放在零部件的背面。

（二）打磨

手砂砂带使用规定：150#以下砂带严禁用于手砂作业；手砂只能用180#或240#砂带，180#用于倒角倒边，240#用于检砂木皮拼花部件的砂光。

手砂作业标准：

（1）手砂作业是在砂光设备上无法砂光的地方进行手工砂光。

（2）手砂所用的砂带只能是180#、240#，严禁使用150#以下型号砂带。

（3）手砂作业时砂带的运动方向必须顺着木材或木皮的纹理方向进行砂光，不能横纹或交叉纹打磨，要打磨光滑。如图5-8所示为错误操作现象，如图5-9所示为正确操作方法。

（4）所有带镶板的部件在倒边、倒角时要注意对镶板的保护，防止划伤镶板或产生逆砂痕。

（5）大面积的砂光处理，应该用手提砂光机或卧式砂光机砂光。

扫描二维码，观看视频打磨。

打磨

（三）填充硝基透明腻子

硝基腻子干燥较快，所以刮涂腻子

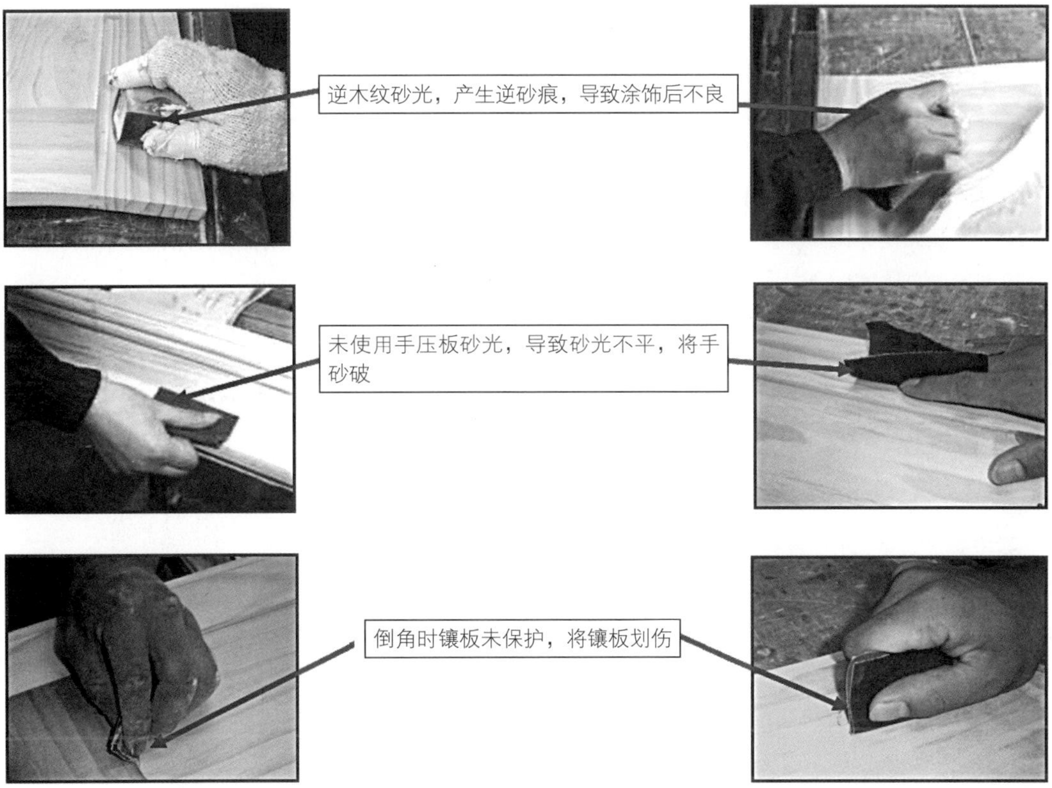

图5-8 打磨错误操作

（a）

（b）

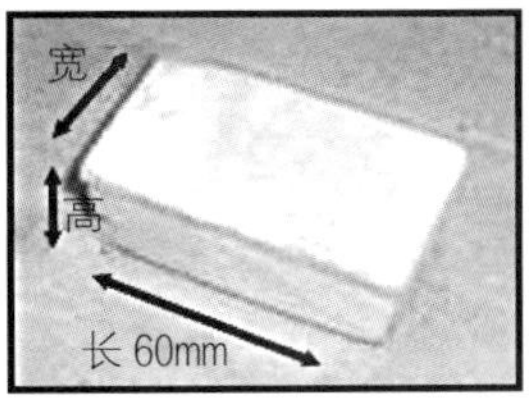

（c）

（d）

（e）

图5-9 打磨正确操作

（a）箭头指示为拼花木皮纹理方向

（b）必须顺纹砂光，对大面积部位用手提砂光机砂光

（c）手压板制作标准

（d）对部件上碰划伤、胶印等小缺陷的处理

（e）用手压板外面包砂带倒角作业，操作方便

的动作要快，尽可能一刀刮成，最多不超过两刀，腻层要薄，刮涂要平，一般不超过1mm，待30~60min后可刮第二遍，填充后的效果如图5-10所示，错误的填充效果如图5-11所示。

小刻刀主要用于将腻子嵌填在小钉眼和缝隙中，一般用于填嵌腻子；大刻刀则用于铲刮较硬的腻子和旧漆。

钉眼颜色与板材颜色基本一致，1m外看不见钉眼和色差；钉眼一定要填平；可打磨时间2h。

（四）干燥、打磨

一般局部填补的腻子砂磨应用1#或1½#的木砂纸；满刮的腻子和底漆层应用0#砂纸。批刮得较厚的腻子表面打磨时，要坚持“以高为准，用板磨平”的原则，切不可盲目砂磨；在打磨棱角时注意轻磨，棱角不能砂坍，一定要保持原来的圆形或方形的轮廓。打磨要边磨边刷灰，由于木砂纸砂粒容易脱落，擦过物面可能出现砂痕。顺木纹方向仔细打磨，木径表面无残留腻子，无漏砂、横砂、砂痕过重等现象。最后一遍腻子完工4h后可打磨。

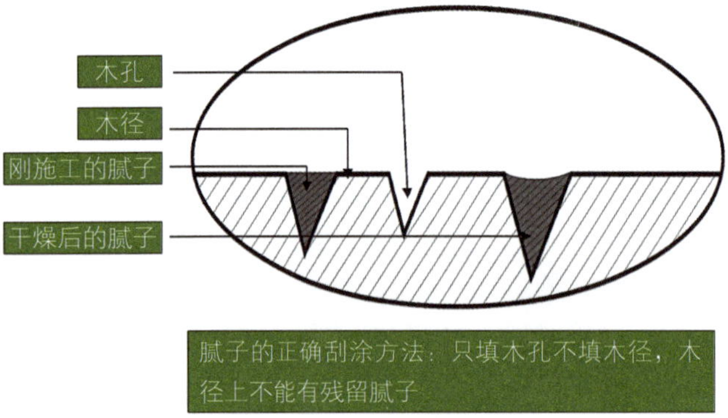

图5-10 腻子的正确填充效果

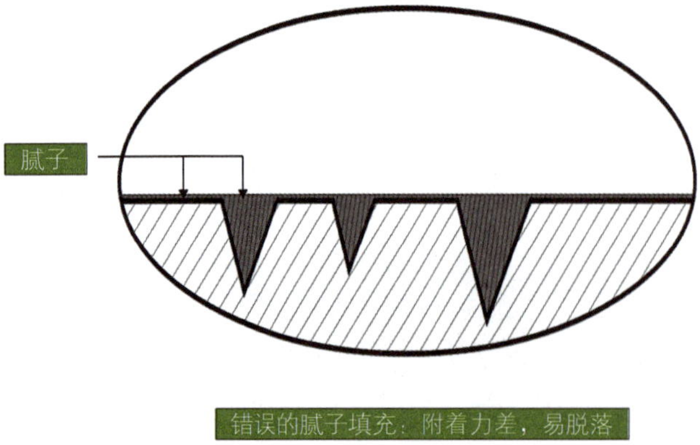

图5-11 腻子的错误填充效果

木砂和铁砂在打磨腻子时，腻子灰会积在磨料缝口中，影响打磨效果，因此在打磨一段时间后，应停下来将砂纸在硬处磕几下，除去腻灰。有些漆膜用砂纸干磨，摩擦发热会引起漆膜软化而损坏涂膜，一般应采用水砂纸湿磨，湿磨前先将水砂纸放在水中浸软，然后将它包在折叠整齐的布块或木块外面砂磨。

（五）喷涂封闭底漆

板材内含有水分、油脂等物质，所以在涂装前要对板材进行充分的封闭，在封闭板材时注意要用专用的封闭底漆，而不能用普通的底漆或面漆代用，否则易出现涂膜发白、附着力不良等弊病。

均匀刷涂、喷涂均可，以薄涂到表面无明显漆膜为宜，如图5-12所示，均匀无漏刷。

涂布量60~90g/m^2，表干≤30min（25℃），3~4h可打磨。

（六）干燥、打磨

在干燥室待工件干燥后，进行封闭底漆打磨，主要目的是去木毛木刺，一般用320~400#的砂纸，打磨光滑，切忌磨穿。

（七）底漆喷涂

1. 聚氨酯漆（PU）底漆调配

注意配漆的比例，主要是主剂（乙组分）和固化剂（甲组分）的比例。调漆时，若固化剂（—NCO）加入太少，则与羟基（—OH）反应不充分，易导致漆膜交联度较低，漆膜的抗溶剂性、抗化

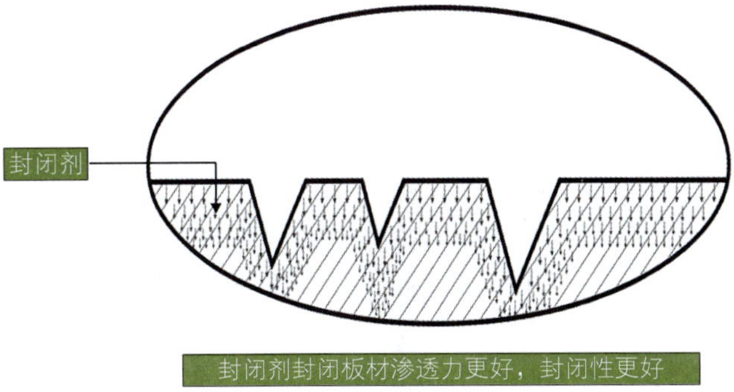

图5-12 充分封闭效果

学品、抗水性、机械强度等性能明显下降，漆膜发软。若固化剂加入太多，则多余的—NCO基吸收空气中潮气转化成脲，增加了交联密度，提高了抗溶剂性、抗化学品性，漆的施工时限较长，漆膜较脆。

按当日需要量调配，用多少配多少。两组分混合后充分搅匀，需静置20min左右待气泡消失后再涂装。

配漆与涂装过程中，忌与水、酸、碱、醇类接触，木材含水率不可过高，湿木材或下涂层均需干透再涂漆。注意空气喷涂时压缩空气中不得带入水、油等杂质。

2. 聚氨酯漆（PU）底漆喷涂参数

涂布量：110～150g/m^2。

施工方式：喷涂，刷涂。

施工条件：温度5～35℃，湿度≤80%。

干燥时间：（常温25℃）表干：≤60min[涂布量为120g/（m^2·次）]，实干≤24h[涂布量为120g/（m^2·次）]。

可打磨时间：5h。

喷涂时不宜一次涂厚，可多次薄涂，否则易发生气泡、针孔。双组分聚氨酯涂料可采取“湿碰湿”工艺喷涂，即表干接涂，对喷涂后的喷枪进行及时清理和维护。针对出现的喷涂缺陷进行检查和控制。施工应特别注意劳动保护，工作场所必须通风良好，操作人员休息或下班后应漱口。

（八）干燥、打磨

层间打磨可根据需要选择320～600#砂纸，其质量要求是平滑流畅、无亮点，尽量无砂痕，表面呈毛玻璃状。越接近表面的漆层，质量要求越高，用于打磨的砂纸应该越细，有时可以用旧的水砂纸打磨，既节约又不伤漆膜。

（九）喷涂透明面漆

底漆涂饰干燥后，精细研磨为上涂面漆创造一个较为平整的涂装表面，便可进入上涂阶段。这是整个涂装过程中最后涂装的1～2遍面漆，这也是最后决定整个涂装质量、产品外观与装饰效果的关键。

（十）抛光

封闭型涂饰工艺过程中涂膜经多次涂覆并达到一定的涂层厚度之后，膜面上常会有一些微粒、气泡、橘纹等涂膜疵点。为了获得更理想的表面，就要进行一项涂膜精细整理工序，叫作抛光。抛光多用于对漆膜表面要求高的中高档家具的表面涂饰，经抛光处理后的漆膜表面，可以得到无粗粒、很平整、有近乎镜面效果的光泽、无瑕疵的表面。

本任务采用手工抛光方法，手工抛光是用旧棉毛布等软性材料包裹海绵等制成球状，蘸取经煤油冲稀的抛光膏，然后双手紧握棉球，在经水砂后的涂膜面上作来回往复的用力揩擦，膜面会慢慢出现柔和的光泽；抛光时间越长，膜面光泽也会越亮，最终可以获得像镜面一样的光泽。手工抛光是一项繁重的体力劳动，抛光要求要有一定的力度，达不到这个力度就难以抛出光来。

（十一）涂装缺陷分析

涂装施工过程和施工后常发生一些涂装缺陷，根据具体情况从涂料、基材、涂装工艺、施工操作、施工环境等因素进行分析，填写下表。涂装缺陷的现象及其原因见表5-3。

表 5-3 涂装缺陷的现象及其原因

发生阶段	漆病	原因																						
			基材					涂装工艺与施工操作											设备环境					
		涂料本身	含水率	含油脂	材质	形状	清洁	调漆搅拌	调漆静止	调漆过滤	工具清洁	操作熟练	做封闭底	干燥速度	涂膜厚度	层间打磨	底面配套	涂装方法	通风	空气清洁	温度	湿度	气候变化	设备
涂装中	脱落或附着力不良																							
	开裂																							
	发白（泛白）																							
	起泡或针孔																							
	缩孔及跑油																							
	咬底																							
	慢干或不干																							
	颗粒																							
	失光																							
	流挂																							
	橘皮																							
	起皱																							
	回黏																							
	砂痕重																							
	发汗																							
	起霜																							
涂装后	黄变																							
	漆膜下陷																							
	泛白（后期）																							
	光泽不均匀																							

注：★表示主要原因；☆表示次要原因。

六、知识拓展

（一）木毛的影响及去木毛方法

一方面是由于切削后未离开木材表面的一些细微木纤维在砂磨时被压入管孔里或纤维的间隙之间，另一方面因为细微裂缝的边缘和粗纹孔材被刮削开的大导管边缘，这些木纤维统称为“木毛”，光靠研磨基材还不能完全去除木毛，一旦木材表面被液体（漂白液、去脂液、着色剂等）润湿，便会重新膨胀竖起，使表面粗糙不平，木毛周围极易聚集大量染料溶液，使着色不均匀，木毛的存在还使填孔不实，模糊木纹，涂层渗陷，易产生针孔，因此高质量的涂装基材研磨必须同时去除木毛。去木毛方法如下：

1. 湿润法

先用棉花或海绵蘸温水（40～50℃）稍拧后均匀地顺纤维擦拭木材，再横纤维擦拭，多余的水分必须用棉团或棉布吸干，整个表面都要用水湿润到，使木毛吸湿竖起，如图5-13所示，干燥后可用细砂纸顺纤维轻轻砂光，用力过重可能会产生新的木毛。

木材用水润湿还可能使一些轻微压痕或刮伤复原，使一些污迹变白，易于被发现。但这种方法不适合对薄木装饰贴面人造板的处理，因为薄木吸湿后要润胀干后要收缩，易开胶起皮，即产生“绷筋”现象。

2. 漆固砂磨法

漆固砂磨法即使用稀胶液与稀漆液（如稀的封闭底漆），含胶或漆的木毛再竖起比较硬脆易磨，因此，生产中常用低固含量、低黏度的PU类头度底漆（商品名称为底得宝类）涂装后干燥再用细砂纸砂光，去木毛的效果更好，如图5-14所示。

3. 热轧法

平整或成型的零件表面也可以用热轧法处理木毛。热轧机上有2～3对辊筒，将上辊筒加热到200℃左右，辊轧压力为0.4～2.5MPa，零件以2～15m/min的进给速度通过辊筒热轧后使表面密实、光滑，木毛将不再竖起，涂装时还可以节省涂料。如果在热轧前先在表面上涂一层稀薄的酚醛树脂胶，辊轧后，不仅表面光滑，而且略带光泽，用于家具内部零件如搁板或隔板等，可不用再涂清漆或其他涂料。

4. 火燎法

用火燎法去木毛应注意安全防火，尽量不要采用此法，火燎法去木毛如图5-15所示。

经过砂磨使基材表面平整并去除了木材表面吸附的水分、气体、油脂、灰尘等，改善了木材表面的界面化学性质，此时，应尽快涂漆，如未及时涂漆，上述表

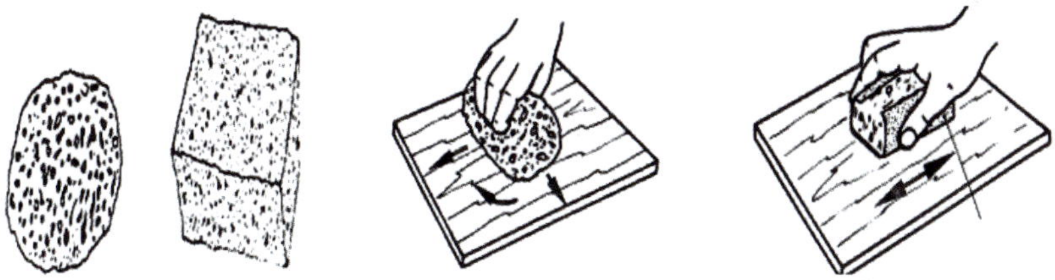

（a）　（b）　（c）

图5-13　湿润法去木毛

（a）海绵　（b）润湿　（c）去木毛

（a）　（b）

图5-14　漆固砂磨法去木毛

（a）喷涂头度底漆　（b）干后砂光

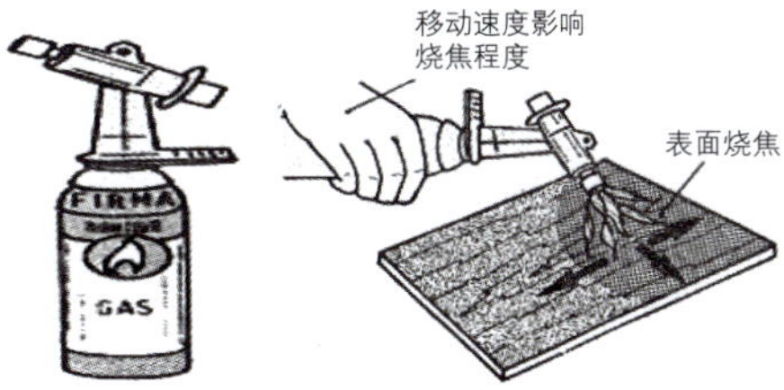

（a）　（b）

图5-15　火燎法去木毛

（a）燃气喷具　（b）去木毛

面吸附物又会出现而就需要再研磨一次。

（二）填充透明腻子

透明腻子有硝基透明腻子、PU透明腻子、PE透明腻子等多种，即用来填充木皮表面细小缝隙，使木皮表面平整以便于油漆的一种浅色黏土。

1. 技术标准

工件（实木料）表面毛孔（也称豆腐孔）的深底在1mm内，直径在3mm内，每10mm^{2}有1~2个毛孔，允许用透明腻子填充。

工件（木皮）表面拼合位缝隙和裂缝的宽度在0.5mm内，允许用透明腻子填充。

工件表面凹陷处在填充透明腻子时，透明腻子必须高于凹陷周边0.5~0.75mm，确保硬化后表面平整即可。

2. 适用范围

对于涂饰风格为透木纹类产品，连续填充面积不允许大于5mm^2。

3. 所需工具

所需工具有刮刀、气管、吹尘枪、杯。

4. 准备工作

将气管与风枪的接口、活塞连接，同时也将气管与供气管连接起来。需将工件移至光线明亮处，并用风枪将工件表面粉尘、木屑等吹干净。工件表面必须进行180#以上的砂带机砂过，并且填补后不再进行机砂。将透明腻子倒到口杯里，大约在杯的1/2处。

5. 主要操作

（1）一次填充　对于有凹陷处，用刮刀把透明腻子压入有缺陷处（根据填充量的需要选择刮入量，过多则易沾污附近良好表面），然后顺木纹方向先压后刮平，使腻子填满缺陷并略高出表面，并使腻子接触的范围尽量缩小在缺陷附近。刮刀刀刃在压与刮的使用过程中应保持与工件表面平行，避免刮花工件表面。刮时应顺木纹方向有力而迅速地从工件表面刮过，达到顺滑的效果。

（2）干燥　待干1~2min（时间因填充厚度不同而不同，一般越厚所需的时间越长，以腻子达到表干为准，即腻子表面形成一层干燥膜），待干过程中注意对腻子填充部位的保护，防止粉尘、碎屑等黏附在上面。

（3）砂磨　用180#或240#砂纸顺木纹砂磨（手砂）填腻子处，尽量减少砂磨对工件周围良好质量的影响。砂完用风管将工件表面木屑吹干净，在风枪吹填充部位时，风枪与工件表面必须呈45°（不允许正面对着吹），并且风枪头与工件表面距离不能小于200mm。

（4）二次填充　由于透明腻子的收缩性，填充表面会出现凹凸不平，一次填充达不到理想效果的需进行二次填充，方法同一次填充。

（5）待干　要求同上步骤干燥，二次砂磨与第一次砂磨要求相同。

6. 主要控制点

透明腻子填充缺陷时，应填满并略高出表面（待干后透明腻子收缩，过低则达不到填充效果）。腻子接触的范围尽量缩小在缺陷附近（如沾污表面质量好的周围，会留下较大的刮痕，增加砂磨量，并影响着色质量）。

7. 检测规则

透明腻子填充后可将工件对着光线目测，看填充部位是否有暗影。

工件填充后并且完成本工序的砂磨（砂磨按原精砂标准），再由本工序的质检人员检验，合格（盖上合格印章或签确后）方可流入下一工序。

（三）去树脂

1. 目的

由于针叶材如云杉、松木、落叶松木或北美洲的黄杉木和北美油松木等含有树脂，使表面处理很困难，影响后续涂装效果。

通过当今的干燥工艺，使针叶材表面树脂特别强烈显露出来，因干燥时的加热加强了对表面的渗出。存在于表面的树脂可通过皂化或有机溶剂的溶解而去除。皂化剂是一些在水中能溶解的碱性溶剂，如钠皂、钾皂、氨水、苏打和钾碱。酒精、丙酮、乙醇、汽油、松节油、四氯化碳和硝基稀释剂都可用作树脂的溶剂。这些树脂溶剂应用方便，但产生了安全技术上的问题，即易燃性和对健康有害。

2. 具体工艺操作

（1）表面准备　松木表面研磨和除尘。用80～150#砂纸进行平整和预研磨，用180～240#砂纸进行随后的中间研磨（具体操作见前面打磨部分）。由于不同纤维方向，贴面接缝处不要过度研磨。研磨软质或多树脂木材时为防止砂纸过早堵塞，采用敞开分布的砂纸。在砂纸背面印有缩“OP”（敞开），指示了这种砂纸的品质，砂纸背面标志如图5-16所示。用清洁刷除尘。

（2）除树脂　经研磨和清洁的表面通过皂化去除树脂。将约20g切成小片的钠皂在塑料容器（量杯）内搅拌，溶解于0.5L热水中。在50cm^{3}氨水中，在搅拌下加入皂溶液，调配树脂碱液，如图5-17所示。准备好的碱液尽可能热地刷涂在表面，因为热的碱液不仅直接皂化表面，而且深入木材。用无金属的装有贝纶毛的圆刷在表面纵向和横向刷涂除树脂碱液。约作用5min后，重新饱满涂刷碱液，刷涂除树脂碱液如图5-18所示。再次等待5min后，用根刷（一种具有纤维硬毛的手工用刷）顺纤维方向有力地刷擦表面，当表面出现浓烈的泡沫时结束此种刷擦。经化学反应产生的树脂皂化残留物用海绵涂刷大量的水后并用根刷刷擦掉，如图5-19所示刷擦皂化表面。接着必须对木材中保留的碱进行中和处理，按1份醋酸（200cm^3）和5份水（1L）的比例调配酸溶液（一定要将酸加入水中）。用海绵和很多中性液体有力度地再清洗表面，如图5-20所示，涉及酸的操作均要戴橡胶手套和护目镜。再清洗后，用挤干的海绵将表面揩干。

（3）干燥　在室温和良好的通风情况下（无阳光直接照射）至少干燥5h。

（4）研磨　虽然用皂化溶液重复渗

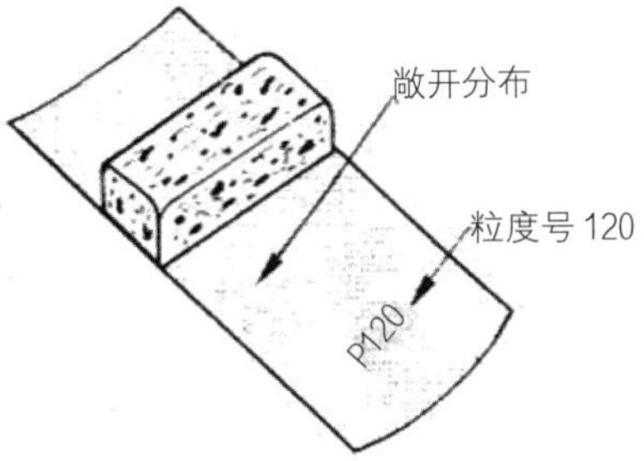

图5-16　砂纸背面标志

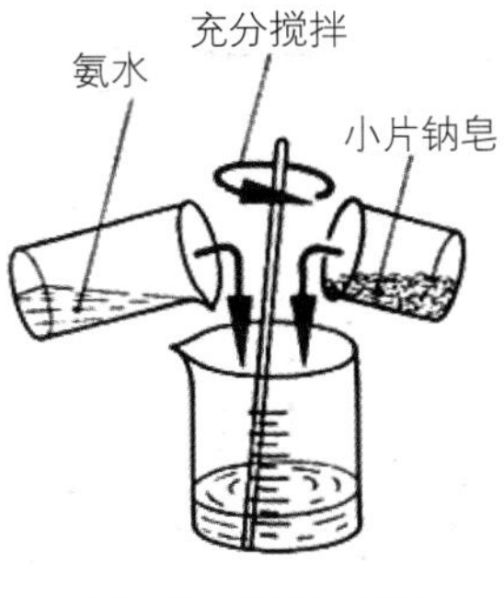

图5-17　调配树脂碱液

图5-19　刷擦皂化表面

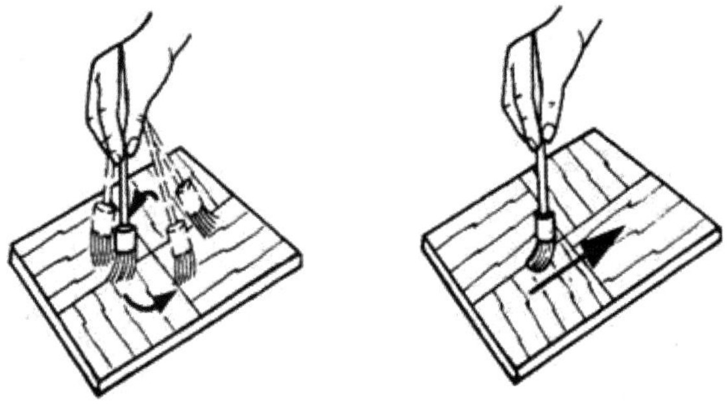
（a）　（b）
图5-18　刷涂除树脂碱液
（a）纵向和横向刷涂　（b）纵向饱满刷涂

图5-20　再清洗表面

透表面，但木材仅在最上面细胞层去除了树脂。在最终研磨时，用180#砂纸以适度压力轻轻地研磨粗糙的表面。

（5）除尘　用清洁刷清除表面存在的灰尘残余。

（四）本色透明全封闭涂装案例

1. 实木门全封闭透明涂装

木门属比较特殊的木制品，涂饰面全部是见光面，所以，尽量做到防止木门的变形和开裂，拆封的半成品应在第一时间内做完封闭底漆，防止基材吸收空气中的水分变形。

实木门（沙比利）全封闭透明涂装常用工艺：白坯打磨→封闭→打磨→刮腻子→打磨→底漆→打磨→面磨→打磨→面磨。实木门全封闭透明涂装工艺见表5-4。

底漆尽量使用UPE类透明底漆或实色底漆，对木门的形变稳定有很大帮助。

表5-4　实木门全封闭透明涂装

施工条件	底材：实木。涂料：PU、UPE、NC。施工温度25℃，湿度75%以下			
序号	工序	材料	施工方法	施工要点
1	白坯打磨	砂纸	手磨或机磨	去污迹，打磨要平整
2	封闭	PU封闭底漆	喷涂、刷涂、擦涂	对底材进行封闭，3~4h后可打磨
3	打磨	砂纸	手磨	轻磨、消除木毛
4	刮腻子	PU透明腻子	刮涂	填平木眼，3h后可打磨
5	打磨	砂纸	手磨或机磨	彻底打磨平整，多余腻子清除干净
6	底漆	专用PU、UPE、NC木门透明底漆	喷涂可湿碰湿	均匀喷涂，5~8h后可打磨
7	打磨	砂纸	手磨或机磨	彻底打磨平整
8	底漆	专用PU、UPE、NC木门透明底漆	喷涂可湿碰湿	均匀喷涂，5~8h后可打磨
9	打磨	砂纸	手磨或机磨	彻底打磨平整
10	面漆	专用PU、UPE、NC木门透明面漆	喷涂	均匀喷涂，8~10h后轻磨
11	打磨	砂纸	手磨	轻磨颗粒，切忌打穿
12	面漆	专用PU、UPE、NC木门透明面漆	喷涂	均匀喷涂

2. 本色透明效果工艺

深木眼与浅木眼做本色透明封闭涂装的工艺如图5-21所示，效果如图5-22和图5-23所示。深木眼要用腻子进行填充，浅木眼可以用漆膜填平，具体工艺见表5-5和表5-6。

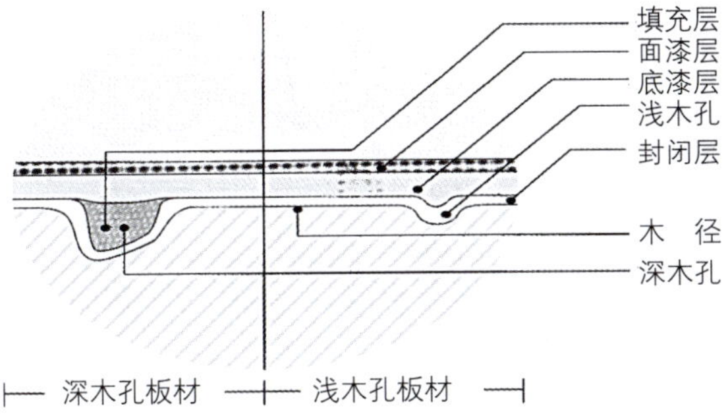

图5-21 透明本色效果工艺图示

图5-22 浅木眼本色封闭涂装

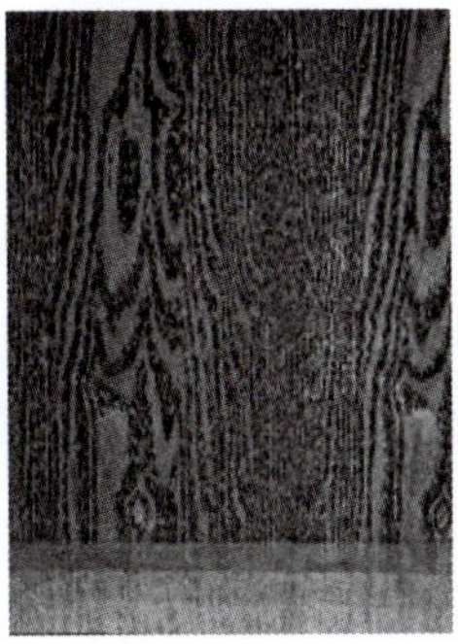

图5-23 深木眼本色封闭涂装

表 5-5 浅木眼本色透明封闭涂装工艺

底材：枫木。施工温度25℃，湿度75%				
序号	工序	推荐材料	施工方法	摘要
1	白坯打磨	320#砂纸	手磨、机磨	平整
2	底得宝封闭	PU	刷、喷涂	约4h
3	打磨	320#砂纸	手磨	轻磨
4	底漆	PU	喷涂	湿碰湿
5	打磨	320#	机磨	平整
6	底漆	PU	喷涂	湿碰湿
7	打磨	600#	机磨	打磨平整
8	清面漆	PU	喷涂	12s

表 5-6 深木眼本色透明封闭涂装工艺

底材：水曲柳。施工温度25℃，湿度75%				
序号	工序	推荐材料	施工方法	摘要
1	白坯打磨	320#砂纸	手磨、机磨	顺木纹
2	封闭	PU	刷、喷	4h
3	刮灰	木色水灰	刮涂	填充木眼
4	打磨	320#砂纸	手磨、机磨	不留木径
5	底得宝封闭	PU	喷涂	约4h
6	打磨	320#砂纸	手磨	轻磨
7	底漆	PU	喷涂	湿碰湿2次 层间打磨
8	打磨	600#	机磨	打磨平整
9	清面漆	PU	喷涂	12s

（五）本色透明全开放涂装案例

全开放效果有油漆，但是看上去像没有油漆，给人回归自然的感觉，常应用于餐台、餐椅、床等木家具。

全开放涂装效果要选用深木眼木材，在这选用中密度纤维板贴白橡木皮。全开放透明涂装效果如图5-24所示，全开放透明涂装工艺见表5-7。

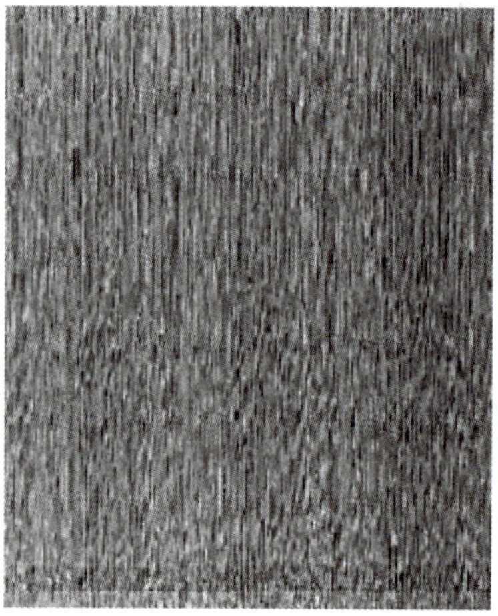

图5-24 本色透明全开放涂装

表 5-7 本色透明全开放涂装

序号	工序	推荐材料	施工方法	摘要
1	白坯打磨	240#砂纸	机磨	平滑
2	打铜刷		手刷	将导管“洗干净”
3	打磨	400#砂纸	手磨	平整
4	封闭	封闭底漆	喷涂	均匀薄喷，干燥约4h
5	打磨	320#砂纸	手磨	轻磨、顺木纹
6	底漆	PU	喷涂	喷匀，两个“十”字，4~6h待干
7	打磨	400#砂纸	手磨	平整、无亮点、顺木纹
8	面漆	PU	喷涂	喷涂均匀

注意事项：（1）根据工艺要求可以在底漆前做底色，喷涂不宜过厚，颜色不能过深。（2）配套选用开放效果专用油漆。

思考与练习

1. 按工艺作业流程，说明砂光的作用及要求。
2. 常用底漆种类有哪些？施工遍数如何确定？
3. 封闭、开放、半开放涂装效果有何不同？工艺有何不同？操作时如何控制开放程度？
4. 去除树脂可采用哪些方法？
5. 封闭底漆的种类有哪些？调配需要考虑哪些因素？
6. 聚氨酯漆在调配及施工过程中需要注意什么？
7. 木毛有哪些影响？
8. 去木毛的方法有哪些？
9. 实木门开放透明涂装工艺过程包含哪些？

第二节　底、面着色半开放涂装

知识目标

了解家具企业涂装工段的安全生产常识。

了解调色理论基本知识。

掌握着色剂的调配方法和工艺要点。

掌握家具底、面着色封闭透明涂装工艺常用涂装方法和施工要求。

掌握基材处理时缺陷产生的原因及解决对策。

掌握典型家具有色透明涂装工艺设计原则、方法、施工技术规范。

能力目标

能根据家具基材种类、涂装效果、涂装成本、施工条件、环保要求等合理选用涂料、施工方法、工具，编写施工方案。

能根据涂饰工艺和实际工作任务合理选择各工序的施工方法、工具。

能独立完成基材处理、漆膜研磨施工作业。

能根据最终色彩进行修色。

能正确使用和维护常用工具和设备，独立完成底、面漆涂装。

能对家具表面缺陷进行准确分析，提出解决措施，进行修补。

根据“5S”管理要求，安全准确取放材料、工具。

能借助工具书查阅技术资料，能网络查询，确定制作工艺及材质的特点，自我学习，独立思考。

能自我管理，有安全生产意识、环保意识和成本意识。

工作中能与他人协作共事，沟通交流。

一、任务介绍

前面章节学习了封闭涂装，是用填孔剂与涂料将木材导管孔全部填满、填实、填牢，其上做成厚涂膜的涂装。开放式涂装也叫作开孔涂装，是木材导管孔呈开口状态的薄膜涂装。涂装沿着导管孔的内壁形成一层薄的涂膜，涂装过程中一般不使用填孔剂填管孔，故涂装后的表面管孔显露无遗，从而强化了木质天然质感的表现；也可以使显露的管孔呈现对比明显的色彩，进一步增加立体感。

半开放涂装是介于开孔与闭孔装饰的中间型涂装，即在涂装过程中使用填孔剂适当填孔又不填满，表面呈现半开孔状，管孔内部涂膜较开孔涂装的厚，其防污、防湿及防水的效果较佳。此法有利于显现各树种的木纹。

底、面着色半开放涂装是指直接针对木材进行用含染料及与染料、颜料结合的透明色漆涂装木制品，形成透明彩色涂膜，多用于材质花纹较好的实木制品或者经过实木贴面的人造板材料，展现木质底材天然纹理，立体感强，装饰效果比单纯的透明有色面着色效果强。

图5-25　PU底、面着色半开放涂装

木眼较深的板材效果更佳，如樱桃木、水曲柳、橡木等。在本任务中，将在水曲柳贴面胶合板基础上喷涂聚氨酯漆（PU），做底、面着色半开放涂装效果，如图5-25所示。

二、学习内容

（一）底、面着色半开放亚光/亮光涂装

基材处理→封闭底漆→基材着色→透明底漆→打磨→透明底漆→打磨→修色→透明面漆。

（1）基材处理　将白坯打磨平整，去污痕。

（2）封闭底漆　在着色前对板材进行封闭时，采取喷涂、擦涂、刷涂均可，其目的是防止下陷和便于均匀着色；着色后进行封闭时，目的是对底色进行保护，以避免在喷涂底漆后出现浮色的现象。

（3）基材着色　选择有色水灰、有色士那、木纹宝、格丽斯等着色材料，采用擦涂方法，着色均匀，颜色主要留在木眼里面，木径部分残留要少。

（4）PU底漆　按标准配比施工，喷涂均匀，如要做全封闭效果，底漆可“湿碰湿”喷涂两遍。干后打磨，切勿磨穿。

（5）修色　可用调色金油加油性色精调色，也可用PU清面漆加油性色精调色，黏度要适宜，最好调到9～10s进行修色施工。

（6）PU面漆　按标准配比调到合适施工黏度（通常为12s），均匀喷涂。

扫描二维码，观看视频底擦色面修色涂装工艺，理解底、面着色透明涂装工艺流程。

底擦色面修色涂装工艺

（二）重点内容

1. 打磨

用不同粒度的砂纸打磨基材、底漆、面漆。打磨后表面平整光滑，打磨后的砂痕不影响后道工序施工效果。

2. 着色作业

着色的目的就是使木材的天然颜色更加清晰鲜明，或是使一般木材具有名贵木材的色彩，同时，也可以掩盖木材表面的色斑、青变等缺陷。

扫描二维码，观看视频家具涂装与色彩的关系，理解着色作业的影响因素。

家具涂装与色彩的关系

3. 擦涂

掌握擦涂所采用的材料及方式方法。

4. 修色

修色分为中修色及面修色，重点掌握色漆的调制方法。

三、应用案例

底、面着色工艺木纹立体感强，质感好，高透明度，耐划伤，着色均匀。根据所用着色剂颜色的不同，会呈现出不同的效果，给人温馨、庄重、欢快等感觉。在实木床、木门、餐桌、餐椅等中应用广泛，如图5-26所示。

四、知识准备

（一）工作安全

（1）严格遵守工作、防火和防毒操作规则。

（2）操作过程中要穿劳保鞋和工作服，戴护目眼镜和橡皮手套。

（3）喷涂底漆时，房间通风良好，

但一定避免开窗户通风。

（4）喷涂底、面漆时严禁吸烟、明火。

（5）喷涂涂料时戴防毒面具，在喷涂室内操作。

（6）溶剂、涂料和稀释剂残留液倒入预设的废料容器。

（7）溶剂接触皮肤后，接触处立即用热水清洗并涂抹护肤剂。

（8）避免吸入溶剂蒸气。

（二）材料

1. 水曲柳贴面胶合板

水曲柳贴面胶合板即表面贴有水曲柳薄木装饰板的胶合板，贴面水曲柳在家具加工上要求平整度高，黏结要牢固，确保刷漆效果漆膜良好，黏结牢固。水曲柳贴面胶合板如图5-27所示。

2. 着色剂

（1）木纹宝

木纹宝有的称为填充剂，可直接对木材施工，也可在封闭底漆后施工，但一般填料较多，干性好，施工后需待干较久且需打磨，否则附着不良。

（2）格丽斯

格丽斯是一种擦拭用着色剂，可刷、可擦、可喷施工，颜料型半透明，具有优良的着色力。可将着色剂填于木材的管孔内，并能够擦拭调整颜色明暗深浅，增加涂膜颜色的层次感与木纹的清晰度，更能增加家具的附加价值，提高产品档次。实木家具底材擦拭着色，一般使用毛刷刷涂或喷涂后，用棉布擦拭着色或密度板封边封固后的拉花作业，可用松香水稀释使用。品种主要有NC格丽斯和PU格丽斯，NC格丽斯一般用来做美式涂装，做防古效果，PU格丽斯不做仿古效果，但可以着色，突出木纹层次感，可直接在木材或PU漆上施工。一般情况下，格丽斯是在头度底漆后施工。

3. 封闭底漆

根据工艺要求可以选择PU、NC、水性封闭底漆。在着色前对板材进行封闭时，采取喷涂、擦涂、刷涂均可，其目的是防止下陷和便于均匀着色；为避免颜色上不去的问题，封闭不宜厚，封闭底漆应适当调稀，但边角、木材的端头部分要封闭厚一些，以避免在底着色时出现着色不均的现象。

4. 二度底漆

二度底漆是整个涂饰过程中的打底材料，在涂面漆前一般涂2～3遍二度底漆以构成漆膜的主体，二度底漆中含有部分填料（滑石粉）能部分渗入管孔内起填充作用。

5. 面漆

在整个涂饰过程中用于最后1～2遍罩面涂料，也就是木制品与外界接触的最外层漆膜所用涂料，几乎是最后决定整个制品外观质量的材料。现代木器用最多的品种为PU、NC、PE，分别有亮光、亚光以及不透明彩色面漆等。面漆应具备一系列完善的装饰、保护性能，如清漆透明度、爽滑手感、坚硬耐磨、耐热、耐水等。

6. 染料

木器家具产品涂装常用染料有酸性

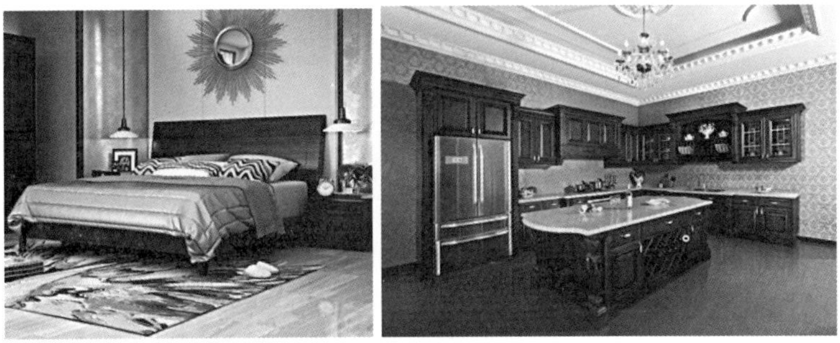

图5-26 有色透明涂装家具

图5-27 水曲柳贴面胶合板

染料、碱性染料、分散性染料、油溶性染料和醇溶性染料。染料一般不作为涂料的组成部分，只在透明有色清漆中放入染料。但是在木器家具涂装施工过程中却广泛使用染料溶液进行木材表层着色、深层着色以及涂层着色。

色精属于染料型着色剂，市场上大量销售，应用得较多的有紫红、红色、橙色、黄色、黑色五种。

（三）工艺过程

1. 白坯打磨

砂光工序主要有三方面作用：

①清除基材表面上的毛刺、油污与灰尘等。

②对于刮过腻子的表面，一般较为粗糙，需要通过砂磨获得较平整的表面，因此砂光可以降低工件表面的粗糙度。

③喷涂新漆之前一般需对实干后的旧漆膜层进行砂光，因涂料在过度平滑的表面附着力差，砂光后可增强涂层的机械附着力。

2. 封闭底漆

底得宝的作用：封闭底材的水分、油脂和胶水等化学物质；防止板材加工过程中被污染；有效地防止漆膜的下陷；有助于打磨去除木毛；能节约二度底漆的用量和防止喷涂二度底漆时产生气泡。

因为板材内含有水分、油脂等物质，所以在涂装前要对板材进行充分的封闭，在封闭板材时注意要用专用的封闭底漆，不能用普通的底漆或面漆代用，否则易出现涂膜发白、附着力不良等弊病。做底擦色涂装时，底得宝不宜喷得太厚，以免影响着色效果。

3. 干燥、打磨

封闭底漆漆膜薄，不能选用粗砂纸，打磨时要轻磨，切勿磨穿。

4. 底着色

在透明涂饰中，为了使涂饰色彩更加艳丽，具有立体感和活泼性，常常运用着色材料（木纹宝、格丽斯）对基材进行着色。这种主要在底部着色，从下向上、辅以修色的办法，叫底着色，着色之后再涂装透明无色涂层，与面着色方法区分开来。底着色由管孔着色和材面着色两部分组成，管孔着色一般采用刮涂和擦涂的方法，材面着色则可采用擦涂、喷涂、刷涂和辊涂等多种方法。

管孔着色是为了突出管孔的色彩与表面层色彩的反差和立体感，突出花纹，增加涂饰的美观性，在着色的同时可以填充木孔，起到节省涂料的作用。

材面着色主要强调着色均匀，采取擦涂方法施工时最好一次着色，反复擦拭容易造成着色不均，影响整体效果。

5. 封闭底漆

着色后进行封闭时，不要把产品颜色擦花，所以必须喷涂，其目的是对底色进行保护，以避免在喷涂底漆后出现浮色的现象，还能增加底漆的附着力，防止下陷。

6. 干燥、打磨

封闭底漆漆膜薄，不能选用粗砂纸，打磨时要轻磨，切勿磨穿。

7. 喷涂透明底漆（中涂）

按照施工功能透明底漆也称为二度底漆，是整个涂装过程中的打底材料，在涂面漆前一般涂2～3遍二度底漆以构成漆膜的主体，二度底漆中含有部分填料（滑石粉）能部分渗入管孔内起填充作用。

8. 干燥、打磨

在无尘环境下干燥，达到可打磨硬度后，用320～600#砂纸顺纤维方向进行打磨。砂纸的型号逐级加大，以使表面更加光滑。

9. 修色

可用PU清面漆加油性色精调色，黏度要适宜，最好调到9～10s进行修色施工。

10. 喷涂透明面漆

采用PU面漆，用涂-4杯将漆调制合适黏度进行喷涂。

11. 干燥

在通风、无尘、一定的温度环境下进行干燥。

（四）制定实木底、面着色半开放涂装实施单

底、面着色半开放涂装实施单见表5-8。

表 5-8 底、面着色半开放涂装实施单

项目				学 时		
任务				学 时		
实施方式	各小组共同讨论确定实施计划，每小组填写此单					
序号	实施步骤	使用资源	测定数值	摘要	出现问题	如何解决
1						
2						
3						
……						
实施说明：						
班 级		第 组		组长签字		
教师签字				日 期		

备注：
使用资源：设备、工具材料。
测定数据：黏度、配比、喷涂量、干湿漆膜厚度、干燥时间（表干时间、指压干时间）。
摘要：施工注意事项、操作要点。

五、施工操作

（一）薄皮修补

用美工刀把开裂的部位规范，用同类的木皮裁出相同大小的形状，刷胶、顺木纹方向将其粘在挖出的孔内，再用熨斗加热烫干，最后修整出最佳效果。开裂修补过程如图5-28所示。

用美工刀把带节疤的缺陷部位挖掉，再用同类木皮的材料裁出相同大小、形状，顺木纹方向粘贴在挖出的孔内。节疤修补过程如图5-29所示。

（二）填充水性透明腻子（水灰）

水灰干速慢，应用范围广，不易下陷，填平效果好，是大面积施工填充木眼的理想材料。

（三）打磨

使用砂纸时一般是将整张砂纸裁成四块，用包裹了小木块或硬橡皮的砂纸沿纹理方向来回打磨。木砂和铁砂在打磨腻子时，腻子灰会积在磨料缝口中，影响打磨效果，因此在打磨一段时间后应停下来将砂纸在硬处磕几下，除去腻子灰。

（四）喷涂封闭底漆

1. 调配封闭底漆

涂料调配是否科学合理、是否符合工艺要求，不仅对成膜过程、涂膜厚薄和光泽鲜亮起一定的作用，而且对涂料的耐久性和成本也有直接影响。

板材封闭底漆施工注意事项

扫描二维码，观看视频板材封闭底漆施工注意事项。

2. 喷涂封闭底漆

详细操作方法见实色涂装喷涂封闭底漆。

（五）底着色

深木眼的底材如水曲柳、橡木、榆木等，擦涂前需要用封闭底漆进行封闭，以免木材导管残留太多着色剂，影响干燥，致后期木眼发白。

1. PU格丽斯使用方法

在PU透明格丽斯中加入适量的格丽斯色浆混合均匀，即配成PU格丽斯，颜

图5-28 开裂修补

图5-29 节疤修补

色可根据需要使用色浆调色，色浓度可通过调节色浆添加量调整，但应控制色浆添加量不超过50%。

可根据实际情况（温度、施工要求等）选择配套快干、慢干稀释剂使用，稀释比例建议为：PU格丽斯：稀释剂=1：（0.1~0.5）；施工完PU格丽斯后应干燥1~3h（视施工温度确定干燥时间）方可进行下一道涂层的涂装；用本产品调配的着色剂适用于擦涂、刷涂、喷涂等方式的涂装。施工条件：温度5~35℃，湿度≤80%。

2. 木纹宝使用方法

木纹宝具有较强的填充性，根据木材管孔的深浅可以将木纹宝稀释后擦涂。应干燥1~3h（视施工温度确定干燥时间）方可进行下一道涂层的涂装。

3. 操作步骤

用碎布蘸取适量的着色剂，用圈涂的方式将着色剂在家具工件表面涂布均匀，再用干净的碎布顺木纹方向收色，大面积施工可用刷涂、喷涂方式进行施工，效果更佳。

格丽斯多个成品色可互相加入调整色相；当着色剂色彩不能满足时，可在格丽斯透明主剂中添加一定色浆混合均匀即可，色浆添加量30%~60%。

在温度25℃、湿度70%条件下，格丽斯着色剂施工干燥3~4h，可以涂装底漆，低温或高温天气干燥时间会延长，需要实地测试。擦拭完着色剂的碎布需要用清水浸泡处理，以免出现安全隐患。

扫描二维码，观看视频底着色注意事项。

底着色注意事项

（六）干燥、打磨

在干燥室待工件干燥后，进行封闭底漆打磨，主要目的是去木毛木刺，一般用320~400#的砂纸打磨光滑，切忌磨穿。

（七）底漆喷涂

1. 聚氨酯漆（PU）底漆调配

注意配漆的比例，主要是主剂（乙组分）和固化剂（甲组分）的比例。调漆时，若固化剂（—NCO）加入太少，则与羟基（—OH）反应不充分，易导致漆膜交联度较低，漆膜的抗溶剂性、抗化学品、抗水性、机械强度等性能明显下降，漆膜发软。若固化剂加入太多，则多余的—NCO基吸收空气中潮气转化成脲，增加了交联密度，提高了抗溶剂性、抗化学品性，漆的施工时限较长，漆膜较脆。静置一段时间，气泡消失后再涂装。配漆与涂装过程中，忌与水、酸、碱、醇类接触，木材含水率不可过高，湿木材或下涂层均需干透再涂漆。注意空气喷涂时压缩空气中不得带入水、油等杂质。

2. 聚氨酯漆（PU）底漆喷涂参数

涂布量：110~150g/m^2；施工方式：喷涂，刷涂；施工条件：温度5~35℃，湿度≤80%；干燥时间：（常温25℃）表干：≤60min[涂布量为120g/（m^2·次）]，实干≤24h[涂布量为120g/（m^2·次）]；可打磨时间：5h；喷涂时不宜一次涂厚，可多次薄涂，否则易发生气泡、针孔。双组分聚氨酯涂料可采取“湿碰湿”工艺喷涂，即表干接涂，对喷涂后的喷枪进行及时清理和维护。针对出现的喷涂缺陷进行检查和控制。施工应特别注意劳动保护，工作场所必须通风良好，操作人员休息或下班后应漱口。

（八）干燥、打磨

层间打磨可根据需要选择320~600#砂纸，其质量要求是平滑流畅、无亮点，尽量无砂痕，表面呈毛玻璃状。越接近表面的漆层，质量要求越高，用于打磨的砂纸应该越细，有时可以用旧的水砂纸打磨，既节约又不伤漆膜。

（九）修色

1. 调色

（1）色精的单色色相　透明漆系列调色色精用得较多的有紫红、红色、橙色、黄色、黑色五种，透明漆系列颜色没有实色漆全面、丰富，一般为红木色、棕色、黑棕色等系列颜色，这几种色精已基本达到调色颜色的范围，还有绿色、蓝色色精可供选择。

（2）调色步骤及原则　调配透明漆不超过三种色精。配色前首先应结合工艺了解欲配制的颜色（标准色卡、色板或漆样）的色调范围，对照我们熟悉的色料单色的色相，选择1～2种为主色的色料（有的颜色可能某个单色色料就可以调配出来），再选取用于微调色相的辅（次）色色料，当开始不能判断辅色的色料时，可在用主色色料调节的过程中参照标准颜色选择。这样在调色的过程中便于判断色相的变化，也符合大批量生产的要求，提高颜色的重现性。配色为“先主后次、由浅至深”的原则，以用量大、着色力小的颜色为主，称主色；着色力强、用量小的颜色为次色和辅色。调配时要徐徐将次色、辅色加入主色中，并不断地搅拌、观察，直到调到所需的颜色。

（3）配色注意事项

①对不同类型、厂家的产品，在未了解其成分、性能之前不要互相调兑。原则上只有在同一品种和型号之间才能调配，以免互相反应，轻则影响质量，重则造成报废。

②配色时，要考虑到各种涂料湿时颜色较浅、干后颜色转深的规律。因此，配色时，湿涂料的颜色要比样板上的涂料颜色略浅一些。最后的对比结果，须待新样板干透后才能确定。

③调色过程中，各容器、搅拌棒要干净、无色，各桶的备用料要上下搅匀，并保持原桶的稠度。

④调配时要选择基础漆，在此基础上进行调色，刮透明卡后置于白色背景下比色，也可以用灯箱刮板比色。颜色接近时加溶剂或加溶剂和固化剂调整黏度，喷板试验比色。

（4）颜色的比对　配色的色料选择正确与否可以在配色后涂装一块较大面积的样板与色卡对比。未干燥前对比很难准确一致，最好干燥后对比，则会准确无误。配色量较大时，配制好以后，使用前要涂装几块标准样板，对颜色的色相、明度、纯度进行确认。对于调好后的透明色，与客户提供的湿样是否有色差。

（5）目测法比色注意事项

①照明光的条件：不同光源其光谱成分是不同的，应当在统一的光源下进行比色，使用太阳光时应控制在日出后3h、日落前3h的太阳光。

②照明光与观察方向：应垂直方向照明45°方向观察或45°照明垂直方向观察，避免镜面反射光的影响。

③试样位置：标准色与试样色应该放在中性灰色下进行比色，因为在彩色背景下会诱导出相应的补色来。

④观察者：必须是色觉正常者。

⑤对比的因素：要进行色调、饱和度、明度之间的对比，明度即黑白度，色调即色相，饱和度即彩色的浓度。

扫描二维码，观看视频透明漆调色。

透明漆调色

2. 修色

将调配好的色精加入相对应的面漆中，搅拌均匀后，利用喷枪进行喷涂，喷涂过程中观察被喷涂工件表面颜色，可根据需求进行反复修色喷涂，直至达到最终目标。

（十）喷涂透明面漆

底漆涂饰干燥后，精细研磨为上涂面漆创造一个较为平整的涂装表面，便可进入上涂阶段。这是整个涂装过程中最后涂装的1～2遍面漆，也是最后决定整个涂装质量、产品外观与装饰效果的关键。

操作注意事项：

①配漆前必须将漆充分搅拌，配比必须按照规定比例进行，配漆时遵循按需调配，PU产品在25℃时可使用时间一般为2～4h。

②为达到最佳涂装效果，请使用配套固化剂及配套稀释剂，在夏季施工，施工环境温度≥32℃时可按稀释剂量的5%～20%添加慢干水使用，来延长表干时间。

③适宜施工环境：温度5～35℃，湿度≤80%；不适宜在5℃以下施工，以避免造成慢干和发白的弊病。

④漆、固化剂遇水及湿气能产生反应，开封后若未一次用完，必须及时重新封闭好。

⑤施工遵循薄涂多次的原则，涂布量不能超过150g/（m^2·次），若多次涂装，层间必须有足够干燥时间，一次性的过分厚涂可能带来不良的漆膜弊病，如起泡、针孔、慢干等。

⑥配套底漆必须彻底干燥后打磨平整再喷涂面漆。

⑦为达到较好的施工效果，应全系列配套使用。

⑧涂料储存在阴凉、干燥、通风处，自生产之日起保质期为1年，避免日晒、雨淋及高温。

扫描二维码，观看视频面漆罩光注意事项。

面漆罩光注意事项

（十一）涂装缺陷分析

涂装施工过程和施工后常发生一些涂装缺陷，根据具体情况从涂料、基材、涂装工艺、施工操作、施工环境等因素进行分析，填写下表。涂装缺陷的现象及其原因见表5-9。

表5-9 涂装缺陷的现象及其原因

发生阶段	漆病	原因																						
			基材					涂装工艺与施工操作											设备环境					
		涂料本身	含水率	含油脂	材质	形状	清洁	调漆搅拌	调漆静止	调漆过滤	工具清洁	操作熟练	做封闭底	干燥速度	涂膜厚度	层间打磨	底面配套	涂装方法	通风	空气清洁	温度	湿度	气候变化	设备
涂装中	脱落或附着力不良																							
	开裂																							

续表

发生阶段	漆病	原因																						
			基材					涂装工艺与施工操作													设备环境			
		涂料本身	含水率	含油脂	材质	形状	清洁	调漆搅拌	调漆静止	调漆过滤	工具清洁	操作熟练	做封闭底	干燥速度	涂膜厚度	层间打磨	底面配套	涂装方法	通风	空气清洁	温度	湿度	气候变化	设备
涂装中	发白（泛白）																							
	起泡或针孔																							
	缩孔及跑油																							
	咬底																							
	慢干或不干																							
	颗粒																							
	失光																							
	流挂																							
	橘皮																							
	色分离																							
	起皱																							
	回黏																							
	砂痕重																							
	发汗																							
	起霜																							
涂装后	黄变																							
	漆膜下陷																							
	泛白（后期）																							
	光泽不均匀																							

注：★表示主要原因；☆表示次要原因。

六、知识拓展

（一）实木面着色透明（半透明）涂装工艺

所谓半透明涂装，指使用带有色彩呈半透明的清漆涂饰制品，在被涂饰面上形成具有色彩半透明的涂膜，使被涂面基材纹理不清晰，只能隐约可见，这种涂饰多用于木制品。由于对木材表面着色要求不高，一般就是利用填纹孔进行基础着色，不再进行染色与拼色，对着色的均匀性、木纹清晰度、制品材质及制作精度等要求远低于一般透明涂饰。只是依靠在所用面漆（清漆）中加入少量着色颜料（或颜料与染料混合物或仅用染料）配制的所谓色精，使整个涂膜形成所需要涂饰的色彩，因此将此种涂饰称为“面着色”涂饰。这种涂饰不能很好地显现出木材纹理的天然美，整体涂饰效果较差。但由于涂饰工艺简单，生产成本低，对涂饰技术要求不高，所以被不少涂饰厂家采用。其涂饰工艺流程为：（半开放、全开放的不同效果，取决于底漆、面漆厚度，打磨程度）：实木→封闭→打磨→透明底漆→打磨→透明底漆→打磨→透明有色面漆。实木面着色透明涂装工艺见表5-10。

表 5-10　实木面着色透明（半透明）涂装工艺

施工条件		底材：实木。涂料：PU、NC或UPE。施工温度25℃，湿度75%以下		
序号	工序	材料	施工方法	施工要点
1	白坯	砂纸	手磨、机磨	将白坯打磨平整，去污痕
2	封闭	PU封闭底漆	刷涂、擦涂	对底材进行封闭，3～4h后可打磨
3	打磨	砂纸	手磨	轻磨、清除木毛
4	底漆	透明底漆（PU、NC、UPE均可）	喷涂	均匀喷涂，5～8h后手工打磨
5	打磨	砂纸	手磨、机磨	彻底打磨平整
6	底漆	透明底漆（PU、NC、UPE均可）	喷涂、可湿碰湿	均匀喷涂，5～8h后手工打磨
7	打磨	砂纸	手磨、机磨	彻底打磨平整
8	透明有色面漆	PU透明面漆	喷涂	厚度必须均匀，如NC底对应NC透明有色面漆

透明有色面漆用配套的面漆稀释剂调到12s施工黏度喷涂。透明或半透明效果的影响因素有漆膜总厚度和颜色的浓淡。

（二）有色透明全封闭涂装案例

1. 实木底、面着色全封闭的透明涂装

实木底、面着色全封闭的透明涂装：实木→封闭（可选择）→底着色→水性透明底漆→修色→PU透明面漆。底、面着色全封闭涂装工艺见表5-11。

表 5-11　实木底、面着色全封闭的透明涂装

施工条件		底材：实木。涂料：NC、PU或UPE。施工温度25℃，湿度75%以下		
序号	工序	材料	施工方法	施工要点
1	实木	砂纸	手磨、机磨	去污迹，白坯打磨平整
2	封闭底漆（可选择）	封闭底漆	刷涂、喷涂	去木毛、防渗陷、增加附着力
3	底着色	有色水性格丽斯	擦涂、喷涂	着色均匀，颜色主要留在木眼里面，木径部分残留要少，依据样板着色
4	底漆	水性透明底漆	喷涂、可湿碰湿	彻底打磨平整
5	打磨	砂纸	手磨、机磨	320#，打磨平整，无亮点
6	底漆	水性透明底漆	喷涂	喷涂均匀，无流挂堆积

续表

序号	工序	材料	施工方法	施工要点
7	打磨	砂纸	手磨、机磨	400～600#砂纸，打磨平整，无亮点
8	修色	着色剂自调	喷涂	依照色板修色，薄喷多次
9	打磨	砂纸	手磨、机磨	600#砂纸，轻磨颗粒，切勿磨穿
10	面漆	面漆	喷涂	均匀喷涂，无流挂堆积

（1）实木　清除白坯板上的油污和胶印，以避免在底着色时产生着色不均的现象。

（2）封闭　可以省略，直接在木材上着色。若在着色前对板材进行封闭，采取喷涂、擦涂、刷涂均可，其目的是防止下陷和便于均匀着色；为避免颜色上不去的问题，封闭不宜厚，封闭底漆应适当调稀，但边角、木材的端头部分要封闭厚一些，以避免在底着色时出现着色不均的现象。着色后进行封闭时，不要把产品颜色擦花，所以必须喷涂，其目的是对底色进行保护，以避免在喷涂底漆后出现浮色的现象，还能增加底漆的附着力，防止下陷。

（3）底着色　根据所需做的表面效果及施工要求可选用不同的着色材料，用水性格丽斯来底着色，其着色性比较好，也易于擦拭，但填充性比木纹宝差。

（4）底漆　按标准配比施工，配漆时主剂加固化剂充分搅拌均匀再加水稀释，否则漆膜会有亮点，并影响漆膜效果，喷涂均匀，涂布量控制在90～130g/m^2，不要厚涂，以免出现流挂、堆积、慢干、发白、起泡、针孔等弊病，需薄涂多次。

（5）修色　可用油性产品修色，与PU漆附着力比较好，但不同类型产品使用前要进行必要的性能测试，如附着力等。

（6）面漆　按标准配比调到12s喷涂。

2. 红木家具封闭加生漆涂装

红木家具封闭加生漆涂装：红木→补色→封油士那→腻子（有色木灰）→打磨→封油士那（可选择）→打磨→修色→PU底漆→打磨→面漆（大漆）五遍。红木涂装也可全部用大漆。红木家具封闭加生漆涂装工艺见表5-12。

国漆、大漆、生漆是同一个事物几个不同的名称。悠久的历史、优越的性能，使它成为名副其实的“涂料之王”。生漆成分复杂，因时因地因品种而异，即使是最先进的化学检测技术，也很难解释它的综合结果。我国生漆按其性质可以分为：毛坝漆、西南漆、建始漆、西北漆，其中以毛坝漆性能较全面，质量较高。我国漆树资源丰富、品种繁多，有3个大类42个品种，它们具有突出的耐久性、耐腐蚀性、工艺性能、力学性能、耐热性、绝缘性。

表5-12　红木家具封闭加生漆涂装

施工条件	底材：红木。涂料：PU、大漆。施工温度25℃，湿度80%左右			
序号	工序	材料	施工方法	施工要点
1	红木	砂纸	手磨、机磨	去污迹，白坯打磨平整、光滑
2	补色	PU修色剂	擦涂	使白坯的颜色基本一致

续表

序号	工序	材料	施工方法	施工要点
3	封闭	封油士那	刷涂或揩涂	用封油士那再封闭，天那水兑稀，厚薄适中；可视基材含油量的多少，适当增加1～2遍封油士那
4	腻子	有色木灰	刮涂	刮有色木灰两遍，3h后打磨
5	打磨	砂纸	手磨	除木毛、木刺，光滑无亮点
6	封闭（可选）	封油士那	刷涂或揩涂	用封油士那再封闭
7	打磨	砂纸	手磨	平整、光滑
8	修色	PU修色剂	喷涂	颜色均匀一致
9	底漆	PU透明底漆	喷涂	湿碰湿一次
10	打磨	砂纸	手磨	平整、光滑
11	面漆	大漆	喷涂，揩、擦4～8遍	均匀涂布，使漆膜光泽一致，手感细腻

生漆主要用于红木家具的涂饰。红木家具在我国作为高档、贵重的木质家具，既是人们日常生活用品，又是具有传统文化特征的工艺品。它比一般的普通木质家具对涂料有更高的要求，涂饰工艺也较为复杂，通常使用传统揩漆工艺（俗称“生漆工艺”）来处理家具表面。涂层成膜的机理为漆汁（含漆酚、水、有机物及漆酶等成分）中有效成分漆酚在漆酶催化作用下自然干燥成漆膜（环境条件：温度25℃左右；相对湿度80%左右，如太干燥，施工环境要喷水以增加湿度）。在当代红木家具的制作工艺中，涂饰工艺（指生漆工艺）一般可分为两种：一种是采用纯生漆的揩漆工艺，多用于油性较大的红木，如大红酸枝、紫檀木、乌木等制作的名贵家具，现已较少使用；另一种封闭工艺采用PU漆，表面涂饰使用生漆。目前市场上所售的红木家具基本上都采用此工艺，特别适用于鸡翅木、花梨木所制作的红木家具，漆膜成型后丰满、光泽度高、耐腐蚀、坚韧耐磨。

（1）红木　用砂纸顺木纹打磨平整、光滑，清除污迹。

（2）补色　使白坯的颜色基本一致。

（3）封油士那　对底材进行封闭，避免树脂、单宁等物质渗出而影响涂装效果。确保大漆不往下陷，确保附着力。

（4）有色底灰　填平木眼、毛孔，彻底打磨平整，只填木眼，不填木径；若一遍没有填平，还可以多刮几次有色底灰；注意一定要把木径表面打磨干净并彻底清理余灰。

（5）打磨　除木毛、木刺，光滑无亮点，打磨平整、光滑。

（6）封油士那　二次封闭，对底材、有色底灰进行封闭，增加底漆对基材的附着力，有助于防止漆膜下陷。此工序根据实际情况可省去。

（7）修色　颜色均匀一致。

（8）底漆　按标准配比施工，喷涂均匀。

（9）打磨　打磨平整、光滑。

（10）面漆　PU透明面漆采用的是喷涂方式，而生漆、大漆一般采取的施工方式是揩涂，一般需4～8次才可达到质量要求。

3. 实木地板透明底着色全封闭涂装工艺

实木地板透明底着色全封闭涂装工艺：实木地板→做底色（水性）→封闭（可选择）→打磨→PU单组分或双组分地板漆（亮光或亚光）→打磨→PU单组分或双组分地板漆（亮光或亚光）。实木地板透明底着色全封闭涂装工艺见表5-13。

表 5-13 实木地板透明底着色全封闭涂装工艺

施工条件		底材：实木地板。涂料：着色剂、封闭底漆、PU地板漆。施工温度25℃，湿度70%		
序号	工序	材料	施工方法	施工要点
1	白坯处理	砂纸	手磨或机磨	去污渍、毛刺，打磨平整
2	着底色	水性着色剂	喷涂、刷涂	着色均匀，颜色主要是浸润进入到木材表层里
3	封闭	PU封闭底漆	喷涂、刷涂	对底材、底色进行有效封闭和保护，增加附着力，3～4h后可轻磨
4	打磨	砂纸	手工	轻轻打磨，切勿磨穿露白
5	面漆	PU（单组分或双组分）地板漆	喷涂、刷涂	按标准比例调到合适施工黏度（通常为12s），刷涂、喷涂均匀到位
6	打磨	砂纸	手磨或机磨	均匀打磨
7	面漆	PU（单组分或双组分）地板漆	喷涂、刷涂	按标准比例调到合适施工黏度（通常为12s），刷涂、喷涂均匀到位

（1）白坯处理　砂光时注意到位，顺纹砂光，不可漏砂。

（2）着底色　按照需要选择水性着色材料，可采用刷涂、辊涂、喷涂、浸涂等施工方式，颜色要相对均匀。

（3）封闭底漆（可选择）　有效封闭基材、底色，增加层间附着力。

（4）地板漆　单组分潮固化PU地板漆，双组分PU地板漆，按标准配比调到合适施工黏度（通常为12s），刷涂、喷涂均匀到位。

4. 实木底着色全封闭透明涂装

实木底着色全封闭透明涂装：实木→腻子→封闭（可选择）→底着色→封闭（可选择）→PU／UPE透明底漆→PU透明面漆（变化工艺可得开孔或封闭效果）。实木底着色全封闭透明涂装工艺见表5-14。

表 5-14 实木底着色全封闭透明涂装工艺

施工条件		底材：实木。涂料：NC、PU或UPE。施工温度25℃，湿度75%以下		
序号	工序	材料	施工方法	施工要点
1	实木	砂纸	手磨、机磨	去污迹，白坯打磨平整
2	腻子	各种透明腻子	刮涂	打磨时木眼里的腻子填实，外边的腻子要磨干净
3	封闭底漆	PU封闭底漆	刷涂、喷涂	去木毛、防渗陷、增加附着力

续表

序号	工序	材料	施工方法	施工要点
4	底着色	选择有色水灰、有色士那、木纹宝、格丽斯等着色材料	刮涂、擦涂、喷涂	着色均匀，颜色主要留在木眼里面，木径部分残留要少
5	封闭底漆	PU封闭底漆	刷涂、喷涂	对底材、颜色进行有效封闭，保护底色，增加附着力，3~4h后可轻磨
6	底漆	透明底漆	喷涂、可湿碰湿	彻底打磨平整
7	面漆	面漆	喷涂	均匀喷涂

（1）实木　清除白坯板上的油污和胶印，以避免在底着色时产生着色不均的现象。

（2）腻子　进行底着色工艺时，一般选择刮水性腻子较多；若刮涂油性腻子，一般采取面着色工艺，因为油性腻子不易底着色。

（3）封闭　在着色前对板材进行封闭时，采取喷涂、擦涂、刷涂均可，其目的是防止下陷和便于均匀着色；为避免颜色上不去的问题，封闭不宜厚，封闭底漆应适当调稀，但边角、木材的端头部分要封闭厚一些，以避免在底着色时出现着色不均的现象。着色后进行封闭时，不要把产品颜色擦花，所以必须喷涂，其目的是对底色进行保护，以避免在喷涂底漆后出现浮色的现象；还能增加底漆的附着力，防止下陷。可选择是指二选一或二选二，最少一次。

（4）底着色　根据所需做的表面效果及施工要求可选用不同的着色材料，用PU格丽斯来底着色，其着色性比较好，也易于擦拭，填充性比木纹宝差；木纹宝既能填充又能着色；而士那则既能底着色又能进行面修色，便于修补磨穿的底色。

（5）底漆　PU或UPE透明底漆，按标准配比施工，喷涂均匀。

（6）面漆　PU面漆，按标准配比调到12s喷涂。

思考与练习

1. 薄木修补注意事项有哪些？
2. 采用PU格丽斯进行擦涂需要注意什么？
3. 试列举几种木器家具常用透明涂饰工艺过程。
4. 实木基材上较大裂缝、虫眼、贯通节、树脂囊等缺陷该如何处理？面积较小的裂缝、虫眼、钉眼、凹陷、碰伤等缺陷该如何处理？
5. 底漆喷涂缺陷有哪些？如何控制？

第六章　美式涂装

现代美式家具产品风格受欧美等地的历史背景、文化艺术、生产技术和生活习惯等的影响，形成其特有的欧美风情和品位。在美式家具中几乎融入了所有欧式家具的工艺手法，但又不是欧式家具简单的翻版，它吸收了欧式家具典雅等优点，同时又没有“华丽的冷漠”所产生的距离感。美式家具的风格相对简洁，强调不事张扬的尊贵，有别于欧式描金涂银的尊贵奢华风格。美式涂装指适合欧美等使用并于这些地方风行的家具涂装技术，其主要特点是复古和回归自然，强调舒适、气派、实用和多功能，充分显现木材本色的特点，融合了人类向往自然、回归自然的心理需求，特别是涂装前的破坏处理和涂装中的做旧处理，体现出一种特殊的岁月磨砺过的痕迹，“刻意”强调历史的传承感和底蕴。

本章通过美式仿古白涂装和美式透明涂装等任务引导学生独立完成美式涂装样板，进而使学生熟悉美式涂装风格工艺流程，掌握美式涂装的基材破坏方法和做旧工艺，掌握美式涂装工艺流程和施工条件，能合理选择涂装工具、材料、设备、施工方法，编制和实施美式涂装工艺方案。

第一节　美式仿古白涂装

知识目标

了解美式仿古白涂装常用木器涂料的性能、储存条件、成膜机理、工艺特点。

了解格丽斯等着色剂的调配方法和工艺要点。

理解家具企业涂装工段的安全生产、涂装材料的管理要求和常识。

理解美式仿古白涂装所用基材的种类、特性。

掌握常用美式仿古白涂装基材处理的方法、所用工具和材料。

掌握基材处理时缺陷产生的原因及解决对策。

掌握美式涂装打干刷、刷边、拉明暗线的操作要领。

掌握涂装成本的计算方法。

掌握底、面漆涂装的方法、所用工具、设备及施工要领。

掌握美式涂装易产生的涂装缺陷、缺陷产生原因及其解决对策。

能力目标

能根据家具基材种类、涂装效果、涂装成本、施工条件、环保要求等合理选用涂料、施工方法、工具，编写施工方案。

能独立完成基材处理、漆膜研磨施工作业。

能正确使用和维护常用工具和设备，独立完成底、面漆涂装。

能对家具表面缺陷进行准确分析，提出解决措施，进行修补。

能根据客户需求制定涂装工程方案，核算综合成本。

能较准确调配底色、格丽斯颜色。

能合理擦涂格丽斯、拉明暗、甩牛尾、擦灰蜡等操作。

能借助工具书查阅技术资料，自我学习，独立思考。

能自我管理，有安全生产意识、环保意识和成本意识。

工作中能与他人协作共事，沟通交流。

一、任务介绍

美式家具复古和回归自然的特点决定了美式涂装以典雅朴实的亚光效果为主。美式涂装通过基材破坏处理、拉明暗、打干刷、喷点等做旧工序，体现出历经岁月后留下的陈旧感和沧桑感，是一种表现缺陷美的涂装。

图6-1　美式仿古白涂装样板

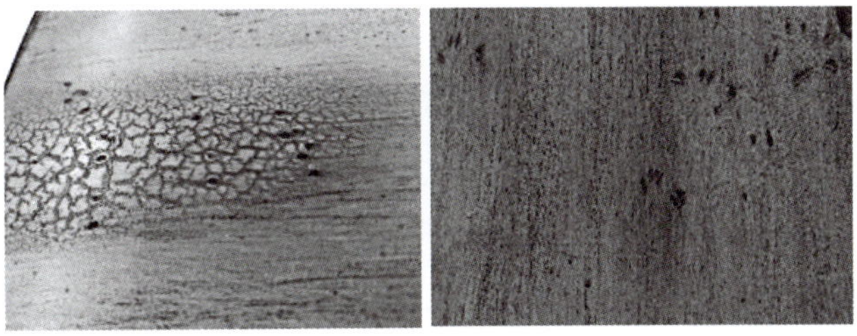

图6-2　美式仿古白涂装表面效果

常见的美式不透明仿古白涂装简单而不失雅致，被广泛应用。在本任务中以美式不透明涂装中仿古白开放涂装效果为例来进行学习，如图6-1和图6-2所示。

扫描二维码，观看美式涂装工程说明，了解美式涂装主要工序。

美式涂装工程说明

二、学习内容

（一）美式仿古白开放涂装工艺

本任务以深木孔板材为基材制作样板：拉丝处理→基材破坏处理→白坯打磨→胶固底漆→硝基白底漆→打磨→硝基白底漆→裂纹漆→胶固底漆→打磨→擦拭格丽斯→拉明暗线→打干刷→耐黄变透明底漆→灰尘漆→透明面漆。

（1）拉丝处理　用钢丝刷顺纤维方向刷擦。

（2）基材破坏处理　模仿家具长时间使用过程中留下的磕碰、划伤、虫蛀等痕迹，根据工艺效果要求，做相应的破坏处理。

（3）裂纹漆　局部不规则的裂纹漆效果来模仿产品在经过漫长的时间或风化日蚀所产生的自然裂纹。

（4）拉明暗线　擦涂格丽斯后拉明暗线，明暗线整体不要粗细一致、长短相等，要做到明暗过渡柔和自然，粗细、长短不一。

（5）打干刷　增加产品陈旧感。

（6）灰尘漆　模仿产品凹陷处聚积灰尘或发霉的效果。

（7）耐黄变底、面漆　耐黄变底、面漆延缓黄变的时间，耐黄变面漆配合耐黄变底漆使用。

（二）重点内容

在美式仿古白涂装工艺中如何更好地体现出仿古效果，体现产品陈旧感和沧桑感。

1. 基材破坏处理

根据工艺要求，做出相应的破坏类型。

2. 擦涂格丽斯

控制格丽斯的残留量。

3. 抓明暗

明暗线的大小分布，明暗线如何做到柔和自然。

4. 打干刷

注意打干刷的部位，如何做出阴影效果。

5. 灰尘漆

在产品哪些部位做出聚积灰尘或发霉的效果。

三、应用案例

木门、木楼梯等木制产品，餐桌、餐椅等木家具，卧室套装包括床、床头柜、梳妆台、多屉柜、电视柜、衣柜、多用柜等。

四、知识准备

（一）工作安全

（1）严格遵守工作、防火和防毒操作规则。

（2）操作过程中要穿劳保鞋和工作服，戴护目眼镜和橡皮手套。

（3）被拉丝处理板件固定夹紧。

（4）手工擦涂格丽斯、打干刷施工时，房间通风良好，但一定避免开窗户通风。

（5）涂饰底、面漆时严禁吸烟、明火。

（6）喷涂涂料时戴防毒面具，在喷涂室内操作。

（7）溶剂、涂料残留液倒入预设的废料容器。

（8）溶剂接触皮肤后，接触处立即用热水清洗并涂抹护肤剂。

（9）避免吸入溶剂蒸气。

（二）工具材料

1. 毛刷

蘸上擦拭剂或颜色在产品表面打干刷，如图6-3所示。

2. 自制工具

根据美式破坏做旧类型可以自制工具，自制工具如图6-4所示。

3. 钢丝绒

用于在产品表面拉明暗线，如图6-5所示。

4. 擦拭布

主要用于擦拭格丽斯、打干刷、打蜡，如图6-6所示。

5. 砂纸

常用砂纸为320＃、400＃、6000＃，用于产品打磨，如图6-7所示。

6. 喷枪

低压喷枪和高压喷枪如图6-8和图6-9所示。

7. 气动砂光机

气动砂光机主要用于打磨，可以减少手工工作量，如图6-10所示。

8. 水曲柳或水曲柳贴面纤维板

坚硬、耐久、稳定、昂贵，呈淡黄色，木纹类似橡木，用来做球棒工具把柄及家具。水曲柳纹理如图6-11所示。

9. 耐黄变底、面漆

以水为分散介质，无毒环保，气味低，无重金属毒害，无有害有机物释放危险。常用水性漆的特性：漆膜丰满，遮盖力好，柔韧性好，附着力好，耐磨、耐候性好。

耐黄变漆有一个突出的耐黄变性特点，耐黄变白底漆、耐黄变白面漆常配套使用。

水性漆选用HDPE塑罐，在5～35℃下储存，注意防冻，避免日光直射。施工时不能与其他有机化学溶剂或油性稀释剂混合。水性漆受温度影响，如果气温低于8℃，不要施工。

10. 格丽斯

格丽斯又叫仿古漆，是一种半透明的颜料着色剂，通常作为美式涂装的中层色。其性能特点：本身具半透明性，增强漆膜颜色的层次感；具有强烈的仿古效果，使家具更具古典韵味；易于施工，可擦涂、刷涂、喷涂、打毛刷、抓明暗；可用来制作其他多种仿古效果，如假木纹、牛尾、刷边等。

扫描二维码，观看视频格丽斯，了解格丽斯的特性及适用范围。

格丽斯

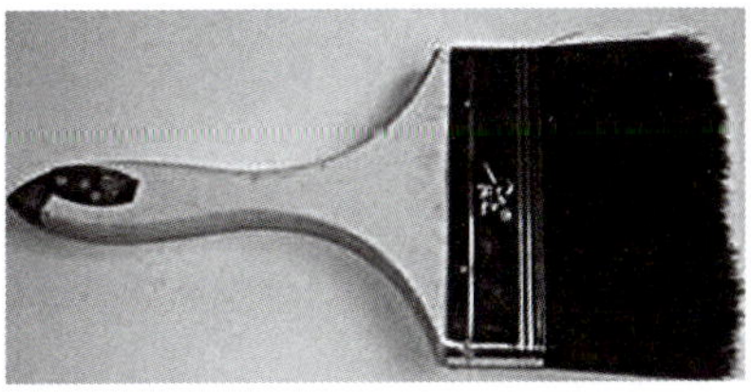

图6-3　毛刷

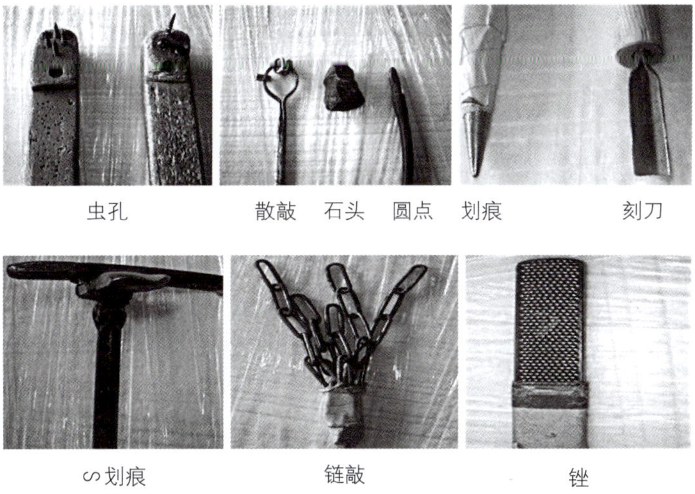

图6-4　自制工具

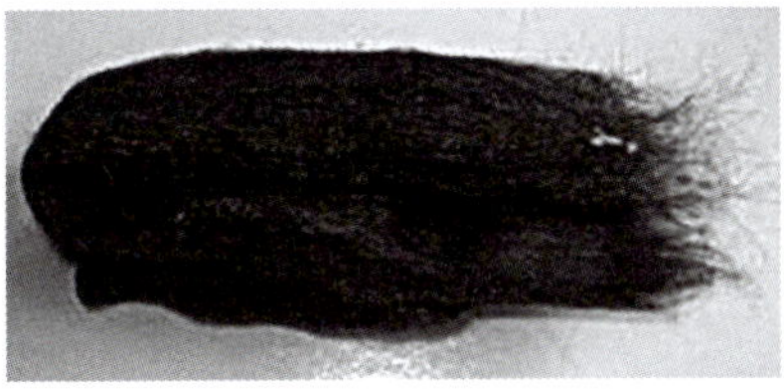

图6-5　钢丝绒

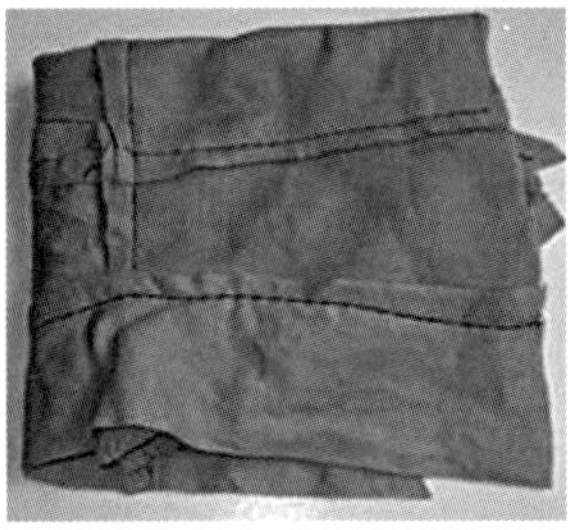

图6-6　擦拭布

图6-7　砂纸

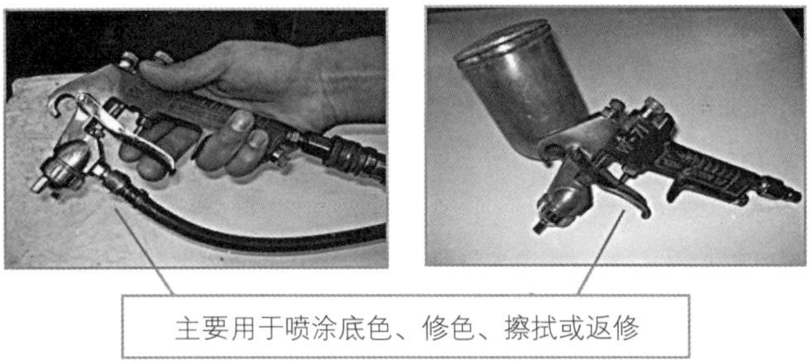

图6-8　低压喷枪

图6-9　高压喷枪

图6-10　气动砂光机

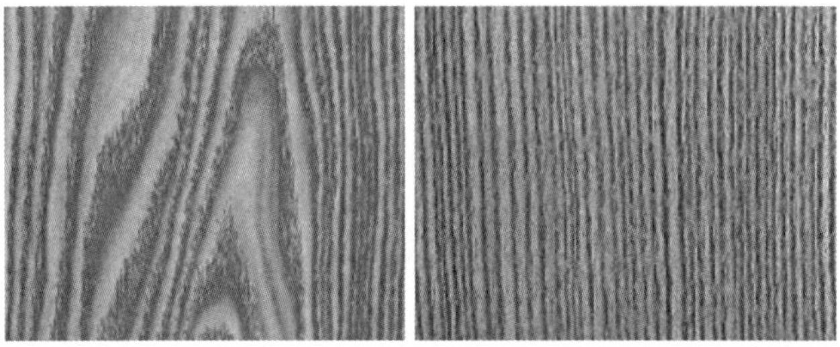

（a）　　　　　　（b）

图6-11　水曲柳纹理

（a）弦切面纹理　（b）径切面纹理

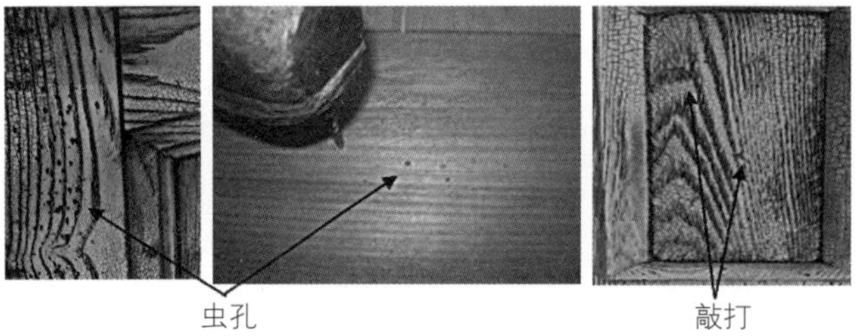

图6-12　基材破坏

（三）工艺过程

1. 拉丝处理

拉丝处理使得木材表面早晚材对比更加明显，早材区管孔更加深、大，此种方法也可以用在纹理不明显的针叶材上。操作前做好个人防护。

2. 基材破坏处理

破坏是美式涂装中增加工件仿古效果的一道重要的加工工序，在新的家具产品外观上做仿古处理的效果。常见的破坏处理包括用锉刀在产品边缘锉出锉刀痕；用钉子或螺丝钉钉在木制把手上，敲打木材表面形成类似虫蛀小孔的效果，如图6-12所示；用铁丝串好的螺丝串、螺帽、螺杆、铁锤、锉刀柄等工具对木材表面进行敲打或划伤；用雕刻刀做出挖槽、虫线等效果；对工件的角、棱等凸起的地方进行倒角、倒边，模仿风蚀、风化或被人经常触摸留下的光滑无棱的效果。

进行破坏处理时要注意尽量避开产品有节疤或较为坚硬的地方；尽量避开产品的拼接处；大破坏要首先考虑产品有缺陷的地方；要注意顺木纹方向；破坏效果要自然、协调、逼真。

（1）虫孔

虫孔是仿产品长时间存放后木头被虫蚀、虫蛀后留下的痕迹，一般来说虫孔现象多见于产品的破坏处、朽烂处以及边缘的地方；产品有节疤的地方以及木材的正中心处相对来说比较坚硬，虫一般不会蛀到这些地方；虫孔既有散落的个别现象，也有密集的成团现象。注意事项如下：

①虫孔的数量：包括虫孔是单个的还是密集成团的，一件产品的某一部位虫孔分布的数量。

②虫孔的分布：虫孔分布于产品的哪些部位，是破坏的中心处还是边缘处。

③虫孔的大小：虫孔是细密的还是比较大个的，还是大小相间的。

④虫孔的形状：虫孔的分布是呈圆形、纺锤形，还是条形的。

⑤顺木纹方向：虫孔一定要是顺木纹方向分布的。

⑥避开产品有疤节的地方。

（2）敲打

仿产品长期使用或存放过程中被一些硬物体碰撞、敲打后留下的印迹，其分布呈无规则性。注意事项如下：

①敲打的方向。

②敲打的轻重：敲打特别注意轻重力度。

③敲打的工具：敲打的工具是螺丝串还是单个螺帽，还是锉刀柄敲或划也要分清楚。

④敲打的数量：包括敲打工具螺帽、垫片的数量，也包括敲打的次数，一件产品的某一部位大体上敲打几次。

（3）锉刀痕

仿产品在长期使用或存放过程中被带锯齿形的物体拉划伤后留下的痕迹。注意事项如下：

①锉刀痕的长短范围。

②锉刀痕的数量及其分布：产品有锉刀的地方多见于棱边、棱线等凸起的部位。

③轻重原则：锉刀破坏也有轻锉和重锉之分，有些产品只有很轻微的痕迹，有些产品则锉刀痕很重。

④锉刀的使用：其使用方法有四种，即一般斜拉锉刀痕、平敲痕、锉柄敲痕、划痕。

3. 白坯打磨

顺纤维打磨光滑，去除木刺。

4. 胶固底漆

胶固底漆又叫头道底漆、洗涤底漆、封闭底漆，是由NC透明底漆与天那水按一定的比例稀释、调配而成，黏度通常在8～12s，又称“八秒底漆”，其固体成分通常在4%～14%，它的黏度很低，很快就渗入木材的表面层，为涂装过程提供“延展”的效果，并渗透到木材的纤维内，经过轻度砂光可以砂掉。

胶固底漆主要作用如下：

①控制仿古漆的残留量。

②保护产品底色。

③避免端头发黑。

④处理因溢胶而出现的颜色不均现象。

⑤防止基材中单宁等物质的渗透使白底漆发黄。

胶固底漆注意事项如下：

①浓度一定要准，不能有误差。

②喷涂的风量、油量和压力要合适，有些产品其浓度较高时特别要注意，不可喷出橘子皮、流油等现象。

③因其浓度较稀，喷涂时易出现流油现象。另外，产品的端头、边、角、锣形的地方还应注意重复喷涂，有些产品甚至可以不用胶固底漆。

④使用时，要注意均匀喷涂，要让底材充分湿润；采用黏度较低的胶固底漆可以得到较脏的仿古漆颜色效果；采用黏度较高的胶固底漆得到的仿古漆颜色效果则显得干净；使用的胶固底漆黏度太高时，会阻碍仿古漆渗入木材导管，致使颜色看起来较呆板，无层次感。

5. 喷涂耐黄变白底漆

为面漆的喷涂做准备，底漆比面漆要稠，良好的底漆涂装是为面漆的成功涂装打基础，良好的喷涂技巧和底漆的均匀喷涂尤其重要。为增强涂装效果，建立厚的涂膜层，可多次喷涂，并容易砂光。

6. 裂纹漆

根据工艺要求确定裂纹仿古效果的位置。局部不规则喷涂，根据裂纹漆膜的厚度来控制裂纹的大小。

7. 擦拭格丽斯

各种格丽斯成品色可满足绝大多数色彩需要，格丽斯色浆主要用于颜色微调。

扫描二维码，观看视频格丽斯调色。

格丽斯调色

格丽斯通常用于胶固底漆之后，一般不直接用于白坯，以免产生附着力和着色不均的不良现象，但格丽斯也不宜残留过多，并且要完全干燥后才能喷上底漆，以避免产生发白或附着力不良现象。为避免家具木材端头吸入过量格丽斯而发黑，可在擦拭格丽斯前先擦涂透明格丽斯或刷涂一遍NC透明底漆。

（1）作用　依据色板定色及填充木材导管，呈现木纹及仿古效果。

（2）注意事项　使用时要注意格丽斯擦涂之后不要抹得太干净，通常会根据需要而残留一部分，并可以通过抓明暗、打干刷等方法以加强色彩的明暗、层次对比和仿古效果。

①擦拭要达到一定的程度，防止漏涂发白，如：工艺缝书架工艺沟，外露的夹角。

②产品经过胶固与正确打磨后做擦拭一般可使木纹纹路清晰，色彩均匀。

③第一道擦拭使擦拭剂渗入木材导管中，所以操作人员要对木纹纹理、材质多加留意，防止木材产品变黑。

④做最后的擦拭工作，使产品颜色与色板一致。

⑤品检员可检查所有的擦拭是否擦拭均匀。

扫描二维码，观看视频格丽斯的使用。

格丽斯的使用

8. 抓明暗

抓明暗（HiLi）是美式涂装中的一项重要工序，是“层次”的意思，它是在产品着色的过程中用钢丝绒（通常用型号#0000）按一定规律在格丽斯之后抓出一些颜色较浅的部分或布印后整理出一些颜色较浅的部分，使产品颜色呈现出明暗对比的层次来，其中颜色较浅的部分称为HiLi。抓明暗主要是增强产品涂装的层次感，使产品颜色形成较自然的明暗对比。注意事项如下：

①顺木纹方向抓，不可横切木纹。

②具有一定的轻重原则（两端轻、中间重）。

③不能穿越拼接线。

④HiLi后必须整理。

⑤针对颜色浅的或木纹间隙较大的地方抓。

扫描二维码，观看视频抓明暗，了解明暗线特点及操作注意事项。

抓明暗

9. 打干刷

毛刷蘸取格丽斯后，整理至刷毛至半干状态，在产品表面的边缘、拐角处或雕花处做出阴影、刷边等特有的效果，进一步在产品颜色上增加产品的古旧与沧桑感。注意事项如下：

①干刷通常采用格丽斯。

②干刷工具最好采用质量好的毛刷，在产品的边缘营造出调和的效果。

③干刷要实现产品的破坏处理，并要在整体涂装中达到自然过渡的效果。

扫描二维码，观看视频打干刷。

打干刷

10. 耐黄变透明底漆

底漆比面漆要稠，良好的底漆涂装是为面漆的成功涂装打基础，良好的喷涂技巧和底漆的均匀喷涂尤其重要。可多次喷涂，建立厚的涂膜层，增强涂装效果，增加涂膜的附着力，封闭擦拭格丽斯。

11. 打磨

打磨可增加涂装效果，为面漆涂装做准备。注意事项如下：

①选择适当的砂纸彻底砂光，消除影响涂装的缺点，使涂装获得表面光滑及提高密着性。

②底漆涂膜的砂光，采用砂光机在产品表面操作，避免逆向砂光。

③某些部位无法进行机器砂光，必须采用人工砂磨，应顺木纹方向砂光。

12. 灰尘漆

为了增强产品的仿古效果，有些产品在沟槽、破坏等处还需一道仿古漆，以仿效产品使用时间久远、沟槽里聚积灰尘或发霉，故称之为灰尘漆或发霉漆，也有称为灰蜡。灰尘漆有白色和灰色。

灰尘漆可局部、全部采用刷涂或喷涂，多为局部漆，主要针对产品的破坏处、沟槽处等刷涂，并且要将外边多余的部分擦净。

13. 耐黄变透明面漆

显出木纹的质感，完成产品涂装，赋予产品光泽、硬度、触感，保护产品。

（四）制定美式仿古白涂装实施单

按要求填写美式仿古白涂装实施单，见表6-1。

表 6-1 美式仿古白涂装实施单

项目				学 时		
任务				学 时		
实施方式	各小组共同讨论确定实施计划，每小组填写此单					
序号	实施步骤	使用资源	测定数值	摘要	出现问题	如何解决
1						
2						
3						
……						
实施说明：						
班 级		第 组		组长签字		
教师签字				日 期		

备注：
使用资源：设备、工具材料。
测定数据：黏度、配比、喷涂量、干湿漆膜厚度、干燥时间（表干时间、指压干时间）。
摘要：施工注意事项、操作要点。

五、施工操作

1. 拉丝处理

操作前戴护目装置，做好个人防护。用钢丝刷顺纤维刷擦，使木材表面凸现纹理，如图6-13所示。对于大型家具也可以选用喷砂机进行喷砂操作，喷砂机如图6-14所示。

2. 胶固底漆喷涂与研磨

端头胶固可使产品端头做出清晰、均匀的涂装效果。主要在产品铣型后端面及端头的纹理及实木部位，起到填充防止端头发黑、保护颜色的作用。

封固底色并为下道工序做准备，稳定产品材质纤维及导管。

木材表面组织密度不均匀，擦拭着色会不均匀，胶固后的产品能充分吸收擦拭剂，保证产品在擦拭工序时能够使擦拭剂均匀着色。根据仿古漆的残留量，在操作中注意胶固底漆的黏度在8~12s。

注意事项：

①喷涂前检查油水分离器，保证压缩空气的洁净。

②喷涂前做好个人防护。

③为了使胶固后的产品能充分吸收擦拭剂，要根据温度及湿度的变化调节胶固的黏度。

④根据喷涂量60~90g/m^2，调好气量、出漆量、油幅宽度、气压等参数，喷涂时注意喷涂角度、喷涂距离、移动速度、喷幅重叠等技术要点，边角部位压枪时注意方法，避免由于重复操作造成的喷流或漏喷。

⑤需要连续喷涂并且要喷涂均匀。

⑥仔细检查胶固的喷涂程度，使之符合打磨后的产品能充分吸收擦拭剂的要求。

⑦干燥后打磨，选用320~400#砂纸顺木纹精磨，便于均匀擦拭格丽斯。

3. 破坏处理

使产品有使用多年的碰撞、虫蛀、划伤、磨损的自然仿古效果。破坏处理类型要符合工艺要求，如图6-15所示。

①按工艺要求进行破坏处理。

②破坏尽量掩盖缺陷部位。

③对白坯再次进行品质检查，不合格返回修补。

④破坏整体效果自然，一次成功。

⑤连续的破坏处理最容易操作，太多破坏影响产品的涂装及设计。

⑥严格参照色板样品对产品做破坏效果。

⑦注意破坏处理操作者所做的破坏样式及动作。

⑧边角的破坏处理在任何破坏处理中都非常重要，锉痕的柔和程度决定产品破坏的严重程度。

⑨所有的破坏（虫孔、锉痕、散敲、石块敲击等），应均匀分布在产品表面并且从产品的边缘向内做。

4. 擦拭格丽斯

（1）作业程序

①涂饰仿古漆：仿古漆可以采用喷涂或刷涂的方法进行，用枪喷可以提高效率，但其浪费量较大，并且易损坏工具，污染环境；刷涂的方法效率相对来说要低一些，费人工，但仿古漆的利用率较高，在实际生产中采用人工刷涂的方法较为理想，但需注意产品所有沟槽、凹陷、雕刻等地方不能露白，木孔里要刷到；大面积的产品适宜用枪喷涂。

②擦色：擦色这道工序很重要，它直接决定着仿古漆的残留量，根据产品颜色的需要或多或少地留取仿古漆，不管怎样留，擦色要基本均匀；如一次擦色不够可考虑再加多一道擦色。

③打毛刷：仿古漆刷涂到产品上后要用毛刷以逆木纹方向来回打几次，让仿古漆充分渗入木孔。

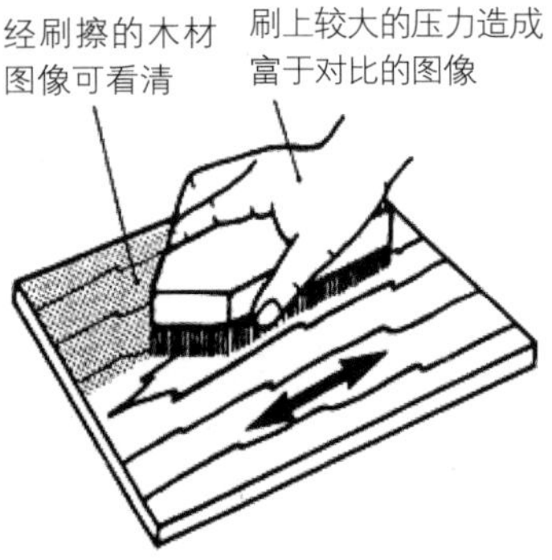

图6-13 手工拉丝操作

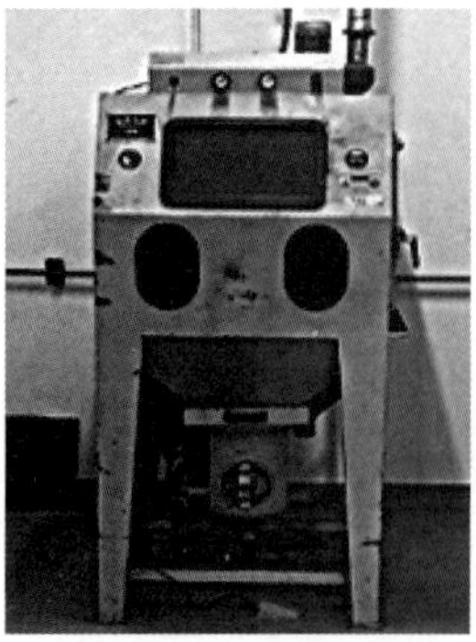

图6-14 喷砂机

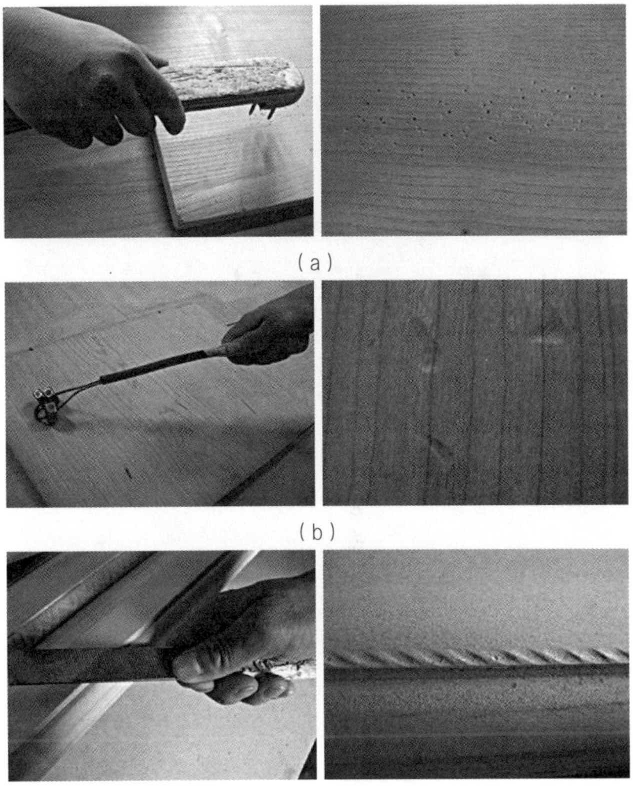

（a）

（b）

（c）

图6-15　破坏效果

（a）虫孔　（b）散敲　（c）锉刀痕

④抓明暗（HiLi）：HiLi是“层次”的意思，是在产品着色过程中用钢丝绒（通常用型号#0000）按一定的规律抓出一些颜色较浅的部分，使产品颜色呈现出明暗对比的层次感。明暗线要长短不一、粗细不等、自然过渡、柔和自然。用百洁布、钢丝绒顺木纹方向抓明暗，抓明暗时力度要中间重两端轻。按照工艺方案要求进行操作。

⑤整理：抓明暗后可选用柔软的毛刷整理，使明暗线边缘更加柔和，增加阴影对比的效果，可使产品产生柔和自然的效果，突出立体感。

（2）涂装不良现象　在生产过程中由于操作方法不当及管理不到位，造成产品夹角色浅、破坏处理无颜色等不良涂装现象，即为露白，如图6-16所示。

①呈现状态：因胶印或其他问题导致的产品局部，特别是沟槽等处颜色较浅白的现象。

②主要形成原因：胶印未砂掉并涂装的；锣边、沟槽等处露白的；修色无法达到的沟槽等处；人为因素形成的

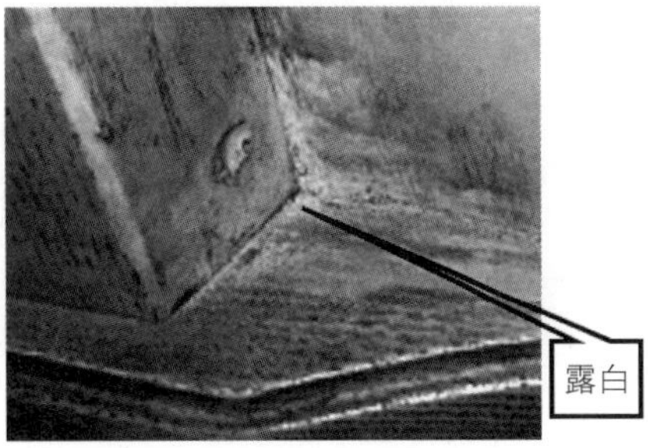

图6-16　露白

碰伤现象；砂穿未整理的。

③解决方法：在底、面漆前点好胶印的地方用毛笔或毛刷点、刷色。

④可接受范围：主要部位不很突出的个别现象，次要部位、一般部位色差不是很大的或次要部位的个别现象及其他部位后面有加工工序可以掩盖的。

⑤不可接受范围：主要部位，一般部位较显眼的或颜色太浅的。

5. 抓明暗（HiLi）

操作注意事项：

（1）针对木纹间隙较大的地方或颜色较浅的地方抓，不论是哪一类HiLi，注意尽可能结合上述两点顺木纹方向抓。

（2）注意对称、交错，根据对称拼花合理选择抓HiLi的位置。

（3）合理选择HiLi位置、长短等，根据木纹间隙位置，特别是集成材产品合理取舍抓一个、两个或多个木纹间隙，同一产品上的HiLi注意大小、长短合理分布。

（4）HiLi后的整理，产品HiLi成功与否主要取决于整理的成败，HiLi后的整理包括：

①打毛刷：打毛刷时要注意整理出两端轻、中间重的感觉来。

②钢丝绒整理：HiLi没有显现出来时注意用钢丝绒整理出来，特别是打过布印后。

③修格丽斯后整理：有些产品修格

丽斯有可能局部或全部将HiLi掩盖，这就需要将其重新整理出来。

（5）注意HiLi的特点，不同的油漆厂家、不同的产品其HiLi的具体情况会有一些差异，如深浅度、柔和度等情况，都需依具体产品而定。

6. 底漆喷涂与打磨

在仿古做旧工序后，根据工艺要求，可以喷涂底漆。

操作时注意以下几点：

①喷涂前做好个人防护。

②喷涂前检查油水分离器、通风过滤效果。

③喷涂前要吹干净盘车上的灰及不能有手印和污染。

④喷涂的涂料要经常搅拌。喷涂前要求清楚所喷涂产品的底漆黏度，按季节不同略有不同，通常为18～20s，用涂-4杯。

⑤喷枪的油量、气量、油幅应按规定要求操作，注意喷涂动作的标准化。

⑥注意夹角处叠枪的方法，严禁漏枪、喷流、喷溶等现象，所有产品的底漆都应保持涂膜一致。

⑦喷枪每天清洗一次，隔膜泵每周清洗一次，并保证喷台卫生，通风良好。

⑧干燥后顺纤维方向打磨至毛玻璃状，根据底漆施工遍数选用砂纸，砂纸型号320～600#。

7. 刷边

刷边同毛刷马尾不一样，毛刷马尾一定会有一定长度的“尾巴”，分布位置多在产品平面各处；刷边则是用毛刷沿被刷物棱边45°左右的倾斜方向刷出很短的“刷尾”，一般在5mm以内，多出现在产品的凸起处、锉刀处或破坏等，刷边的主要作用是增强产品的仿古效果，可以掩饰砂穿的地方如图6-17所示。

刷边与砂穿整理的区别是：刷边一定会刷出“刷尾”，砂穿整理则只是掩盖砂穿的地方，没有“刷尾”。产品刷边时必须注意以下问题：

①刷边的方向：特别注意有锉刀的产品刷边时一定要顺着锉刀的方向刷，有刷尾一定不能棱边垂直。

②刷边的位置：一般来说刷边多出现在产品凸起的地方、有锉刀或破坏等处，注意刷边呈断断续续、不完整的连接状态。

③抹油的浓度合适：刷边所用的抹油浓淡一定要合适。

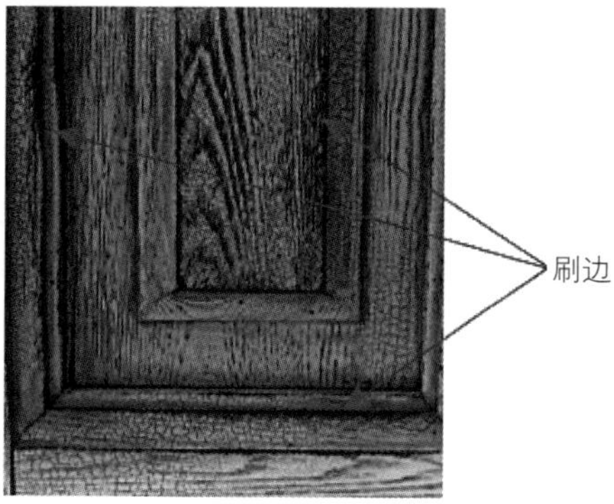

图6-17 刷边

④毛刷的选择合适：一般来说用于刷边、刷痕的毛刷以1寸的小毛刷为宜。

⑤刷边的操作方法：刷边的操作只是倾斜刷，断断续续的，刷尾不能太长。

我们所说的刷痕（干刷）包括：毛刷马尾的操作，刷边的操作，暗影的操作。

8. 灰尘漆

灰尘漆很多时候需要稀释，稀释时要注意稀释剂为松香水，如稀释剂用错很可能灰尘漆擦不干净；另外，稀释的浓度也要适当，过浓则可能出现灰尘漆断裂现象，过淡则达不到应有的仿古效果。

灰尘漆喷涂或刷涂时，前一遍面漆一定要确保干透，否则灰尘漆会无法擦干净；涂布灰尘漆后可上涂面漆，也可不上涂面漆，二者效果各异；灰尘漆上涂面漆后色相会有所变化；灰尘漆涂完后一般不要修色或多次喷漆，否则会影响仿古效果。

整理后注意吹净钢丝绒，灰尘漆用钢丝绒整理后会留一部分在沟槽里，所以一定要吹干净残余的钢丝绒后方可喷漆。

注意灰尘漆的取舍，根据产品的不同，灰尘漆有的要求是连续一致的，有的则为断断续续的。

涂灰尘漆后一般不要再修色或多次喷漆，在一定范围内修色或多次喷漆均会影响其仿古效果。

六、知识拓展

（一）工艺案例

1. 美式仿古白效果（一）

以实木、中密度纤维板为基材做美式仿古白涂装效果，如图6-18所示，涂装工艺流程见表6-2。

表6-2 美式仿古白涂装工艺（一）

施工条件	底材：实木、中密度纤维板。涂料：PU、NC。施工温度25℃，湿度75%以下			
序号	工序	材料	施工方法	施工要点
1	白坯打磨	砂纸	手磨、机磨	将白坯打磨平整，去污痕
2	封闭	PU封闭底漆	刷涂、擦涂	对底材进行封闭，3~4h后可打磨
3	打磨	砂纸	手磨	轻磨、清除木毛
4	PU白底漆		喷涂、可湿碰湿	均匀喷涂，5~8h后手工打磨
5	打磨	砂纸	手磨、机磨	彻底打磨平整
6	NC白底		喷涂	均匀喷涂，黏度16s
7	头度底漆	耐黄变底漆	喷涂	10s
8	打磨		手磨、机磨	320~400#彻底打磨光滑，无砂痕
9	擦拭格丽斯	NC格丽斯	手工擦拭	擦拭均匀，拉假木纹
10	耐黄变底漆	NC	喷涂	—
11	打磨		手磨、机磨	轻磨，光滑无砂磨痕迹
12	刷边	毛刷	手工操作	边缘凸起处，效果要柔和
13	耐黄变面漆	NC	喷涂	12s

2. 美式仿古白效果（二）

以中密度纤维板为基材做美式仿古白涂装效果，如图6-19所示，涂装工艺流程见表6-3。

图6-18 美式仿古白涂装效果（一）

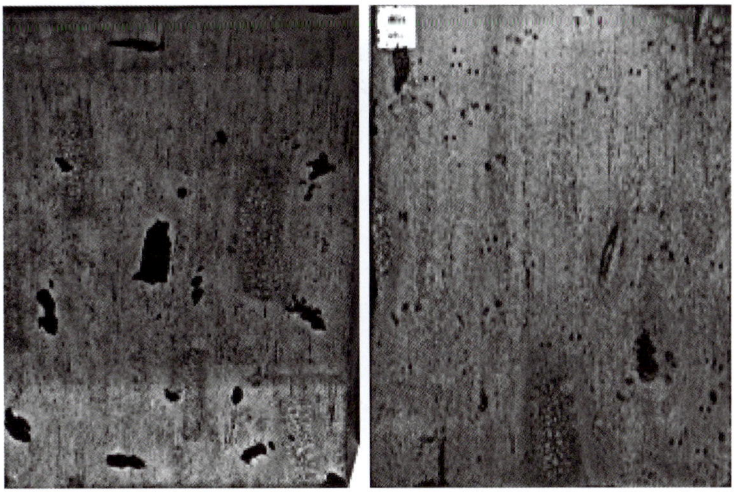

图6-19 美式仿古白涂装效果（二）

表 6-3　美式仿古白涂装工艺（二）

施工条件		底材：中密度纤维板。涂料：PU、NC。施工温度25℃，湿度75%以下		
序号	工序	材料	施工方法	施工要点
1	基材破坏	—	手工	虫孔、挖槽、锉边要自然
2	白坯打磨	砂纸	手磨、机磨	320#砂纸，彻底打磨平整
3	封闭	PU	刷涂、擦涂	对底材进行封闭，3~4h后可打磨
4	打磨	砂纸	手磨	轻磨、清除木毛
5	黑底漆	PU	喷涂、可湿碰湿	均匀喷涂，5~8h后手工打磨
6	打磨	砂纸	手磨、机磨	320#砂纸，彻底打磨平整
7	黑底	NC	喷涂	均匀喷涂
8	打磨	砂纸	手磨、机磨	320#砂纸，彻底打磨平整
9	造型漆		手工	注意布局
10	耐黄变白底漆	NC	喷涂	喷涂均匀
11	打磨	砂纸	手磨、机磨	400#砂纸，彻底打磨平整
12	透明底漆	NC	喷涂	10s，喷涂均匀
13	裂纹漆	NC	喷涂	裂纹呈长方形，注意裂纹的大小可以通过裂纹漆喷涂的厚度来调整；为了增强仿古效果，通常需要对裂纹漆进行部分磨穿，并通过后期的格丽斯加深颜色对比
14	打磨	砂纸	手工	把剥落漆部分油漆磨掉或刮掉，砂光把露出底色部分的四周边角磨光滑
15	耐黄变底漆	NC	喷涂	黏度12s，均匀喷涂
16	打磨	砂纸	手磨、机磨	400#彻底打磨光滑，无砂痕
17	擦拭格丽斯	NC格丽斯	手工擦拭	擦拭均匀，控制格丽斯的残留量
18	耐黄变底漆	NC	喷涂	黏度12s，均匀喷涂
19	打磨	砂纸	手磨、机磨	轻磨，光滑无砂磨痕迹
20	刷边	毛刷	手工操作	边缘凸起处，效果要柔和
21	甩牛尾	自制牛尾绳	手工	自然，不要做成“八”字型
22	耐黄变面漆	NC	喷涂	一分光，黏度12s，喷涂均匀

3. 美式仿古白效果（三）

以金属铁为基材、中密度纤维板为基材做美式仿古白涂装效果，如图6-20所示。

相同的仿古白涂装效果，选用不同的基材，涂装工艺会有所不同。以中密度纤维板为基材涂装工艺见表6-4，以金属为基材涂装美式仿古白工艺见表6-5。

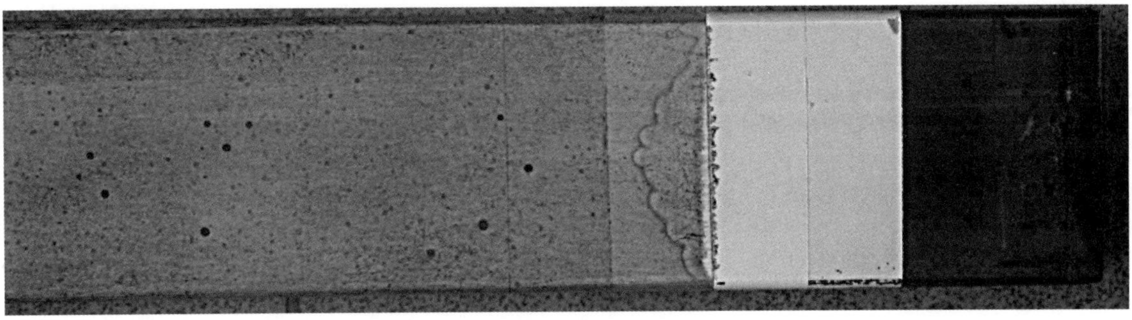

图6-20 美式仿古白涂装效果（三）

表 6-4 美式仿古白涂装工艺（三）

施工条件		底材：中密度纤维板。施工温度25℃，湿度75%			
序号	工序	材料	施工黏度	施工摘要	干燥时间
1	砂光清洗	240#	—	平整、去污	—
2	底材封闭	PU	—	均匀喷湿	3～4h
3	砂光	320#	—	轻砂，去毛刺	—
4	白底漆	PU	15s	均匀喷涂	4～6h
5	砂光	400#	—	平整	—
6	白底	NC	14s	均匀喷湿	30min
7	砂光	400#	—	轻磨，去颗粒	—
8	耐黄底漆	NC	14s	均匀喷湿	30min
9	格丽斯	NC	—	参看色样，留中等干净并擦拭均匀	30min
10	耐黄底漆	NC	14s	均匀喷湿	30min
11	砂光	400#	—	轻磨，无颗粒	—
12	干刷	格丽斯	—	参照样板	40min
13	耐黄面漆	NC	12s	均匀喷湿	30min
14	砂光	600#	—	—	—
15	喷点	天那水+色精	—	—	5min
16	耐黄面漆	NC	12s	均匀喷湿	1～2h

表 6-5 美式仿古白涂装工艺（四）

施工条件		底材：铁器。施工温度25℃，湿度75%			
序号	工序	材料	施工黏度	施工摘要	干燥时间
1	砂光清洗	240#	—	棱角砂圆滑，清除灰尘	—
2	防锈漆	主剂+稀料	—	—	40min
3	乙烯底	—	12s	均匀喷湿	40min

续表

序号	工序	材料	施工黏度	施工摘要	干燥时间
4	砂光	400#	—	轻磨，忌磨穿	—
5	白底	NC	14s	均匀喷湿	30min
6	砂光	400#	—	轻磨，忌磨穿	—
7	耐黄底漆	NC	14s	均匀喷湿	30min
8	格丽斯	—	—	参看色样，留中等干净并擦拭均匀	30min
9	耐黄底漆	NC	14s	均匀喷湿	30min
10	砂光	400#	—	轻磨，无颗粒	—
11	干刷	格丽斯	—	参照样板	40min
12	耐黄面漆	NC	12s	均匀喷湿	30min
13	砂光	600#	—	—	—
14	喷点	天那水+色精	—	—	5min
15	耐黄面漆	NC	12s	均匀喷湿	1～2h

4. 美式仿古白效果（四）

以木蜡油做简易美式仿古白，涂装效果如图6-21所示，涂装工艺流程见表6-6。

表 6-6　美式仿古白涂装工艺（五）

简易仿古涂装工艺		适用底材：实木或贴木皮等		温度：25℃	湿度：70%
工序		材料、施工配比（重量）	操作方法	干燥时间	施工要点 注意事项
基材处理	白坯砂磨	180～240#砂纸	机砂/手砂	—	去除木毛、污物等，打磨平整
基材着色	着色	色浆	擦涂	≥24h	均匀擦涂，与色板颜色一致
	砂磨	1000#海绵砂	手砂	—	打磨平整，切勿磨穿
	硬质木蜡油	—	擦涂	≥24h	擦涂均匀，多余木蜡油用布收干净
	打磨	1000#海绵砂	手砂	—	打磨平整，切勿磨穿
做效果	明暗效果	色浆	刷涂	≥24h	用毛刷做明暗、喷点、牛尾等效果
	砂磨	1000#海绵砂	手砂	—	打磨平整，切勿磨穿
面漆涂装	硬质木蜡油	—	擦涂	≥24h	擦涂均匀，多余木蜡油用布收干净
	打磨	1000#海绵砂	手砂	—	打磨平整，切勿磨穿
	硬质木蜡油	—	擦涂	≥24h	擦涂均匀，多余木蜡油用布收干净
	打磨	1000#海绵砂	手砂	—	轻磨颗粒，切勿磨穿
	上光打蜡	蜡液、抛光布	擦涂	≥4h	擦涂均匀，用力抛光

注意事项：
（1）木蜡油可薄涂多次施工，层间完全干燥，切勿一次性厚涂，以免产生慢干、附着力不良等弊病；
（2）如需木眼着色较深，可以增加1～2次着色，色浆添加量不能超过30%；
（3）木蜡油擦涂完毕后，如需要更加光滑，可以手工打蜡。

（二）封边工艺

美式涂装中，以中密度纤维板为基材，边部要进行封边处理。

1. 封边工序通用标准要求

（1）中密度纤维板（覆盖色、松木色）全部使用PU封边底漆封固。

（2）抽屉多层板使用NC封边底漆封固。

（3）封边工序PU涂装两遍底漆、两遍面漆；NC涂装三遍底漆、两遍BASE COAT。

（4）PU、NC涂料喷涂要求均匀一致，勿流挂或漏枪。NC涂装三遍底漆，喷涂勿厚，注意所有多层板应避免油漆堆积及起泡现象。

（5）砂光工序对产品的品质很重要，尤其第一道底漆后的砂光，使用240＃砂带，仔细操作，要求表面无粗糙、针孔、凹凸不平、砂痕等现象。

（6）NC封边底漆易沉淀，在使用过程中需不断搅拌。

（7）封边工序涂饰应设专人进行现场操作指导。

（8）为避免NC、PU漆误调或调配比例不符合要求等问题，要求在调色中心统一由专人调配，不允许在机械加工工段调配涂料。

（9）封边中心使用PU漆时，可根据实际用量，在调色中心领取，使用剩余的PU漆需退还调色中心，由调色中心专业人员进行稀释存放，待下次使用。

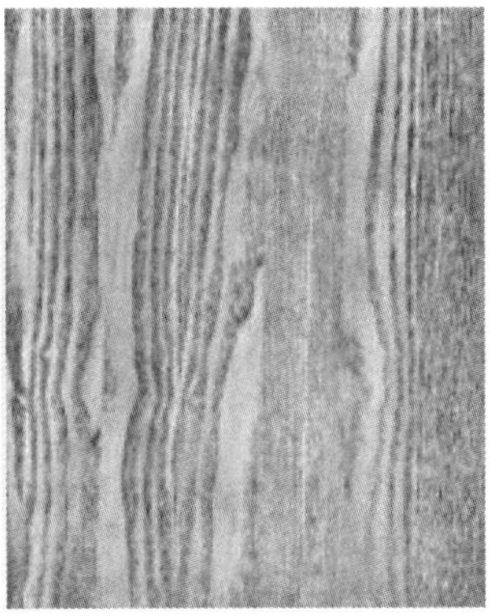

图6-21 美式仿古白涂装效果（四）

（10）调配人员必须按照正确的调配比例或秒数进行调配。

（11）要求必须使用规范的量具调配，以保证调配比例的准确性。

（12）封边涂料使用过程中必须加以防护，不可有任何污染现象。

（13）要求NC与PU涂料分开存放，更换涂料时必须将喷枪、泵清洗干净，以免混淆后发生反应。

（14）要求封边部位在涂装过程中做假木纹效果，与产品整体颜色及效果统一。

（15）要求严格对照标准色板进行生产操作。

2. 白边封边涂装工程工艺流程

白边封边涂装工程工艺流程见表6-7。

表6-7 白边封边涂装工艺流程表

产品编号 颜色编号			封边工序 所有颜色		产品材质 客户名称		所有材质 所有客户	涂料供应商 流程设计者
操作流程设计及工艺规范说明								
序号	涂装步骤	材料编号	材料名称	调配比例	干燥时间/min	人员设定	步骤说明	用量估算/(kg/m^2)
1	检查					1	需封边的产品零部件铣型时匀速轻砂，不可有刀痕、变形、裂缝	

续表

序号	涂装步骤	材料编号	材料名称	调配比例	干燥时间/min	人员设定	步骤说明	用量估算/(kg/m^2)
2	砂光		180#砂带			4	人工针对封边部位用180#砂带整体仔细砂光，要求表面光滑，不可有毛刺现象	
3	吹灰检查					1	人工用气管吹净灰尘，并进行仔细检查，需要修补部位进行修补，变形处进行处理，针对未砂好部位再次检查砂光，直至砂光良好	
4	砂光		240# 砂纸			4	人工用240#砂带锥体仔细砂光，要求表面光滑，不可有毛刺现象	
5	PU封边底漆（质量比）		PU主剂 2 PU底漆固化剂 1 PU稀释剂 1 PU底漆 10 PU固化剂 3 夏季性香蕉水 5		180～240（烘房）	1	人工整体均匀喷涂PU封边底漆一遍，喷湿，局部可补枪，不可有漏喷及流挂现象	0.12
6	砂光		240#砂纸			4	人工使用240#砂带，仔细砂光到位，将表面毛刺、针孔及凹陷等不良现象砂平整	
7	吹灰检查					1	人工用气管吹净灰尘，并进行仔细检查，需要修补部位进行修补，变形处进行处理，针对未砂好部位再次检查砂光，直至砂光良好	
8	PU封边底漆		同工序5		180～240（烘房）	1	人工整体均匀，喷涂PU封边底漆一遍，喷湿，局部补枪，不可有漏喷及流挂现象	0.12
9	砂光		240#砂纸			4	人工使用240#砂带，仔细砂光到位，将表面毛刺、针孔及凹陷等不良现象砂平整	
10	吹灰检查					1	人工用气管吹净灰尘，并进行仔细检查，需要修补部位进行修补，变形处进行处理，针对未砂好部位再次检查砂光，最后达到砂光良好	
11	BASE COAT有色底漆一（质量百分比）		白底漆 100（18s） 香蕉水80 有色底漆（根据颜色需要）		60～90（烘房）	1	针对封边部位均匀喷涂，勿漏枪及流挂，充分搅拌涂料。要求第一道BASE COAT后要安排专人进行检修，无白坯问题后方可喷涂第二遍BASE COAT	0.2

续表

序号	涂装步骤	材料编号	材料名称	调配比例	干燥时间/min	人员设定	步骤说明	用量估算/(kg/m^2)
11	BASE COAT有色底漆一（质量百分比）		PU白色底漆 100 耐黄固化剂 30 夏季性香蕉水 50 系列颜料 根据颜色需要≤30% 白色PU底漆 100 PU香蕉水 30 固化剂 20 系列颜料（根据颜料系列）≤5%或≤10%		60~90（烘房）	1	针对封边部位均匀喷涂，勿漏枪及流挂，充分搅拌涂料。要求第一道BASE COAT后要安排专人进行检修，无白坯问题后方可喷涂第二遍BASE COAT	0.2
12	砂光		240#砂纸			4	人工仔细砂光，表面光滑平整	
13	吹灰检查					1	人工用气管吹净灰尘，并安排专人进行检修，无白坯问题后方可喷涂第二遍BASE COAT	
14	BASE COAT有色底漆二		同工序11		60~90（烘房）	1	根据产品颜色需要将BASE COAT调配至18s，针对封边部位整体均匀喷涂，勿翻枪及流挂，充分搅拌涂料	0.2
15	砂光		240#砂纸			4	人工仔细砂光，表面光滑平整	
备注 PU稀释剂、香蕉水分冬季和夏季，要根据季节分开使用								
编制部门			生产管理部				使用部门	
确认签字			涂装技术工程师				涂装技术工程师	

3. 白边封边工艺操作标准

（1）规范适用范围　适用于所有要封边处理的产品零部件。

（2）标准工艺流程

①检查：需封边的产品零部件铣型时不可有刀痕、变形、裂缝。

②砂光：对封边部位用180#砂带整体仔细砂光，达到表面光滑，不可有毛刺现象，如图6-22（a）所示。

③吹灰检查：用气管吹净灰尘并进行检查，需要修补部位进行修补，变形处进行处理。

④砂光：用240#砂带整体仔细砂光，要求表面光滑，不可有毛刺现象。

⑤PU封边底漆：整体喷涂PU封边底漆一遍并均匀喷湿，不可有漏喷及流挂，在35~40℃烘房干燥3~4h。

⑥砂光：使用240#砂带仔细砂光到位，将表面木毛、针孔及凹陷等不良问题进行修整，如图6-22（b）所示。

⑦吹灰检查：人工用气管吹净灰尘，并进行仔细检查，修补不良。

⑧重复三步工序⑥、⑦、⑧。

⑨有色底漆两遍：根据产品色浆面漆对封边部位整体均匀喷涂两遍（见图6-23）。中间需仔细砂光并吹灰检查，勿漏枪及流挂，充分搅拌涂料，30～45℃烘房干燥1～1.5h。要求第一遍面漆后要安排专人进行检修，无品质问题方可喷涂第二遍面漆，参照标准件（见图6-24）。

（3）操作标准规范　砂光对产品的品质标准很重要，尤其第一道PU底漆后的砂光，仔细操作，要求表面无粗糙、针孔、凹凸不平、砂痕等现象。

①白坯封边工序涂装必须设专人进行现场操作指导。

②为避免误调或调配比例不标准，封边涂料需统一由专人调配。

③调配人员必须执行正确的调配比例或秒数进行操作，规范使用量具。

④封边中心根据实际用量在调色中心领取，使用剩余的涂料需退还调色中心，由调色中心专业人员进行处理。

⑤封边班组必须对照确认的封边颜色标准件进行生产操作。

（a）

（b）

图6-22　砂光

（a）180# 砂带整体仔细砂光　（b）PU 底漆后 240# 砂带整体仔细砂光去木毛

图6-23　喷涂PU封边底漆

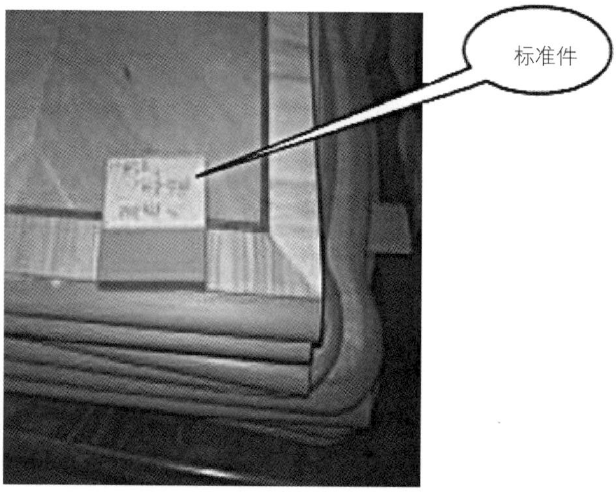

图6-24　标准件

⑥封边涂料在使用过程中必须加以防护，不可有任何污染。
⑦封边班组在涂料使用中和使用前必须充分搅拌均匀。
⑧涂装工段在涂装过程中对封边部位需要做假木纹效果，与产品颜色及效果统一。
⑨涂装工段严格对照封边颜色的涂装标准件进行生产操作。

思考与练习

1. 基材破坏处理常见类型及其所用破坏工具有哪些？
2. 格丽斯如何调配？
3. 简述擦拭格丽斯的操作方法、材料、施工注意事项。
4. 打干刷的作用及部位。
5. 自制牛尾绳，在甩牛尾操作时应该注意什么？
6. 何时需要拉明暗效果？操作时注意事项有哪些？
7. 灰尘漆有何作用？如何调配？喷涂部位有哪些？整理灰尘漆时注意什么？
8. 做仿古白涂装工艺为何要选择耐黄变漆？说明理由。
9. 参照图6-25，编写仿古白涂装工艺流程。

图6-25 美式仿古白样板

第二节　美式透明涂装

知识目标

了解美式涂装常用木器涂料的性能、储存条件、成膜机理、工艺特点。

了解底色、格丽斯、喷点、修色剂等着色剂的调配方法和工艺要点。

理解家具企业涂装工段的安全生产、涂装材料的管理要求和常识。

理解美式涂装所用基材的种类、特性。

掌握常用美式涂装基材处理的方法、所用工具和材料。

掌握基材处理时易出现的缺陷产生的原因及解决对策。

掌握美式涂装打干刷、刷边、拉明暗线的操作要领。

掌握美式涂装拍色、喷点、涂装灰蜡、擦涂水蜡的操作要领。

掌握底面漆涂装的方法、所用工具、设备及施工要领。

掌握美式涂装易产生的涂装缺陷、缺陷产生原因及其解决对策。

掌握涂装成本的计算方法。

能力目标

能根据家具基材种类、涂装效果、涂装成本、施工条件、环保要求等合理选用涂料、施工方法、工具，编写施工方案。

能独立完成基材处理、漆膜打磨施工作业。

能正确使用和维护常用工具和设备，独立完成底、面漆涂装。

能对家具表面缺陷进行准确分析，提出解决措施，进行修补。

能根据客户需求制定涂装工程方案，核算综合成本。

能较准确调配底色、格丽斯、拍色、喷点、修色剂等着色剂颜色。

根据工艺方案要求，能合理拍色、喷点、适量修色。

能合理进行擦涂格丽斯、拉明暗、甩牛尾操作。

能分析产生的涂装缺陷，提出解决对策。

能独立调配底、面漆和灰蜡，并均匀喷涂。

能借助工具书查阅技术资料，自我学习，独立思考。

能自我管理，有安全生产意识、环保意识和成本意识。

工作中能与他人协作共事，沟通交流。

一、任务介绍

别具风格的美式涂装是当今家具装饰上的一大突出特点，指适合欧美等使用并在这些地方风行的家具涂装技术，涂装采用的涂料几乎都是硝基漆（NC）系列产品。美式涂装工艺不仅要求严格的品质控制，而

图6-26 产品

且要求严谨的生产程序，是一种细致严谨、技术高超的涂装工艺，透明着色作业精细严格，其对层次分明、富立体感的效果要求很高，特别是欧式家具中所没有的“布印”“牛尾痕”“苍蝇点”等做旧处理。美式涂装色彩常以单色调为主，纯朴自然，清新雅致，表面涂装的涂料也多为暗淡的亚光，希望家具显得越旧越好。以仿古为特点的美式家具，表现出了人们对历史的怀旧以及追求浪漫生活的情结。本任务学习美式透明涂装，如图6-26所示。

二、学习内容

（一）美式透明涂装工艺

基材破坏处理→白坯打磨→素材修色→一道底色→二道底色→胶固底漆→打磨→擦拭格丽斯→抓明暗→透明底漆→甩牛尾、喷点、打干刷→透明面漆→灰尘漆→透明面漆。

（1）基材破坏处理　模仿家具在长时间使用过程中留下的磕碰、划伤、虫蛀等痕迹，根据工艺效果要求，做相应的破坏处理。

（2）素材修色　调整素材的颜色差异，统一颜色，根据需要可以选择红水或绿水。

（3）底色　底色可以做一道或两道，选用不同着色剂分两道完成可以很好地控制产品整体底色。常用的着色剂有：不起毛着色剂、杜洛斯底色、渗透性着色剂。

（4）胶固底漆　起到“胶固”作用，保护底色，用封闭程度来控制仿古漆的残留量，所以在木材横截面（产品端面）处，要在端头胶固。

（5）胶固打磨　要整体打磨均匀，对下一步格丽斯的擦涂均匀性至关重要。

（6）抓明暗　擦涂格丽斯后抓明暗，使产品颜色呈现出明暗对比的层次感。

（7）喷点　模仿“苍蝇”的痕迹，以增强产品的仿古效果。

（8）打干刷　增加产品陈旧沧桑感。

（9）甩牛尾　模仿马或牛的尾巴扫过家具后留下的痕迹，以加强产品的仿古效果和艺术性。

（10）灰尘漆　模仿产品凹陷处聚积灰尘或发霉的效果。

扫描二维码，观看视频美式仿古工艺流程。

美式仿古工艺流程

（二）重点内容

如何更好地体现美式涂装工艺的仿古效果?

1. 基材破坏处理

根据工艺要求，做出相应的破坏类型。

2. 底色

素材颜色调整后，按分层色板来控制底色。

3. 擦涂格丽斯

控制格丽斯的残留量。

4. 抓明暗

明暗线的大小分布，明暗线如何做到柔和自然。

5. 打干刷

注意打干刷的部位，如何做出阴影效果。

6. 喷点

喷点的大小和分布。

7. 甩牛尾

体现仿古和艺术性。

8. 灰尘漆

在产品哪些部位做出聚积灰尘或发霉的效果。

三、应用案例

餐桌、餐椅等木家具，木门、木楼梯，卧室套装，包括床、床头柜、梳妆台、多屉柜、电视柜、衣柜、多用柜等，客厅套装，书房套装。

四、知识准备

（一）工作安全

（1）严格遵守工作、防火和防毒操作规则。

（2）操作过程中要穿劳保鞋和工作服，戴护目眼镜和橡皮手套。

（3）手工擦涂格丽斯、打干刷施工时，房间通风良好，但一定避免开窗户通风。

（4）涂饰底、面漆时严禁吸烟、明火。

（5）喷涂涂料时戴防毒面具，在喷涂室内操作。

（6）溶剂、涂料残留液倒入预设的废料容器。

（7）溶剂接触皮肤后，接触处立即用热水清洗并涂抹护肤剂。

（8）避免吸入溶剂蒸气。

（二）材料

1. 素材修色剂

绿水是用于素材调整的一种浅绿色或黄绿色的修色剂，如喷涂于红色木材部分，使木材显现出棕色或淡灰白的中性颜色。

红水是用于素材调整的一种浅红色或红棕色的修色剂，如喷涂于白色、浅白色、青色或黑色木材部分，使木材显现出浅红色或红棕色。

2. 底材着色材料

（1）不起毛着色剂　用各色染料加到不起毛着色剂、稀释剂里调配而成，多为酒精性质，常用于美式涂装的底层色喷涂。其性能特点是不膨胀木毛，可渗入木材表层、内部而显现出非常好的透明度。

（2）杜洛斯底色　由杜洛斯主剂加入染料或颜料调配而成，是一种较为常用的底色漆，可以单独对底材进行底着色，喷涂施工，也可以和不起毛着色剂相结合，用于不起毛着色剂之后喷涂。其性能特点：染料型杜洛斯底色颜色渗透性强，透明度高，能更好地展现木材纹理；颜料型杜洛斯底色具有柔和的透明底色格调，可掩饰一些木材颜色差异的变化，涂装效果较朦胧。

（3）渗透性着色剂　用渗透性溶剂加入专用色浆和少量仿古涂料颜料色浆而成，可以单独对底材进行底着色，也可以和不起毛着色剂相结合，用于不起毛着色剂之后的喷涂。其性能特点是可使木材导管突显金黄色或青棕色，让导管颜色更为突出；主要用于加深木材纹理的清晰性，增加层次，常用于深木眼底材。

3. 胶固底漆

胶固底漆又叫头道底漆、洗涤底漆，常用的是由NC透明底漆与天那水按一定比例稀释、调配而成，也有水性胶固底漆，黏度通常为9～12s。胶固固体含量较低，固体物的含量为3%～12%，通常用于头度底漆和整体着色中，稳定木材纤维，胶固要以打磨辅助。胶固的第二个作用是控制“吸收”，防止在填充时混色。

4. 木材填充剂

木材填充剂有两种功能：填充管孔，营造平滑表面；显现产品纹理，增加美感。填充是涂装中的一个重要环节，若填充不当会在以后的涂装环节中造成许多问题。

填充剂为胶状，使用时应用溶剂稀释。家具业中通常稀释填充剂的方法是：1份填充剂配1份溶剂（3份石脑油配1份烃类溶剂）。填充剂应在恒温下稀释后充分搅动，防止沉淀。

5. 格丽斯

格丽斯又叫仿古漆，是一种半透明的颜料着色剂，通常作为美式涂装的中层色。可擦涂、刷涂、喷涂、打毛刷、抓明暗；可用来制作其他各种仿古效果，如假木纹、牛尾、刷边等。

6. 底漆

家具涂装中底漆固形物的含量为15%～25%。底漆是面漆前的涂装调节过程，在多数涂装系统中，底漆中用到的研磨较多。底漆通常在木材打磨并填充、干燥后进行。格丽斯或面漆通常在底漆之后涂装。

尽管多数家具底漆的配置与硝基纤维素涂料相似，为增加涂膜手感与附着力，有些底漆还需加入乙烯基树脂。

7. 面漆

最后完善涂装系统的透明涂膜通常称为面漆，选择面漆要依据其物理特性、适应性和成本。面漆涂料的用量占绝大部分，溶剂挥发型面漆在喷涂到产品表面后通过溶剂挥发形成涂膜。硝基面漆保护并增加产品的手感，它们必须具有易抛光性、耐水性，且硬度高。

（三）工艺过程

1. 涂装通用标准要求

（1）门及敞开式结构柜类产品内侧包括背面贴皮部分与外侧的颜色整体涂装效果一致。

（2）门内侧与外侧颜色要按正常工序涂装要求颜色一致。

（3）产品的脚底部不得污染，脚底垫块必须大于脚底，防止脱落。

（4）所有中密度纤维板用胶固底漆封边的产品要求封边颜色要与所需涂装产品颜色相似，产品涂装后要做出假木纹效果。

（5）产品边角直棱，直角在做破坏处理时应做倒圆处理，不能刺手，防止砂光研磨砂穿。

（6）门夹、磁碰、合页在涂装时及涂装后应保持干净，尤其是擦涂格丽斯处。

（7）不喷涂颜色的抽屉内侧要求用自黏膜将整个抽屉包括后板完全裹紧，防止涂装污染。

（8）在涂装前，节疤处必须涂节疤油，且均匀一致。

（9）产品的背板背面禁止有任何污染，喷涂底色的颜色一致。

（10）产品的底部线条下的颜色与整体颜色一致。

（11）产品脚部四周要求颜色一致。

（12）抽屉面板边的颜色要与抽屉面颜色一致。

（13）产品内侧颜色一致，手感光滑。

（14）内镶式抽屉面四边、门框四边及内面应与外侧做相同涂装。

（15）产品的工艺沟及破坏处理处不得露白。

（16）产品的饰条颜色要求与整体颜色一致。

（17）做破坏处理产品的木拉手，要做少量的破坏处理，颜色效果与整体一致。

（18）产品背面外露刨花板都必须涂深色格丽斯，且颜色均匀。

（19）产品的每道砂光打磨都必须仔细到位，包括柜体内部等部件。

（20）底、面漆都必须在喷涂中不断地均匀搅拌，以确保颜色亮度的一致性。

（21）底色格丽斯擦拭在喷涂中必须不停地搅拌，尤其是有白色颜料成分的底色，以避免因部分颜色的沉淀而导致产品颜色差异。

（22）颜色必须按标准色样，准确、认真调制，按涂装确认表操作。

（23）底、面漆黏度、亮度及生产工序必须按照涂饰工程确认表操作。

（24）产品的搁板（包括双面贴松木皮的搁板）要求按正常工序涂装；背面贴杂木皮的搁板做底色和底漆，并保证保持手感良好。

（25）橱柜的整体喷涂方法是先喷外侧，后喷内侧，可保证其手感及整体效果。

（26）要求所有的产品在喷涂完成后要统一面向操作者的方向。

（27）产品在喷涂完成后要摆放整齐，特别注意门、抽屉，防止碰划伤或掉落。

（28）产品的铁滑轨前端塑料端头及抽屉上速滑片要求干净无污染。

（29）经过确认的涂装工程确认表任何人不得任意更改，如有异议需填写工程更改申请表，经涂饰工段长及生产部主任确认后交企划部，企划部下发工程更改通知后方可执行。

（30）要求操作者认真学习，领悟所做产品的工艺要点及要求，明白涂装工程表，并针对各自操作的工序充分理解及掌握。

2. 破坏处理

家具基材表面的破坏处理更能体现使用留下的痕迹，体现自然的仿古效果。美式涂装的基材表面经过检修后，进行常见破坏处理，如图6-27和图6-28所示，然后修色处理，使基材表面达到基本的仿古底蕴。

虫孔、敲打、锉刀痕在上一节已经介绍，此处不再讲述。

（1）倒角、倒边　倒角、倒边是仿产品在长期使用或存放过程中被风蚀、风化后留下的痕迹，产品年代久远，圆边、圆角被风蚀、风化成光滑的无棱角现象，或者说被人经常触摸后留下的磨损痕迹，多见于凸起的边、角等处。注意事项如下：

①倒角、倒边位置：多在产品的角、棱等处，并且经常被人触摸的地方更重一些。

②程度：根据产品的不同，其倒角、倒边的程度也不同。

（2）铁锤痕　铁锤痕是用铁锤倾斜一定的角度敲打后留下的痕迹，它主要是仿产品长期使用过程中被压伤或其他器物掉落下来砸伤的痕迹。注意事项如下：

①敲击的轻重：敲击时注意力度的轻重，因为敲击的力度直接决定铁锤痕的深浅程度。

②敲击的数量：包括铁锤的数量，一件产品上做几处敲击痕，还包括铁锤痕是单个的还是两个并列的。

③敲击时的倾斜度：敲击的倾斜度直接决定铁锤痕的形状。

④尽量针对产品有缺陷的地方。

⑤铁锤痕的位置分布。

（3）五角钉、梅花印　五角钉破坏也称硬物体破坏，梅花印也称“十”字印，这是一类特殊的专用破坏，主要仿产品在长期使用过程中被一些尖锐的、有一定形状的器物砸伤后留下的痕迹。注意事项如下：

①注意破坏分布的位置及数量。

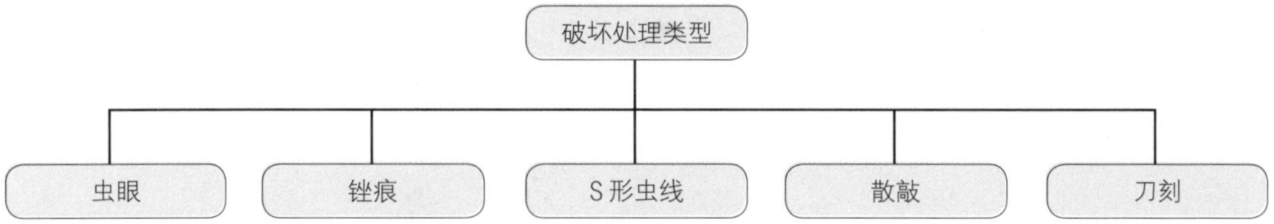

图6-27　基材破坏处理类型

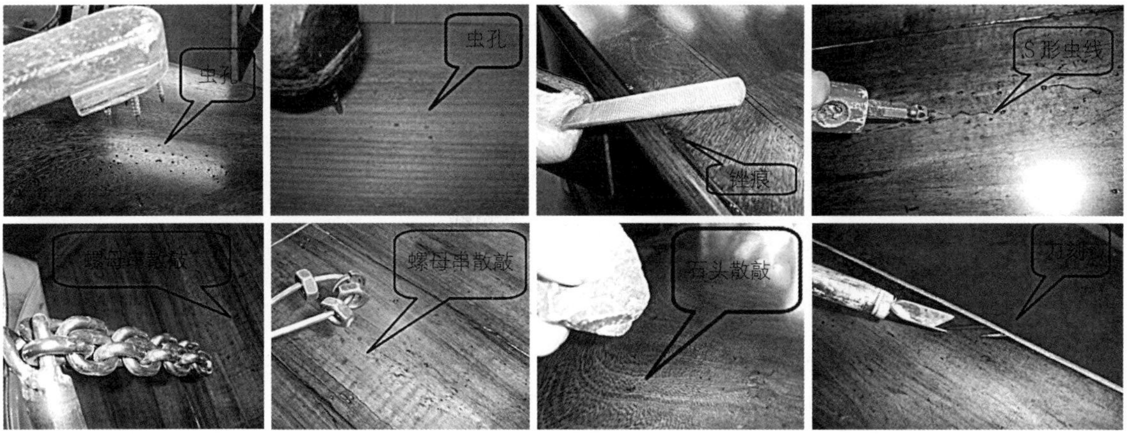

图6-28　常见基材破坏处理

②破坏的轻重及深浅程度。

（4）螺杆破坏　螺杆破坏是仿产品在长期使用过程中被一些带螺纹形的硬物体压伤或掉落摔、砸伤后留下的痕迹。注意事项如下：

①螺杆的使用：螺杆破坏既可以用螺帽敲，也可以用螺杆敲。

②尽量针对产品有缺陷的地方。

③螺杆痕的数量：这里需要注意的是我们应该对工具进行简单的加工，一般来说螺牙以4～6个为宜，我们可保留6个螺牙，将其余的螺纹磨平，破坏时将工具适当地倾斜一定位置可达到应有的效果。

（5）铁钉马尾、蚯蚓痕　白坯铁钉马尾痕也称划痕，它仿产品在使用过程中被划伤、刮伤后留下的痕迹；蚯蚓痕是仿产品在长期使用或存放过程中被虫蛀、虫蚀、虫爬过后留下的痕迹。注意事项如下：

①大体上顺木纹方向（铁钉马尾痕不一定，蚯蚓痕一定顺木纹方向）。

②形状自然、灵活：马尾略呈半月形，蚯蚓痕无规则的形状，形似蚯蚓爬过后的伸缩形状。

③注意深浅程度：划痕有较细的铁钉尖划的马尾痕，也有锉刀柄划的较粗的划痕；蚯蚓痕的长短、大小、深浅也要形象、自然。

④长短位置要适当（尽量不要分布在木心处）。

⑤破坏的数量：一件产品大体上要划几处破坏有一定的范围，太少则达不到应有的仿古效果，太多则显得零乱、不自然。

⑥尽可能针对产品有缺陷的地方。

⑦避开产品的节疤、拼接线等处。

田园风格的家具可能需要锉边并用石块划痕。一套正式的家具只需做小面积的散敲。一个梳妆台的台面上三四道6in的划痕就是一个错误。抽样检查（不在第一道面漆使用）将有助于使涂装更加一致。

扫描二维码，观看视频基材破坏处理，了解破坏类型及破坏处理注意事项。

基材破坏处理

3. 素材修色

在家具制造过程中，经常会将不同颜色或不同树种的木材搭配于同一产品，形成白坯素材的颜色差异，进行油漆涂装时要将这些颜色有差异的木材统一起来，这个统一木材颜色的过程便是白坯修色。木材的种类及颜色差异，涂装主要考虑的是产品的颜色。木材的颜色大致分为三类：以红为主的红色木材（包括深红、浅红、红），中性色木材（包括浅白、灰白、白）和青色木材（包括青白、青黑、青等）。进行素材调整要注意可以根据底材颜色要求进行局部喷涂或局部加重喷涂红水和绿水；以较大面积的底色为准，调整小面积的颜色至接近。

白边漆红水是用于素材调整的一种浅红色或红棕色的修色剂，一种由染料或染料与颜料混合而成的色漆，如喷涂于白色、浅白色、青色或黑色木材部分，使木材显现出浅红色或红棕色，注意较白的部分根据需要加强喷涂，使整个产品的白坯颜色一致为原则。白边漆根据产品需要可调配为红棕色、浅红色等。

等化漆绿水是用于素材调整的一种浅绿色或黄绿色的修色剂，喷涂于红色木材部分，使木材显现出棕色或淡灰白的中性颜色，使整个产品的白坯颜色基本一致。等化漆绿水主要有青绿水、黄绿水。

注意事项如下：

（1）浓度　白边漆、等化漆在使用时应特别注意其浓度，根据产品着色的需要统一调配。

（2）充分搅拌　油漆中的珍珠粉易沉淀，注意经常搅动。

（3）喷涂次数　白坯修色时应根据产品颜色的需要来决定喷涂次数。

（4）辅助色的调配　注意辅助色的配加比例。

（5）修色剂　注意修色剂也可作产品底色使用。

（6）修色材料　同种产品的修色材料最好统一调配，中途不要变换。

4. 底色

（1）不起毛着色剂　使用不起毛着色剂时要注意：一是大面喷涂要均匀；二是喷涂方式可分为轻湿、中湿和重湿，喷湿程度的不同对色彩渗透程度和最后的颜色效果有一定影响；三是注意不要喷得太湿，以免产生底色开花现象。

（2）杜洛斯底色　使用时要注意均匀喷涂，喷涂方式通常可分为轻湿、中湿和重湿等，喷湿程度的不同以及杜洛斯主剂的干速对色彩渗透程度和最后的颜色效果有一定影响；注意不要喷得太湿，以免产生底色开花现象；颜料型杜洛斯底色使用前注意均匀搅拌；如需要，喷涂前可加入少量的NC涂料调配，以便于对色。

（3）渗透性着色剂　使用渗透性着色剂时，要注意全面均匀喷涂；喷涂方式通常可分为轻湿、中湿和重湿等，喷湿程度的不同对色彩渗透程度和最后的颜色效果有一定影响；注意不要喷得太湿，以免产生底色开花现象；注意不可用于底漆或有色底漆之上，否则会导致附着力不良；使用前注意搅拌均匀。

5. 胶固

（1）端头封固　使产品端头做出清晰、均匀的涂装效果。

①产品铣型后端面及端头的纹理处做。

②为达到木纹清晰效果，在铣型处涂胶固或底漆。

③要防止喷涂过量，否则会影响木纹的清晰度，并且会使软质木材（松木、枫木）不能充分吸收擦拭剂。

（2）材面胶固　封固底色并为下道工序做准备，稳定产品材质纤维及导管。

①此环节依然需要连续喷涂并且要喷涂均匀。

②不要忽视发黑的木纹（特别是软质木），要加大喷涂量。

③为了使胶固后的产品能充分吸收擦拭剂，要根据温度及湿度的变化调节胶固的黏度。

④仔细检查胶固的喷涂程度，使之符合打磨后的产品能充分吸收擦拭剂的要求。

⑤木材表面组织密度不均匀，擦拭着色会产生不均匀的前处理。

6. 胶固研磨

胶固研磨可为擦拭提供良好的效果。

平面最容易研磨砂光，因此它们的研磨效果也最好，而产品铣型处的留有粗糙边缘的痕迹最需好好研磨砂光。胶固研磨非常重要，因为它决定从第一步涂装到最后形成平滑涂膜。全过程，应按排足够的人员担任此研磨工作。如果研磨工作敷衍了事，不但会影响色彩，而且会使喷好的底漆显得很粗糙。

7. 刷填充剂

刷填充剂可为擦拭提供清晰均匀的涂装。

要求选定区域能充分吸收填充剂且不至于在随后的擦拭中使产品变黑或变脏。填充剂只在指定区域使用，不精心的喷涂会使在不需要使用填充剂的部位产生不必要的麻烦。

8. 擦拭

依据色板定色及填充木材导管，呈现木纹效果。擦拭要达到一定的程度防止漏涂发白，如：工艺缝书架工艺沟，外露的夹角。产品经过胶固与正确研磨后做擦拭一般可使木纹纹路清晰，色彩均匀。第一道擦拭使擦拭剂渗入木材导管中，操作者要对木纹纹理、材质多加留意，防止木材产品变黑。做最后的擦拭工作，使产品颜色与色板一致。品检员可检查所有的擦拭是否擦拭均匀。

9. 明暗线

明暗线是“层次”的意思，是在产品着色过程中用钢丝绒（通常用型号#0000）按一定的规律抓出一些颜色较浅的部分，使产品颜色呈现出明暗对比的层次感。明暗线可增加产品木材纹路与整体效果的层次感。

应明白做何种特殊效果（针对产品特点）。用砂纸打磨可增加产品亮度，钢丝绒能形成柔和的效果，注意不要用力过度。明暗对比技艺非常重要，操作者应在产品上寻找并圈出（可发挥想象的部位如：节疤、木纹边缘等），明暗线增加了产品的层次感、鲜明感、立体感。一定要对比样品和确认颜色的明暗效果进行生产。

10. 底漆

为喷涂面漆做准备，底漆比面漆要稠，良好的底漆涂装是为面漆的成功涂装打基础，良好的喷涂技巧和底漆的均匀喷涂尤其重要。增加涂膜的附着力，封闭擦拭剂。增强涂装效果，建立厚的涂膜层，可多次喷涂，并容易砂光。

11. 底漆砂磨

增加涂装效果，为面漆涂装做准备。选择适当的砂纸彻底砂光，消除影响涂装的缺点，使涂装件表面光滑及提高密着性。底漆涂膜的砂光，采用砂光机在产品表面操作，避免逆向砂光。某些部位无法进行机器砂光，必须采用人工砂磨，应顺木纹方向砂光。砂光的技巧应加以重视。

12. 喷点

点多为黑色、深咖啡色，它是一种透明或不透明的着色漆，国外俗称“苍蝇黑点”，它主要仿产品在长期使用过程中苍蝇停在产品上并排出的粪便或一些有色物溅落在产品上留下的痕迹，它是仿古效果较强的一道工序。

点的种类按划分的方法不同而不同，有大小、疏密度、浓淡、形状之分，也有颜色之分；一般来说，按其稀释剂的不同可分为酒精点（多为布印点）、松香水点（抹油点）、天那水点。

（1）酒精点　酒精点多为布印或修色水点，这类点有一个显著的特点就是点大一些时中间颜色浅，四周颜色深，其形成的原因主要是酒精挥发较快，并且具有扩散的特点，当酒精性质的点喷到产品上后迅速向四周扩散并挥发而形成的。

（2）松香水点　松香水点一般指抹油点，这类性质的点有一个显著的特点是点喷好后可以擦掉，并且不会影响产品的前段涂装，这类性质的点喷好后一般要求喷一道底漆或面漆来加强保护。

（3）天那水点　天那水点多为色精调配点，这类点的使用最多，其特点是喷到产品上干后擦不掉，并且不会向四周扩散，呈一个圆圆的色点。这类性质的点弄掉后会损伤前段涂装，所以喷这类点要很小心。

喷点注意事项如下：

（1）喷枪的调节　喷点需用上壶枪，先将幅度调至合适的位置，再将油量调至最小范围，再合理调节油量（根据点的大小合理调节）。

（2）先试喷　先在其他地方试喷，无误后再往产品上喷，并且注意先在产品的立水、腿等次要部位喷，确实无误后再喷产品的主要位置。

（3）点的颜色、大小、疏密度的控制　喷点时注意点的颜色和浓淡一定要符合标准，再看喷出来的点的大小及疏密度是否合适，大小的标准是色板标准的最大点和最小点之间的范围。

（4）喷点的位置　点一般在底漆前或两次底漆间喷，但根据点的浓度和需要可以适当改变，但必须在最后一道面漆前喷好。

（5）注意点的变形　有些涂膜要求较高的产品，注意点喷好后的变形情况，一般表现为刚喷上去比较好，过一段时间后点变成长条形。

13. 牛尾、刷边

牛尾也叫马尾，它主要仿马或牛的尾巴扫过产品后留下沧桑的痕迹。它的操作是甩或扫过后留下的较自然的痕迹，不是画出来的呆板的线条；刷边是仿较脏的布擦过桌子后留下的痕迹，多在产品的破坏处，凸起的地方，并且是断断续续的呈一定的倾斜角度，马尾和刷边是仿古效果较强的一道工序。扫描二维码观看视频了解甩牛尾。

甩牛尾

仿制古董家具表面，有深色、浅色细长条似牛尾模样的痕迹，增强产品的仿古效果，提高产品的价值观。具有艺术感、增强产品的仿古效果、掩饰产品的缺陷等特点。

马尾按材料分有蜡笔马尾、抹油马尾和专用马尾；按数量分有单条马尾、双条马尾和鸡爪马尾；按操作方法分有画（蜡笔马尾）、甩（抹油马尾）和刷。

（1）蜡笔马尾　蜡笔马尾是由颜料制作而成的蜡笔画出来的马尾，我们常用的蜡笔有黑色和棕色两种，根据产品的不同分别画出短粗或细长、呈半月形的马尾，这类马尾在操作时注意以下几点：

①尽量针对产品有缺陷的地方，力求掩盖产品的缺陷处。

②大体上分布均匀且注意对称。

③尽可能避开产品有节疤的位置。

④注意马尾的形状略呈弯形，并且收尾越来越细，直至消失。

（2）抹油马尾　抹油马尾使用较广泛，它包括钢丝绒画出来的马尾和毛刷刷出来的刷痕，这类马尾的操作有一个显著的特点是甩、刷，而不是画，属这类马尾的产品很多，其中钢丝绒马尾是用钢丝绒拉成一条或两条细绳，用胶纸缠好制作而成的工具或特殊的鸡毛，再用此工具蘸适量的抹油在产品上甩出来的，毛刷马尾一般用1寸的毛刷或其他毛刷两端蘸适量的抹油刷出来的，这类马尾操作时注意以下问题：

①工具是否合用，纤维绳的长度约为1.5cm，粗细合适，毛刷是否用1寸的，太宽的不好用。

②抹油的深度适中，太浓或太淡仿旧效果差。

③尽量针对产品有缺陷的地方，起到掩饰的作用。

④避开产品有节疤的位置。

⑤马尾的粗细、长短及其分布合理，钢丝绒马尾长短范围为0.8～2.5cm，同一产品上要长短分布。

⑥马尾特别注意方向性，同一产品上马尾的方向不能相同，特别是毛刷马尾，要自然交错；抹油马尾还有一类很特别的就是鸡爪尾，它是仿鸡爪在产品上走过后留下的痕迹；它的工具是用纤维绳或小的碎布条及纹胶纸做成的，操作时，用做好的工具蘸适量的抹油，然后在产品上来回转动而甩出来的细小的鸡爪痕，这类马尾痕注意依色板做，甩出来的痕迹适中。

（3）专用马尾　这类产品的马尾材料是一种专用的色母，而不像其他产品用抹油，并且它本身具有一些特性，这类马尾在操作时注意以下几点：

①色母的浓度合适，过浓时用松香水冲稀。

②制作的工具一定要合适好用。

③马尾的条数是单条的还是双条并列的，要分清楚。

④马尾的粗细、长短依色板。

⑤注意马尾的方向交错，分布合理。

⑥一次性做好，这类马尾甩在产品上略有膨胀且较难擦净。

（4）铁钉马尾　还有一类马尾属白坯马尾，它是用锉刀的柄或铁钉将尖磨圆后划出来的，这类产品的马尾呈半月形，长短不一，粗细各异，并且有不可更改的特性，操作时注意以下几点：

①不可更改性，这类马尾划在产品上后，没办法直接更改。

②避开产品的节疤处。

③尽量针对产品划伤、划痕等有缺陷的地方。

④注意马尾长短、粗细及深浅合适。

⑤注意其分布合理。

（5）刷边　刷边同毛刷马尾不一样，毛刷马尾一定会有一定长度的"尾巴"，分布位置多在产品平面各处；刷边则是用毛刷沿被刷物棱边45°左右的倾斜方向刷出很短的"刷尾"，一般在5mm以内，多出现在产品的凸起处、锉刀处或破坏等。刷边的主要作用是增强产品的仿古效果，可以掩饰砂穿的地方。我们所讲的刷痕（干刷）包括：毛刷马尾的操作，刷边的操作和暗影的操作。刷边与砂穿整理的区别是刷边一定会刷出"刷尾"，砂穿整理则只是掩盖砂穿的地方，没有"刷尾"。产品刷边时必须注意以下问题：

①刷边的方向：特别注意有锉刀的产品刷边时一定要顺着锉刀的方向刷，刷尾一定不能棱边垂直。

②刷边的位置：一般来说刷边多出现在产品凸起、有锉刀或破坏等处；注意刷边呈断断续续、不完整的连接状态。

③抹油的浓度合适：刷边所用的抹油浓淡一定要合适。

④毛刷的选择合适：一般来说用于刷边、刷痕的毛刷以1寸的小毛刷为宜。

⑤刷边的操作方法：刷边的操作只是倾斜刷，断断续续的，刷尾不能太长。

14. 干刷

干刷是为了进一步在产品颜色上增加产品的古旧与沧桑感。干刷通常采用油性物质，如格丽斯。干刷工具最好采用质量好的毛刷，它们在产品的边缘营造出调和的效果。干刷要实现产品的破坏处理，并要在整体涂装中达到自然过渡的效果。

15. 面漆

面漆可增加涂膜保护层，显示产品的质感。第一道面漆的干燥时间对加强漆膜的稳定性最关键，如果漆膜不完全干燥会在随后的打磨过程中使涂膜遭到破坏。产品的面漆涂膜效果的流平性可增加产品的涂装亮度与透明度。

16. 灰尘漆

为了增强产品的古旧感仿古效果，有些产品在沟槽、破坏等处还需一道仿古漆，以仿效产品使用时间久远、沟槽里聚积灰尘或发霉，故称之为灰尘漆或发霉漆，也有称为灰蜡。注意事项如下：

（1）灰尘漆可局部、全部采用刷涂或喷涂，多为局部漆，主要针对产品的破坏处、沟槽处等刷涂，并且要将外边多余的部分擦净。

（2）灰尘漆很多时候需要稀释，稀释时要注意稀释剂为松香水，如稀释剂用错很可能灰尘漆擦不干净；另外，稀释的浓度也要适当，过浓则可能出现灰尘漆断裂现象，过淡则达不到应有的仿古效果。

（3）灰尘漆用钢丝绒整理后会留一部分在沟槽里，所以一定要吹干净残余的钢丝绒后方可喷漆，应尽量避免在涂膜上停留太久，防止蜡浸入涂膜造成混色。

（4）注意灰尘漆的取舍，根据产品的不同，灰尘漆有的要求是连续一致的，有的则为断断续续的。

（5）灰尘漆后一般不要再修色或多次喷漆，在一定范围内修色或多次喷漆的均会影响其仿古效果。

（6）喷涂或刷涂灰尘漆时，前一遍面漆一定要确保干透，否则灰尘漆会无法擦干净，涂膜越干，擦涂灰尘漆效果越均匀和稳定；涂布灰尘漆后可上涂面漆，也可不上涂面漆，两者效果不同，灰尘漆上涂面漆后色相会有所变化；灰尘漆涂完后一般不要修色或多次喷漆，否则会影响仿古效果。

17. 布印修色

修色可分为白坯修色和面漆修色，白坯修色前面已讲述，此处主要讲述面漆修色——布印修色。布印也称造影漆，是美式涂装过程中经常用到的一道工序，属于美式涂装中的面层色，其主要作用是增强产品的层次感，加深产品的颜色，为了便于理解，我们可以这样设想：产品着色的过程中有一道工序叫HiLi，它的作用是减少产品的颜色，使产品的颜色形成一种对比，而这里的布印则是加深产品的颜色，这样就使产品的颜色呈现出浅、中、深的颜色层次来，为了达到产品设定的标准颜色所要进行的颜色调整动作。

布印修色具有加深产品的颜色、可做一定的明暗效果、增强产品的层次感、可以重复操作等特点，布印后一定要整理好。

打布印时对布碎有一定的选择性，一般要求比较柔软的、不褪色的、吸水性比较好且是大块一些的，2～3块为宜。

进行布印操作时，首先将布碎润湿，并且拧至半干湿（不滴落）状态，然后在产品上顺木纹方向自然拍打，如图6-29所示。是酒精布印的还必须用另一只手拿布轻抹或用钢丝绒整理一道；对于一些产品的雕刻处、沟槽处，可考虑用相对淡一些的布印刷涂一次，再在上面拍打，布印一定是打出来的，而不是抹出来的。

布印可以通过棉布拍打、擦拭达到局部着色的效果，也可以通过喷枪喷涂达到全面着色的效果。喷枪喷涂布印只适合较浅的上色，色深了会影响产品的色彩层次感；布印棉布拍打后需要用型号#0000钢丝绒整理，使其色彩过渡自然；喷枪喷涂布印后可以通过型号#0000钢丝绒把抓明暗重新整理出来。

（1）拍色前必须明白所做产品的整体效果及拍色的颜色。

（2）在调整颜色的深度时根据色板颜色的比率不可超过25%，最好低于15%。

（3）修色会造成颜色加深，偏青→修红，偏红→修青，都会加深颜色。

（4）涂料要搅拌均匀，考虑过滤，同时注意盖好，防止涂料挥发。

（5）勿拍花、拍深，注意颜色浓度（勤换擦拭布）。

（6）对产品修色时先看后修，修完再看，全面观察，全面对比。对比产品本身的颜色是否一致，产品颜色与样品是否一致。

面漆修色的材料名称很多，根据稀释剂性质大致可分为：松香水类、酒精类、天那水类。

（1）松香水类修色材料　此类修色材料多指仿古漆（OAK油或GLAZE），使用时应注意：

①使用前要注意冲稀到合适程度才便于修色，冲稀后还应对该材料进行过滤。

②抹油布印很容易沉淀，在使用时

图6-29　拍色

一定注意搅拌均匀。

③打布印时注意拧至半干湿状态再打，并且抹油的浓度要合适，且一次、二次布印深度不同。

④此类修色材料不便一次厚修，根据产品需要可作多次修色来达到修色目的。

⑤此类修色应在底漆前完成，在面漆前一般不要修，如确实需要修的，修完后应加一道底漆封固，否则易造成脱漆现象。

⑥布印的强烈程度把握好，特别不可出现平均抹一次的无布印现象。

⑦此类修色材料修到产品上后很多时候必须要用毛刷、钢丝绒整理，特别是修得比较多的产品，如不整理可能会出现颜色不均、朦胧、模糊不清等现象。

⑧抹油布印整理的一般程序是：打布印，轻抹均匀，打毛刷，HiLi层次、色深、色浅的整理，钢丝绒、毛刷整理。

（2）酒精类修色材料

①稀释剂的使用必须正确。

②不能一次厚修，如一次修得较多会出现散花现象。

③修完后要吹干一下为宜，因酒精挥发较快易形成水珠。

④必须顺木纹方向打，并且用布轻擦均匀。

⑤由于酒精挥发快，布印在使用过程中注意2～3h检查一次，如发现浓度升高时考虑合理调配。

⑥对于多沟槽、多雕刻的地方应考虑用相对淡一些的布印，刷涂一次再打。

⑦布印与被涂物温差过大而出现脱漆现象时注意用适量开水调节。

⑧整理时等其基本干燥后再进行，否则易出现抓脱漆的痕迹。

⑨酒精布印打好后注意用钢丝绒整理：整理出HiLi层次；将一些布印团的边缘整理柔和，使之接近产品颜色，并呈现出较自然的层次感；整理产品的颜色，使产品整体颜色基本一致。

⑩布印太强即是布印打得太“花”，也就是一团一团的很多、很明显，反之布印太弱即是整体一片颜色，无层次感，必须清楚颜色越深布印不一定越强烈，产品布印的强烈程度依产品的不同而不同。

⑪注意产品修色部位不能出现黑线现象。

（3）天那水类修色材料　此类修色材料使用最多，根据其用途大致又可分为三类，即专用修色材料、补充前面工序的修色材料、调配的修色材料。

①专用修色材料：是针对具体的产品颜色必须要用的修色材料，此类修色材料是针对具体产品颜色而专用的。

②补充前面工序的修色材料：是指前面加工工序未做到位而进行的补充，主要有白边漆、等化漆、底色漆、仿古漆等。

③调配的修色材料：因产品颜色要求需要而调配的修色水，此类修色材料很多，如红棕水、绿水、红黄水等，天那水性质的修色材料使用时应注意以下问题：

a. 浓度：此类修色材料使用时一定要注意浓度合适。

b. 搅拌：此类修色材料很多都具有沉淀性质，在使用时要注意充分搅拌，有必要的还要考虑过滤。盛装修色水的容器注意盖好，避免长时间挥发而导致浓度升高。

c. 注意颜色的加深：产品颜色偏青的可以修红、偏红的可以修青来调整，但不管修什么有色的材料，最终的颜色都会加深。

18. 修色

在底色和中修色后，整体颜色不能达到工艺要求时，需要进行修色，即整体面修色，如图6-30所示。

修色原则：

（1）先看后修　不论什么产品修色时一定要注意先看来料情况，欠什么修什么，对症下药，切不可千篇一律。在生产过程中，经常会有底色不断变化的情况，我们做面修就应特别注意这些变化。

（2）修完再看　修色时不论是局部修还是全面修，修完后一定要注意全面

图6-30 修色

检查：整体颜色是否一致，产品颜色与色板颜色是否一致；整个产品有无其他缺陷，如砂穿、砂光不良等，全面检查无误后再喷面漆。

（3）亮度影响 低亮度产品一般在10度以下，注意喷油前后颜色会变深（消光原因）。

19. 面漆

为产品做最后一道保护层，显出木纹的质感，完成产品涂饰。操作者掌握喷涂动作标准。给产品赋予光泽、硬度、触感等。

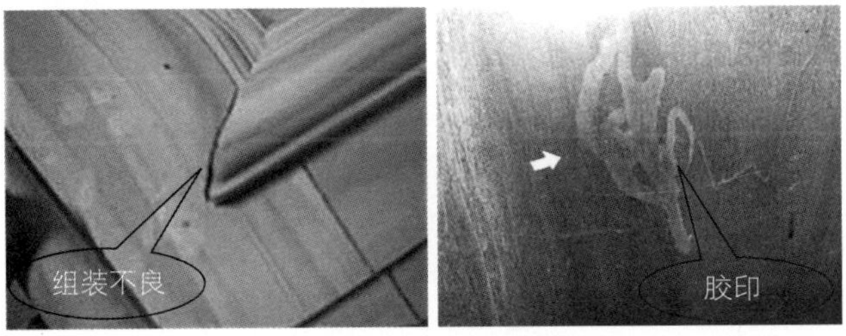

图6-31 白坯检查

图6-32 白坯品质检查（用手检验表面各部位）

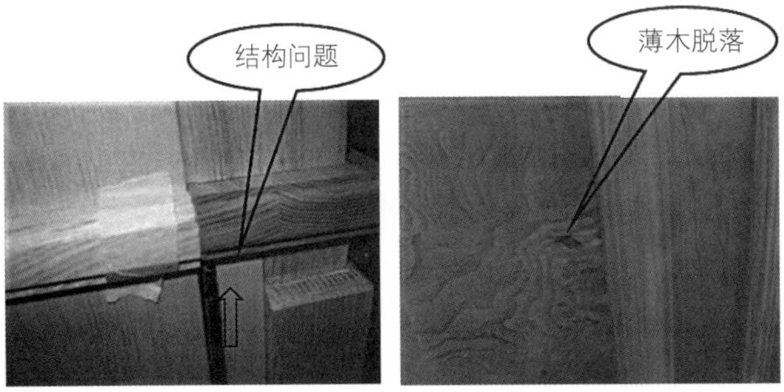

图6-33 白坯品质检查

20. 水蜡

水蜡可提高产品表面面漆的防损及抗磨能力。在产品面漆完全干燥后擦水蜡。用水蜡湿布在产品上先擦一遍，晒干后再用干布擦净。增加面漆产品的手感与质感。

五、施工操作

1. 检验白坯产品品质

对产品的外观结构及缺陷（碰划伤、胶印、砂痕、裂纹、欠料）等进行检查。

（1）品质标准 检查有无碰划伤、裂纹、胶印、污染水渍、砂光不良、补土不良、毛刺等，检查结构是否有不严缝、孔位不正的现象，如图6-31所示。

（2）作业技术要求 依据产品的进线顺序对柜类产品检查时，应按从右至左的顺序依次从柜体右侧板→柜体正面→柜体内部右侧、上侧、左侧、下侧→柜体左侧板，对产品的结构及存在的品质不良进行检查，如图6-32所示。

（3）对不良产品标记 在检验中对发现存在质量缺陷的产品进行特殊标记，根据缺陷的种类和性质，选择不同颜色的胶带对存在问题的部位进行标记，如图6-33所示，以便重新修补处理。对存在结构安装缺陷的产品需要将产品放置在指定位置，等待重新修复。

（4）品质状况标记工具 白坯品质检查标记材料如图6-34所示。

2. 破坏处理

操作前戴护目装置，做好个人防护。进行破坏处理时要注意以下几点：

（1）要严格参照色板样品对产品做破坏效果，如图6-35所示。

图6-34　白坯品质检查标记材料

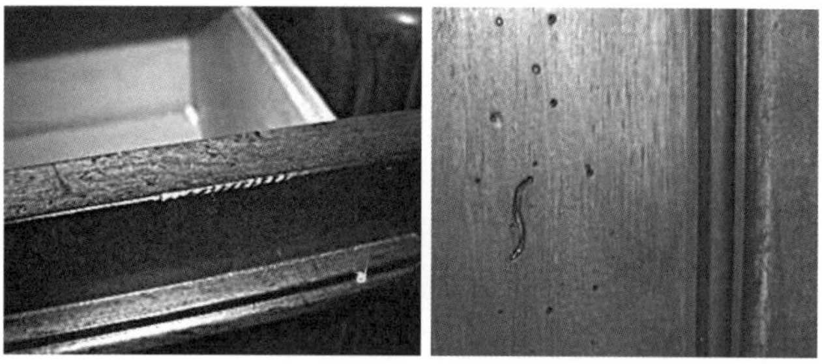

图6-35　破坏效果符合工艺要求

（a）

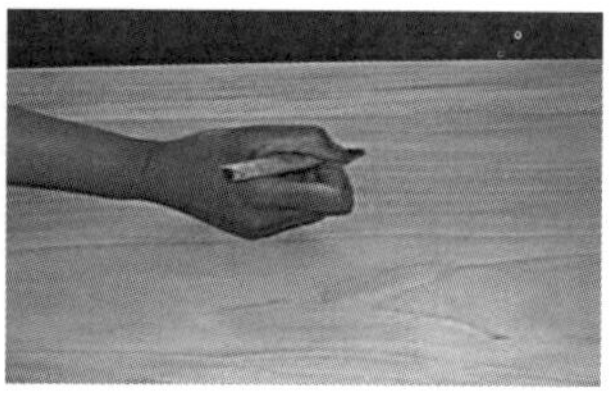

（b）

（c）

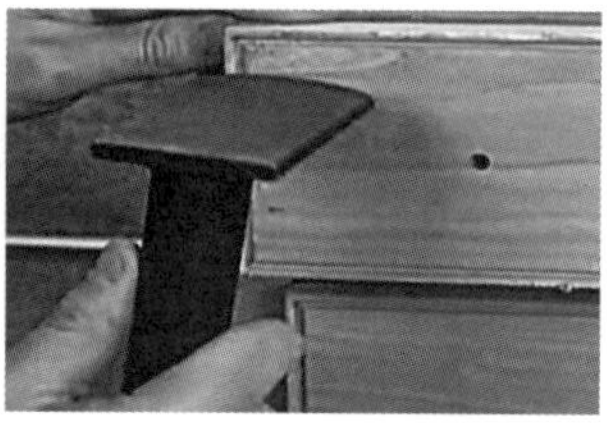

（d）

图6-36　作业要求

（a）散敲（操作时手姿要正确）　（b）虫线（操作时用力要适中）

（c）虫孔（严格参照色板及标准件进行操作）

（d）锤痕（操作完后对工序自检，避免漏做、重做）

图6-37　根据色差局部白坯修色

（2）大破坏要首先考虑产品有缺陷的地方。

（3）要注意顺木纹方向，曲纹的地方应尽量避开，不可做成“曲线形破坏”。

（4）破坏效果要自然、协调、逼真，尽可能给人一种自然损坏的形状，而不是人为做的，特别不可呈“三角形”。

（5）破坏的大小、深浅及数量要适宜，破坏的长短、深浅范围及数量的多少等要根据不同的产品、不同的型号及部位来确定。

（6）连续的破坏处理最容易操作，它不会太多影响产品的涂装及设计。

（7）尽量避开产品有节疤或较为坚硬的地方及产品的拼接处（掩饰缺陷处）。

（8）要注意破坏处理操作者所做的破坏样式及动作，如图6-36所示。

（9）边角的破坏处理在任何破坏处理中都非常重要，锉痕的柔和程度决定产品被破坏的严重程度。

（10）所有破坏（虫孔、锉痕、散敲、石块敲击等）应均匀分布在产品表面，并且从边缘向内做。

3. 素材修色

素材修色可统一木材颜色，使产品在整体效果和颜色方面更加协调。一般用于浅色木材，使其与整体颜色接近，将任何不正常的木材颜色中性化。

（1）作业技术要求

①严格对照每种颜色的生产参照色板调配颜色，喷涂素材修色。

②调整好喷枪的油量、扇形形状及油幅，平行水平移动喷枪，垂直上下移枪，均匀喷涂素材修色。此操作并无固定模式，一般竖纹涂装要比横纹涂装颜色深一些、红一些，因此要特别注意前框两侧的竖档、贴条、侧板竖直的门和抽屉贴条，如图6-37所示。

③喷枪的隔膜泵压力必须保持在20～30Pa。

④素材修色在使用前及使用当中应每隔15min使用搅拌器搅拌一次。

⑤涂装操作时应先喷外侧再喷内侧。

⑥喷涂操作应多花时间观察，判断颜色。

（2）注意事项

①检查上道工序的品质标准，不合格品要求退回。

②涂料在使用中及使用前后都必须用桶盖盖紧，以防止挥发。

③涂料桶必须用标签标识清楚，以防止混用。

④涂装操作要面向漆雾净化机。

⑤严禁污染到不要求喷涂的产品部位。

4. 整体着底色

白坯产品着底色，增加产品涂装的层次感及附加价值，随着产品档次的提高，许多产品都喷涂两道或三道底色。染料型底色能提高产品的清晰度、透明度；颜料型底色给产品增加深度效果。

（1）作业技术要求

①严格对照每种颜色的生产参照色板调配底色一和底色二。

②严格按照色板及标准件进行操作，如图6-38和图6-39所示。

图6-38　一道底色要和色板颜色一致

图6-39　二道底色要和色板颜色一致

③压枪要均匀，边角部位喷涂不到的要进行补枪。

④根据工艺需求，在底色后可适当拉明暗线，参照格丽斯拉明暗的操作。

⑤底色喷涂时严禁漏喷、喷流、喷花。

⑥喷涂过程中着色一致最为重要。

⑦喷枪的油量与气量调整适当进行喷涂，一般气压在0.25～0.3MPa，喷枪与被喷涂物呈90°，距离产品15～20cm为宜，速度为30～60cm/s，压枪的间距为油幅宽度的1/2。

（2）注意事项　当一种底色和正常的底色不同时，务必在油漆供应商技术员指导下工作。

①调配比例或浓度：很多产品的底色漆在使用前均需按一定的比例冲稀为一定浓度，调配时应注意比例一定要准。

②搅拌均匀：底色漆调配前后及使用过程中均需搅拌均匀。

③过滤：有些产品的底色漆喷过后会出现黑脏点现象，此时应考虑底色漆的过滤。

④喷涂的次数：一般来说产品底色漆的喷涂以一枪过且喷均匀，适量为宜，不宜补喷或多次喷涂。

⑤颜色变化：底色漆因浓度的不同，受胶固底漆前后及喷湿与否等因素的影响颜色会有明显的区别。

⑥涂饰量的多少及效果：根据产品颜色的需要、白坯素材的差异等因素来决定底色漆的多少。

5. 喷涂胶固底漆

端头胶固使产品端头做出清晰、均匀的涂装效果。主要在产品铣型后端面及端头的纹理及实木部位，起到填充防止端头发黑、保护颜色的作用。

封固底色并为下道工序做准备，稳定产品材质纤维及导管，如图6-40所示。木材表面组织密度不均匀，擦拭着色会不均匀，胶固后的产品能充分吸收擦拭剂，保证产品在擦拭工序时能够使擦拭剂均匀着色。根据仿古漆的残留量，在操作中注意胶固底漆的黏度在8～12s。

（1）品质标准

①产品的端头部位要胶固到位，不可流油、漏喷。

②对产品表面均匀喷涂，产品材质的吸附性较强处稍做补枪，不可露喷、喷流。

③产品胶固后保持一致，严禁有污染现象。

④喷枪的油量、气量及油幅都应按规定操作，注意喷涂动作的标准化。

⑤严禁将底色喷花及底漆流油。

⑥胶固的黏度通常为9～12s。

⑦大木纹容易干燥的地方要补枪，以防止擦拭不均匀。

⑧任何在喷胶固前和胶固后出现的品质问题应及时解决处理。

⑨检查白坯底色后的产品品质有无缺陷。

（2）作业技术要求　具体要求同上道工序底色。注意根据喷涂量胶固底漆60～90g/m^2，调好气量、出漆量、油幅宽度、气压等参数，喷涂时注意喷涂角度、喷涂距离、移动速度、喷幅重叠等技术要点，如图6-41所示。边角部位压枪时注意方法，避免由于重复操作造成喷流或漏喷。

（3）注意事项

①喷涂时动作要规范，涂料要经常搅拌，如图6-42所示。

②一般产品喷涂次数为一枪且喷涂均匀，不宜多次喷涂或多次补枪。

③不可漏喷、喷流、喷溶、喷花。

④根据材质、仿古效果及砂光的要求调整油漆的浓度，端头胶固黏度为14～18s，底色胶固黏度为8～12s，操作动作规范。

6. 研磨胶固底漆

产品经过胶固与正确研磨后提高了底漆的附着力，使得擦拭后木纹的纹路更清晰，色彩更均匀。

（1）品质标准

①胶固研磨使用320#或400#砂纸要求顺木纹认真仔细砂光，无橘皮，不能有漏砂、砂穿、砂凹的现象。

②将产品表面砂光研磨后的灰尘吹、擦干净。

③砂光后表面无亮点，呈毛玻璃状，砂光平整，手感光滑，如图6-43所示。

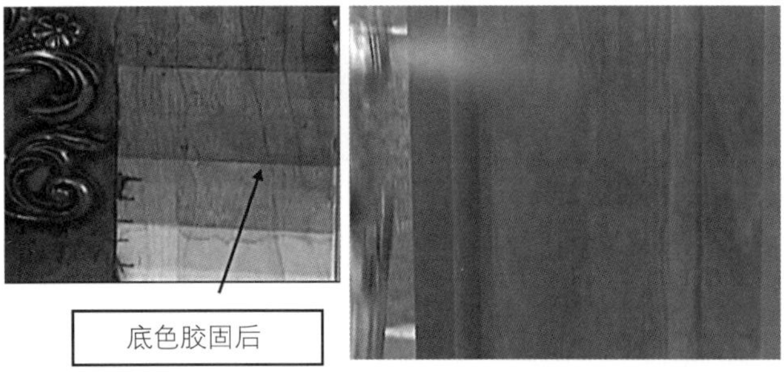

图6-40　喷涂胶固底漆

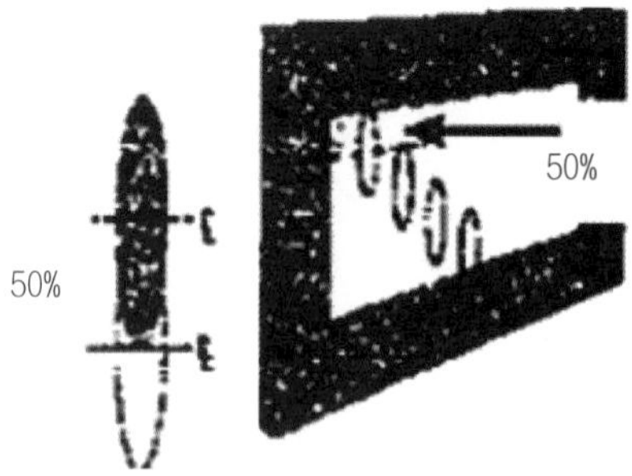

图6-41　边角喷涂压枪

图6-42　胶固搅拌

图6-43　砂光机研磨

（2）作业技术要求

①雕刻、棱角磨不到的部位要用手砂顺木纹研磨，如图6-44所示。

②手砂所用的砂纸一般为320#和400#。

③对于面积较大但不宜用机砂的，选用手砂板进行砂光，如图6-45（a）所示。

④砂光机砂光时，用力合适。

⑤砂光机均匀地在产品表面顺木纹研磨，重叠范围1/2～1/3的距离为宜。

（3）注意事项

①手砂时，粗糙的砂纸需要戴手套后作业，以免在手指上留下小切口。

②砂光机底盘不平，产生跳动，应立即更换底盘。

③研磨时，砂光机应先放在产品上再启动；拿稳砂光机，勿将产品打坏。

④砂光机要定时保养，先吹灰后再上专用油，再旋转，最后平放在平整的地方。

⑤砂光机不宜砂产品的棱角、锣边锣形部位及边角部位。

⑥研磨完后将产品表面余留的灰尘擦拭干净。

⑦如果研磨工作敷衍了事，不但会影响色彩，而且会使喷好的底漆显得很粗糙。

⑧产品的每个部位都要打磨到位，如图6-45（b）所示。

7. 擦拭填充剂

擦拭填充剂可防止端面纹理发黑、变深，降低亮度，产生仿古效果。

（1）品质标准

①据产品擦拭效果进行擦涂或喷涂擦拭剂，整体不能太少或喷涂太干，夹角处不能有漏擦或漏喷现象，如图6-46所示。

②研磨好所有要求擦拭产品的端头、端面、大花纹及柜体内侧，所有易发黑的地方用刷子刷填充剂，保证擦拭后整体颜色一致。

③严禁将不砂光研磨的产品刷填充剂。

（2）擦拭操作要求

①喷涂后保证产品表面的干湿度，观察擦拭的效果，及时调整擦拭填充剂的量。

②填充剂只在指定区域使用，不精心的喷涂会使在不需要使用填充剂的部位产生不必要的麻烦。

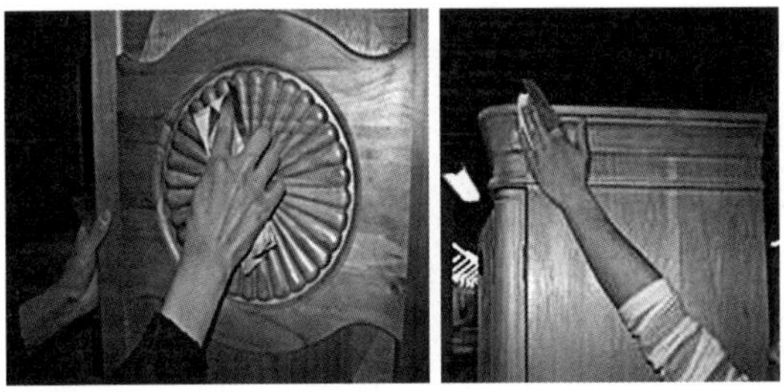

图6-44　手磨

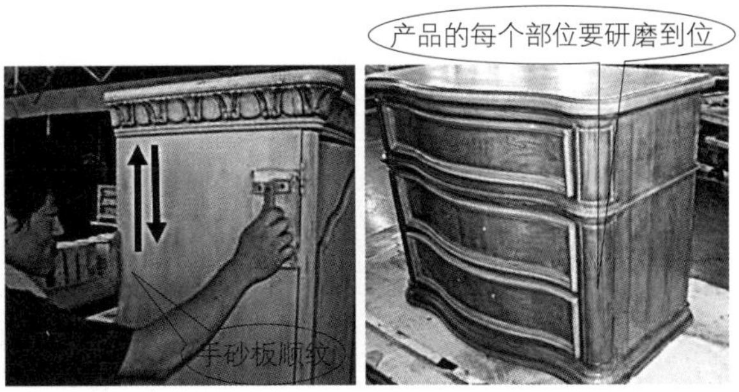

（a）　（b）

图6-45　胶固研磨

（a）手砂板顺纹　（b）产品的每个部位要研磨到位

8. 擦拭格丽斯

（1）品质标准

①严格参照色板及标准件定色操作，填充木材管孔要求颜色均匀一致，如图6-47所示。

②产品内侧不要求做颜色的部位严禁污染。

③喷涂产品擦拭剂整体不能太少或喷得太干。

④擦拭结束及颜色正确后按色板要求做产品的明暗线，要做出明暗线的效果，不能太死板或不自然，产品内部及部件要求所要操作的地方使整体的明暗线效果与产品的整体颜色协调。

⑤不同的擦拭颜色所用的擦拭布严禁混用及错用。

⑥工艺缝中的格丽斯必须用气吹出，防止产生白化现象。

（2）擦拭操作要求　产品经过胶固与正确研磨后做擦拭，一般可使木材纹路清晰、色彩均匀。擦拭格丽斯操作步骤如图6-48所示。

①格丽斯可选择喷涂和擦涂时，要根据仿古效果选择涂装部位，见图6-48（a）和6-48（b）中局部喷涂或刷涂格丽斯部位。

②操作过程中要顺时针或逆时针旋转擦拭，使擦拭剂能被封固后的木材充分吸收，见图6-48（c）擦涂格丽斯，擦后的颜色及效果要达到标准件和色板的要求。擦拭过程中擦拭要达到一定程度以防露白，仔细擦拭产品的所有外露部位：工艺沟、书架工艺沟、底板等部位。品检员

图6-46　局部擦拭填充剂

图6-47　擦拭标准

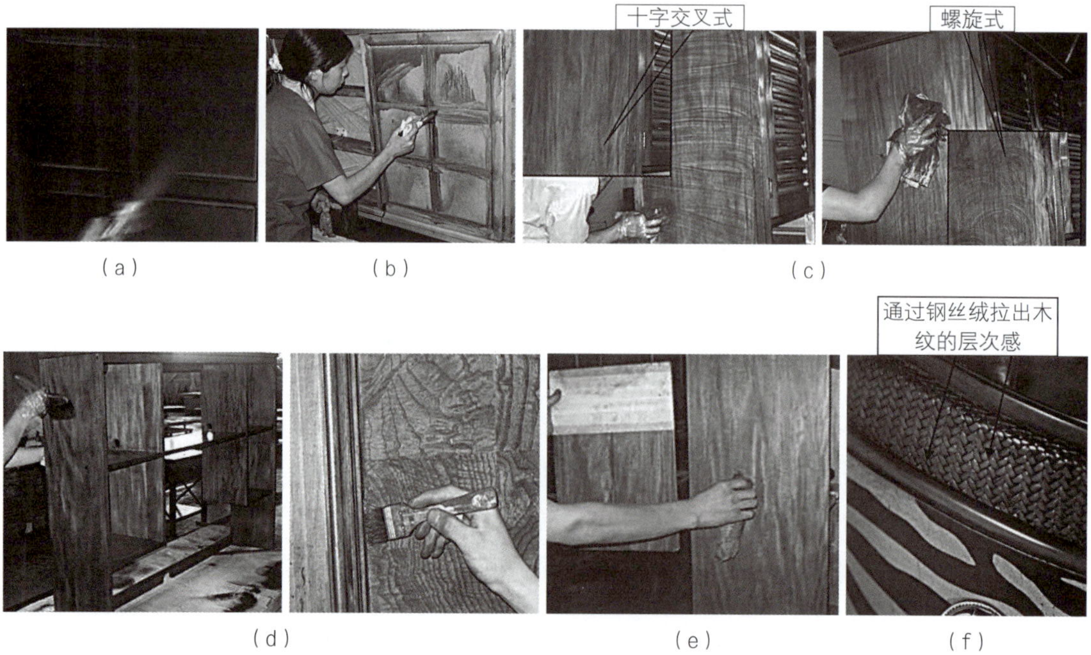

（a）　（b）　（c）　（d）　（e）　（f）

图6-48　擦拭格丽斯操作步骤

（a）局部喷涂格丽斯部位　（b）局部刷涂格丽斯部位（可选择）

（c）擦涂格丽斯　（d）毛刷整理　（e）比对色板拉明暗　（f）最后产品中暗效果呈现

可检查所有的底色是否擦拭均匀。

③用毛刷顺木纹刷理均匀，见图6-48（d）毛刷整理，用毛刷或擦拭布对产品的夹角、工艺沟、底部的污染露白处进行修整。

④拉明暗（HILI），对照色板，用钢丝绒或白洁布顺着纹理的方向进行整理，不可横切木纹；注意对称交错，根据拼花合理选择拉明暗的位置，产品最终形成的效果要有两端轻、中间重的感觉；针对产品颜色浅或木纹间隙大的地方做明暗，不能穿越拼接线；拉明暗线后必须整理，突出立体感、增加阴影对比的效果，可选用柔软的毛刷整理，使产品产生柔和自然的效果，如图6-48（f）所示。

（3）注意事项

①产品的内外侧的夹角处及工艺沟不能有污染、漏白，如图6-49所示，要求颜色均匀。

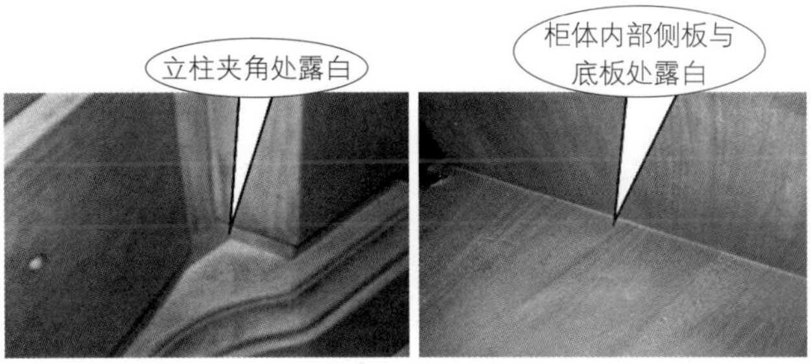

图6-49　擦涂缺陷

②擦拭要达到一定的程度，防止漏涂发白，如工艺缝书架工艺沟、外露的夹角等。

③不能有擦拭布及毛刷的印痕留在产品的表面。

（4）工具和材料　擦拭格丽斯所用工具和材料如图6-50所示。

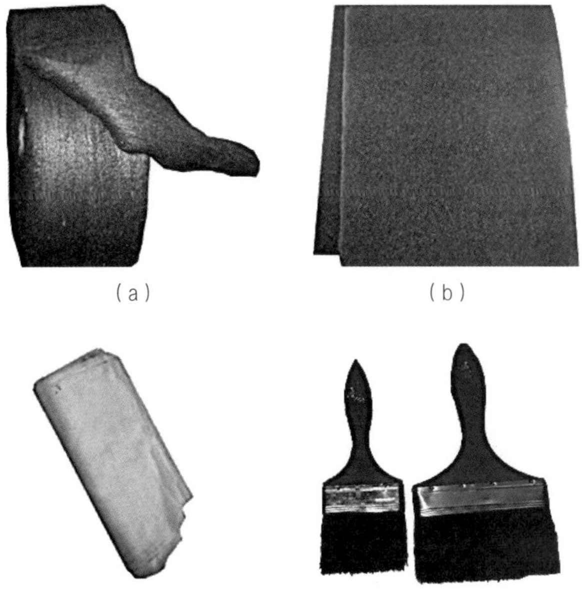
（a）　（b）　（c）　（d）
图6-50　工具和材料
（a）钢丝绒　（b）百洁布　（c）擦拭布　（d）毛刷

9．底漆喷涂

（1）品质标准

①喷涂时严禁漏枪、喷流、喷溶，待喷产品按顺木纹一次性厚涂，如图6-51所示。

②喷涂前要求清楚所喷涂产品的底漆黏度，按季节不同略有不同，通常为18～20s（涂-4杯）。

③喷枪的油量、气量、油幅应按规定要求操作，注意喷涂动作的标准化。

④所有产品的底漆都应保持涂膜一致。

⑤不能有手印及污染现象。

（2）喷涂操作要求　同胶固底漆的作业要求，喷涂顺序与研磨参照胶固底漆。在仿古做旧工序后，根据工艺要求可以喷涂底漆。

（3）注意事项

①喷涂的涂料要经常搅拌，清楚喷

图6-51　底漆喷涂

涂产品的底漆黏度，通常为18～23s。

②喷涂前要吹干净盘车上的灰，不能有手印和污染。

③喷枪每天清洗一次，隔膜泵每周清洗一次，并保证喷台卫生，通风良好。

④注意夹角处叠枪的方法，如图6-52所示；严禁产生漏枪、喷流、喷溶等现象。

10. 底、面漆研磨

研磨又称砂磨、打磨，在涂料施工中是一项非常重要的工作，主要有去污、找平、补色、磨光、产生粗糙面、提高涂层的附着力等作用。

砂光前必须对砂纸的种类、粒度充分理解后再进行合适砂纸的选用，这决定了砂光效率以及砂光的精度，涂装线一般选用320#和400#砂纸。

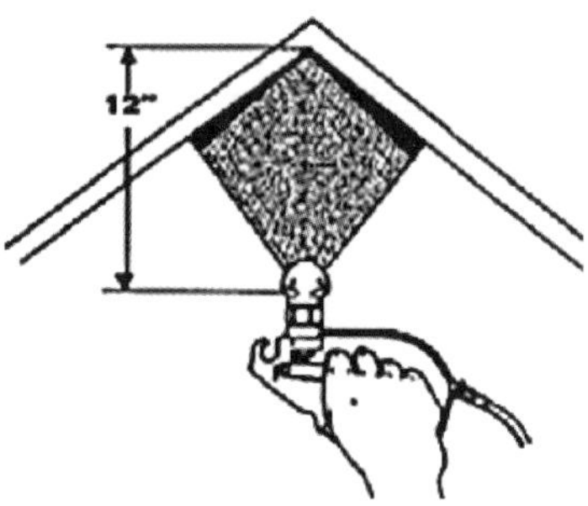

（a）　（b）

图6-52　拐角喷涂

（a）喷涂内角（阴角）　（b）喷涂外角（阳角）

图6-53　面板、侧板砂光良好

图6-54　面板砂光良好、侧板砂光不良

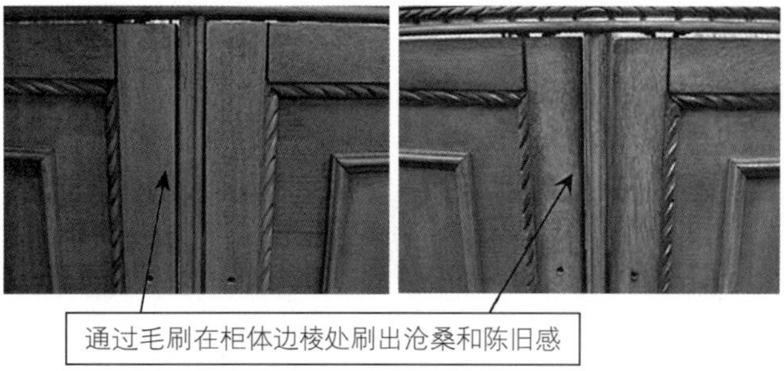

图6-55　打干刷效果

砂光应依照先粗后细的原则，机器砂光时应顺木纹匀速且用力均匀，若用力过大则会产生砂痕、砂穿、露白现象，过轻则不能起到应有的效果。

在研磨胶固时，使用320#旧砂纸进行砂光，砂纸应平整附贴在砂光机底面，顺木纹轻砂，注意避免砂伤或残留砂痕，棱角和边缘可用320#旧砂纸手工进行砂磨。

在研磨底漆时，使用320#或400#砂纸顺木纹平整而有力地砂磨，这是涂装过程中达到底漆涂膜彻底平滑最重要的步骤。砂纸应及时更新，确保砂光效率。砂磨时整体要砂磨到位，如图6-53和图6-54所示。

在研磨面漆时使用400#旧砂纸，手砂和机器顺木纹砂光，小部件可用灰色百洁布和320#旧砂带砂光，以免砂伤和砂穿。砂光后会产生粉尘，应吹尽粉尘，检查砂光的品质，尤其是底漆后的砂光。

11. 打干刷

用干净的毛刷蘸上浓度较高的浆料刷涂于产品的表面、棱边、端头及易磨损处，以增强其历经岁月的沧桑和陈旧感，达到仿古效果，如图6-55所示。打干刷操作步骤如图6-56所示。

（1）品质标准

①干刷效果要求符合色板的要求，如图6-57（a）所示。

②干刷做于产品边角、拐角及破坏处理略明显，整体有脏、陈旧的感觉，如图6-57（b）和图6-57（c）所示。

③干刷颜色在使用前要求充分搅拌均匀，使用中要不时搅拌，防止沉淀。

④干刷时，刷子应稍有干刷颜色且略干时操作于所做产品的要求位置，不能干刷颜色太湿时操作。

⑤擦拭颜色达不到要求时，可用干刷

颜色做补色，补色后要对照色板做相应的明暗线和HiLi效果。

（2）作业技术要求

①按色板效果在产品上做整体或局部的干刷效果，毛刷将颜色均匀地刷在产品表面。

②对色浅的地方要补色，色花、色深处进行修整，夹角处不能漏白、污染。

③干刷操作后整体有脏、陈旧的感觉。

④干刷前要清楚所做产品的干刷颜色及干刷效果。

⑤严格对照生产参照色板，按产品的效果要求做不同产品、不同效果及不同层次感的干刷效果。

（3）注意事项

①根据色板颜色效果调整毛刷的干湿程度，不能过湿或过干。

②操作时刷子应稍有干刷颜色且略干，不能在毛刷太湿时操作。

③干刷前要清楚所做产品是用专用干刷颜色还是用擦拭颜色。

④刷子要求勤洗，保持干净。

（4）工具和材料　打干刷用的工具和材料如图6-58所示。

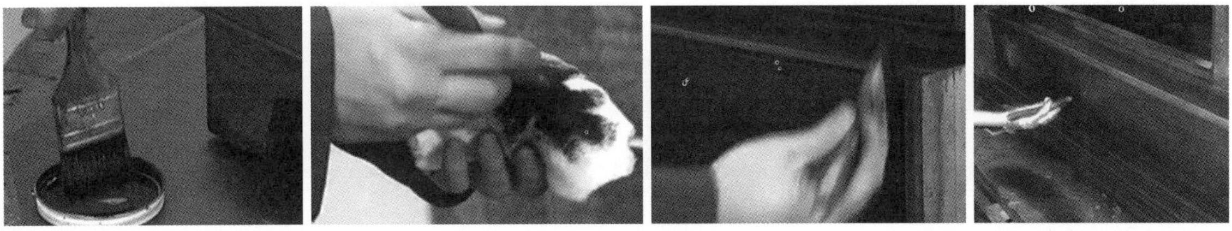

（a）　（b）　（c）　（d）

图6-56　打干刷操作步骤

（a）蘸料　（b）毛刷整理至半干　（c）局部打干刷　（d）材面打干刷

（a）　（b）　（c）

图6-57　打干刷色板及效果对比

（a）根据样板打干刷效果　（b）打干刷前无对比及阴影效果　（c）打干刷后有沧桑陈旧感

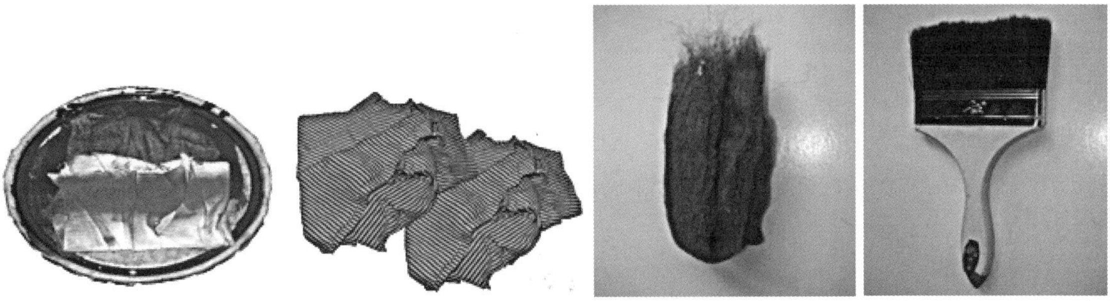

（a）　（b）　（c）　（d）

图6-58　工具和材料

（a）颜色盘　（b）擦拭布　（c）钢丝绒　（d）毛刷

12. 甩牛尾

营造风格独特的涂装效果，仿制古董家具表面有深色、浅色细长条似牛尾模样的痕迹。注意产品牛尾效果，有的多，有的少，有的重，有的浅，效果做自然。使用适当的工具来完成，要与色板及样品相吻合，如图6-59所示。甩牛尾操作步骤如图6-60所示。

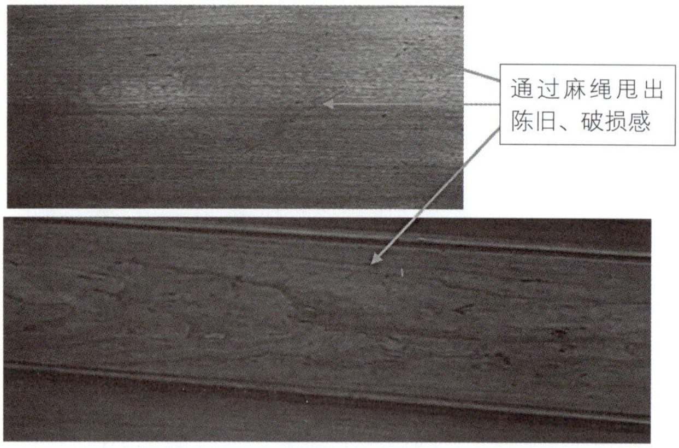

图6-59　甩牛尾效果

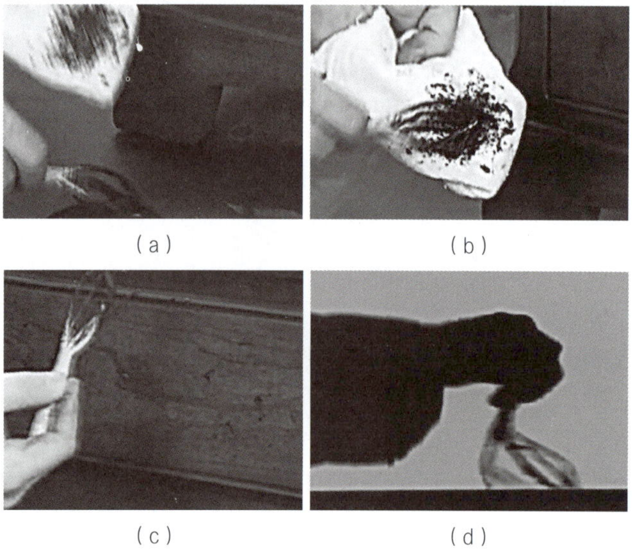

图6-60　甩牛尾操作步骤

（a）蘸料　（b）擦至半干　（c）局部甩打　（d）材面甩打

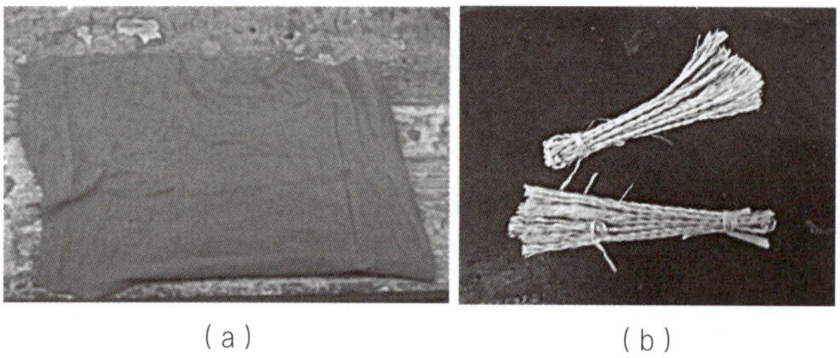

图6-61　工具材料

（a）擦拭布　（b）牛尾绳

（1）品质标准

①参照色板、标准件进行操作，产品的效果要求自然。

②尽量在产品的缺陷部位进行操作，可将产品的缺陷掩盖，避开产品的节疤部位。

③在操作时，产品的边角及拐角部位勿漏做。

④牛尾效果要求“甩”出来，效果自然，切忌画。

⑤按色板的要求做不同颜色、不同效果及不同层次的牛尾。

⑥严禁牛尾颜色污染不要求做颜色的产品部位。

（2）作业技术要求

①将颜色粘在分叉棉绳的端头，自然地甩在产品表面。

②牛尾要方向不一、自然交错，不能呈“八”字形分布，更不能一排一排的。

③打牛尾时“下手”要轻，重则成蝌蚪形状。

④马尾的粗细、长短及分布合理，同一产品上要长短分布。

⑤明白所做牛尾产品的牛尾效果及牛尾颜色。

⑥明白牛尾颜色是用干刷颜色还是擦拭剂颜色。

（3）工具和材料　甩牛尾工具和材料如图6-61所示。

（4）注意事项

①操作后的产品要留下较脏的痕迹。

②牛尾的线条要求自然，而不是较呆板的线条。

③对干净的地方可多补一点。

13. 喷点

喷点指在产品表面喷涂上不透明的深浅不一的大小点，用来模仿苍蝇脏污的效果，增强仿古的感觉。喷点要均匀分散，有大有小，效果要与样品及标准板吻合，如图6-62所示。

（1）品质标准

①颜色、大小、疏密度、形状符合样板的要求。

②严禁在产品上多喷、漏喷及喷不均匀。

（2）技术要求

①选择面漆用或修色用小口径喷枪，盖上壶盖，出气量调至最小，出油量根据点的大小要求调节。

②调配喷点着色剂的颜色和浓淡一定要符合标准，再看喷出来的点的大小及疏密度是否合适，大小的标准是否在色板标准的最大点和最小点之间。

③一般刚喷上去比较好，过一段时间后点变成长条形，根据产品要求，注意变形后的情况。

④喷点前要求非常清楚所喷涂产品的喷点效果和颜色。

（3）注意事项

①若喷涂松香水点后，要有漆膜保护。

②若喷涂天那水点时，要小心，干后不易擦掉，擦掉会损失漆膜。

③现场不使用的着色剂应及时加盖密封，分类存放，防止污染。

④一般在底漆前或两次底漆间喷，但必须在最后一道面漆前喷好。

14. 擦灰蜡

在产品的夹角处、工艺沟和虫眼处手工擦蜡，仿家具经过长年的使用、灰尘等遗落在家具的每个部位，使用者在清理时没能及时处理干净而形成的效果，营造出产品的古旧感。

（1）品质标准

①根据工艺要求在拐角、雕花、破坏处理、工艺缝等处可以涂灰蜡，如图6-63和图6-64所示，其余地方要求干净无污染。

②灰蜡干燥后用擦拭布及钢丝绒将产品表面的灰蜡擦净，再做整体检查，如图6-65所示。

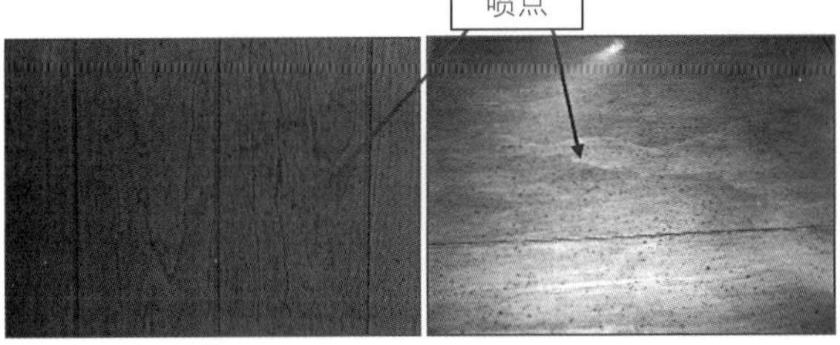

图6-62　喷点效果

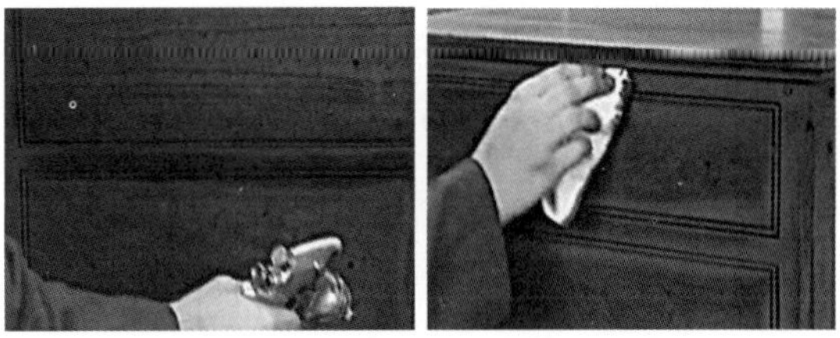
图6-63　抽屉拐角及工艺缝处涂灰蜡

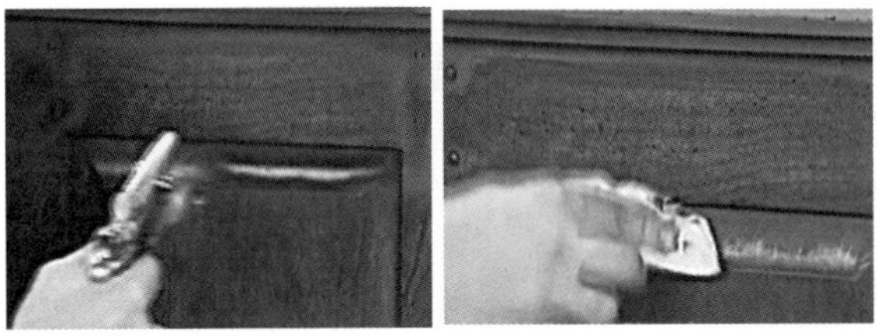
图6-64　侧板工艺缝处涂灰蜡

图6-65　整理

（2）技术要求

①调枪，出气量、出油量、油幅控制适当。

②灰蜡干燥后用擦拭布、百洁布、钢丝绒将产品表面的灰蜡擦净，再做整体检查。

③除了产品的所有雕花、拐角、工艺缝及破坏处理处外，其余地方要求擦拭干净无污染。

④要求略湿时用擦拭布整体顺木纹擦均匀、擦干净。

（3）注意事项

①使用前和使用中要不停地搅拌，防止沉淀。

②严禁污染到不要求擦涂灰蜡的产品部位。

③灰蜡干燥后表面灰蜡要求吹、擦干净。

④要求清楚产品的灰蜡及擦涂效果。

15. 面漆

在涂装过程中，面漆分为多次涂装，一般有一道面漆和二道面漆。在喷点前后喷涂一道面漆，干燥后用400#～600#砂带顺产品木纹打磨。硝基底、面漆如图6-66和图6-67所示。

（1）品质标准

①面漆的黏度通常要求为13s（涂-4杯）。

②根据工艺要求控制面漆亮度。

③所有的产品的面漆都应保持涂膜厚度一致，包括隔板、背板、脚及产品内侧。

（2）技术要求

①依据生产色样的标准调配面漆涂料的亮度；依据产品光泽的高低，可将产品分为高光（大于85%）、半光（30%～70%）、平光（小于30%）。

②在选用喷枪时，常用1.5mm孔径以下的喷枪。同底漆气压相同，具体操作要求可参照底漆操作要求。未擦水蜡的产品如图6-68所示。

（3）注意事项

①控制漏枪、喷流等缺陷问题。

②若现场供应面漆，要密封保护，防止污染和溶剂挥发。

③一道面漆干燥较长，一般90min，干燥后要精细打磨。

④整体喷涂均匀，保证漆膜厚度和光泽。

⑤喷涂前将产品表面的灰尘吹干净，避免造成手感不良。

16. 擦水蜡

擦水蜡可提高产品表面面漆的防损及抗磨能力，增加面漆产品的手感与质感。

图6-66　硝基底漆

图6-67　硝基面漆

图6-68　产品

（1）品质标准

①水蜡完全干燥后方可进行产品打包。

②水蜡工序后严禁喷涂底、面漆及进行各种修补，以免引起反应。若需进行返修操作，需用快干剂将产品表面的水蜡擦洗干净，且打磨后方可进行修补处理。

（2）技术要求

①使用百洁布擦水蜡：将擦拭布在水蜡中浸湿，人工采用旋转方式均匀涂于产品表面；再将白色百洁布在水蜡中浸湿，人工顺木纹方向均匀擦拭，使表面手感光滑。

②使用擦拭布擦水蜡：将擦拭布在水蜡中浸湿，人工用力采用旋转方式均匀涂于产品表面；将干净擦拭布叠整齐，布内侧不可有棱角，采用旋转方式将产品表面的水蜡擦拭干净，如图6-69所示。

③使用钢丝绒擦水蜡：将擦拭布在水蜡中浸湿，人工用力采用旋转方式均匀涂于产品表面；将钢丝绒（细规格）在水蜡中浸湿，人工顺木纹方向均匀擦拭；将干净擦拭布叠整齐，布内侧不可有棱角，顺木纹方向将产品表面的水蜡擦拭干净。

④针对藤席部位擦水蜡：面漆完全干燥后，人工用干净擦拭布将藤席表面毛刺处理干净；将擦拭布在水蜡中浸湿，人工用力采用旋转方式均匀涂于产品表面；将干净擦拭布叠整齐，布内侧不可有棱角，采用旋转方式将藤席表面的水蜡擦拭干净。

图6-69　擦水蜡

（3）注意事项

①产品最后一道面漆喷涂完毕后，必须完全干燥后方可进行擦水蜡操作。

②若产品表面个别手感不良，必须用旧砂带背面进行打磨处理，再进行擦水蜡工序。

③现场进行擦水蜡操作过程中，每次使用的涂料量不可太多，避免长时间消耗不完，水蜡浓度增加，影响产品整体效果。

④必须用干净柔软擦拭布将产品表面的水蜡擦拭干净，避免残留的水蜡干燥后留下印记。

⑤水蜡未完全干燥时不可接触产品表面，以免留下印记。

⑥发现水蜡有异味后不可再使用。

⑦水蜡涂料不使用时必须密封保存。

⑧水蜡使用前必须搅拌均匀。

⑨未消耗完的水蜡不可倒回大桶。

17. 美式涂装常见问题及解决方法

硝基涂料常见问题及解决方法见表6-8。

表6-8　硝基涂料常见问题以及解决方法

序号	问题	可能原因	建议方法
1	附着力	施工 表面处理 污染 快干底层的油性产品并未完全干透 填充剂没擦拭干净且砂光不良	正确的施工方法 素材应正确砂光 避免污染 避免快干 确保每一道充分干燥，确保填充剂有良好的砂光

续表

序号	问题	可能原因	建议方法
2	橘皮	表面张力 添加不对的稀释剂 高黏度 快干/气温太高 喷涂湿膜厚度不够 施工不当 过多空气流动	更正施工方法和添加助剂 用慢干天那水 调整至适当的黏度 添加慢干溶剂 喷涂湿膜厚度提高 修正施工方法 更改周边状况
3	气泡	材质疏松 施工过量 干燥太快或太慢 闪干时间不够/还不够干便进烘房 烘房温度过高 喷涂时周围空气流动太快	加强白身砂光质量或用封固底漆来封闭，以改善气泡问题 改用适当的稀释剂 放慢盘线速度或改用快干天那水 调降烘房温度 管制周边的空气流动状况
4	发白	湿度过高 水汽污染 溶剂的不适用 材料不相溶	用加热器或添加慢干溶剂 消除湿气 减少空气压力或添加慢干溶剂 避免使用不相溶的材料
5	流挂	一次喷涂过多或施工方式不正确 慢干 施工黏度太低 材质污染 周边环境太冷	修正施工方式，喷涂达到均湿但不要过量 用适当的稀释剂 调整至正确的施工黏度后喷涂 加强素材前处理的质量 用快干稀释剂
6	鱼眼	来自油污、吸潮、凝胶、乳液等的污染 不相溶性	避免污染，彻底清洗有问题的配件，检查过滤器 检查涂装流程，任何一个新产品的引进都可能会导致此问题
7	发朦	助剂用量不当 材料不相溶	助剂不能过量 避免使用不相溶的材料，使用未被污染而配方正确的油漆
8	沉淀	稀释过多 使用不对的稀释剂	确认稀释剂用量 用正确的稀释剂
9	丰满度不够	材质疏松 喷涂量不够 稀释过多	白身木材砂光时选用质地较细的砂纸 按照所建议的流程进行施工 确认稀释剂用量
10	色差	搅拌不均 不当的施工方式/用量 由于素材前处理/砂光而导致木材吸收度的偏差	搅拌不均 修正施工方式/用量 修正素材前处理/砂光
11	格丽斯发白	格丽斯残留过多，特别是在沟漕或雕花部分 格丽斯未干便上底漆 底漆慢干溶剂不足	将残留的格丽斯擦拭/刷除干净或风枪吹出 增加干燥时间或改用快干稀释剂 加入慢干稀释剂

续表

序号	问题	可能原因	建议方法
12	回黏	涂装流程未经测试 涂膜过高/返工 为解决气泡或发白问题而添加过多的慢干溶剂 烘房温度太低 线上速度调快/干燥时间不足	新流程应进行测试以判断可否通过压力需求 降低涂膜厚度或延长干燥时间 添加慢干溶剂时须先确认没有压痕问题或延长干燥时间 确认烘房按照正常参数运作 确认线上速度正常

六、知识拓展

（一）刷金、刷银

美式涂装中常见到金银的装饰效果。刷金、刷银指的是通过小毛刷把调配好的金粉漆或银粉漆刷涂于家具雕花、饰条等部位，以突显艺术装饰效果，使其更具有价值和引人注目。金粉、银粉各有多种不同的色相及粗细规格，注意金粉、银粉的粗细和色调的准确；刷金粉和银粉后需要在其刷涂部位喷涂一遍乙烯基树脂类透明底漆，以保证附着力；用乙烯基树脂类透明底漆调配的金粉、银粉漆刷涂后不易擦掉。

（二）常见美式涂装工艺流程

常见美式涂装工艺沿用多年，备受推崇，见表6-9。但其制作过程相当繁复，对家具厂的要求很高，销售价格也高。下面介绍的新美式仿古涂装工艺见表6-10，目的是用相对简单的涂装工艺取得相当接近的仿古效果，使美式涂装工艺及美式家具更易推广、普及。

表 6-9　常见美式涂装效果工艺

序号	工序名称	材料	施工方式	摘要	干燥时间/min
1	白坯打磨	砂纸	机磨、手磨	去污迹、白坯打磨平整	
2	破坏处理	—	人工	虫孔、敲打、锉边等，用240#砂纸打磨	—
3	底色调整	红水、绿水	喷涂	局部喷涂	5
4	不起毛着色剂	调色	喷涂	均匀喷涂、中湿	5
5	杜洛斯着色剂	调色	喷涂	均匀喷涂、重湿	20
6	胶固底漆	底漆+天那水	喷涂	均匀喷涂，根据底材及需要的着色效果调整喷涂黏度	30
7	打磨	砂纸	人工	轻磨、注意不要砂穿	—
8	NC格丽斯	格丽斯调色	擦拭	擦至中等干净，毛刷整理并用#0000钢丝绒抓明暗	60～20
9	NC透明底漆	底漆+天那水	喷涂	14～16s底漆，均匀喷涂	60～120
10	打磨	砂纸	人工	打磨平整	—
11	刷金粉	金粉漆的金粉	毛刷	刷在雕刻处	10

续表

序号	工序名称	材料	施工方式	摘要	干燥时间/min
12	乙烯基类透明底漆		喷涂	16s，只喷涂于刷金部位	30
13	NC透明底漆	底漆+天那水	喷涂	14~16s底漆，均匀喷涂	60~120
14	打磨	砂纸	人工	打磨平整	—
15	打干刷	格丽斯调色	毛刷	做效果	30
16	NC透明底漆	底漆+天那水	喷涂	14~16s底漆，均匀喷涂	60~120
17	打磨	砂纸	人工	打磨平整	—
18	布印	调色	人工	棉布全面拍打，并用#0000钢丝绒整理	10
19	马尾	格丽斯调色	人工	—	10
20	喷点	天那水+调色剂	喷涂	—	10
21	NC透明面漆	底漆+天那水	喷涂	12~14s，喷涂均匀	60~120
22	灰尘漆	灰尘漆	喷涂	除破坏与沟槽处留适量外，其余的擦拭干净	—

注：底材为樱桃木、橡木、松木、柞木、水曲柳等适用底材。施工条件为温度25℃，温度为75%以下。

表 6-10 新美式仿古涂装工艺

序号	工序名称	材料	施工方式	摘要	干燥时间/min
1	白坯打磨	砂纸	机磨、手磨	去污迹、白坯打磨平整	—
2	杜洛斯着色剂	调色	喷涂	参照色板一次性喷湿，也可采用不起毛着色剂着色	20
3	NC透明底漆	底漆+天那水	喷涂	均匀喷涂，根据底材及需要的着色效果调整喷涂黏度	30
4	打磨	砂纸	人工	轻磨，注意不要砂穿	—
5	NC格丽斯	格丽斯+稀释剂	擦拭	擦至中等干净，毛刷整理并用#0000钢丝绒抓明暗	60~120
6	NC透明底漆	底漆+天那水	喷涂	14~16s底漆，均匀喷涂	60~120
7	打磨	砂纸	人工	打磨平整	—
8	打干刷、刷边	格丽斯+稀释剂	毛刷	轻干刷效果，突出明暗对比，#0000钢丝绒整理，简单轻微刷边	30
9	NC透明底漆	底漆+天那水	喷涂	14~16s底漆，均匀喷涂	60~120
10	打磨	砂纸	人工	打磨平整	—
11	布印	调色	人工	棉布全面拍打并用#0000钢丝绒整理	10
12	马尾	格丽斯调色	人工		10
13	喷点	天那水+调色剂	喷涂		10
14	NC透明面漆	面漆+天那水	喷涂	13~14s，喷涂均匀	60~120
15	打磨	砂纸	人工	打磨平整	—
16	NC透明面漆	面漆+天那水	喷涂	12~13s，喷涂均匀	60~120

此工艺是典型的简易仿古涂装工艺，其主要特点：强化底材的美观纹理，色彩层次感强；仿古工序简单，易操作；各工序间间隔时间短，生产效率高。

（三）美式涂装工艺开发流程（色板复制）

1. 开发流程的要求

在开发流程中，必须要考虑所开发的流程是否能在工厂的生产线中顺利完成，并做好各方面的预防，以达到家具厂、买家（客户、贸易公司）所需要的涂装水平和满意的流程。

满意的涂装流程开发具有挑战性及成熟性，要求开发人员自身有一定的仿真艺术天赋，有在工厂实际作业中及各种培训实际作业训练中学到开发流程的基本功，还要有工作中的耐心、勤勉、热情。

2. 开发流程的工艺应用

（1）破坏处理　人工故意破坏敲打、划伤、虫孔、锉边等，多种破坏效果的运用，每个家具样板都有不同的要求，有特定的格式约束，并不是随意进行。以原色板为参考，模仿家具的陈旧感，即仿古、模仿家具使用较长的年代，经过各种的碰撞损伤后的修补、重涂，增加它的价值感和美感。

（2）颜色的分配

①底层色：不起毛着色剂、杜洛着色剂、渗透颜料漆、有色底漆、渗透着色剂。

②中层色：仿古漆、油性。

③表层色：布印、修色、干刷、灰尘漆、喷点、有色面漆等。

（3）确定各层颜色　一般样板分底层色、中层色、面色三部分。

①是否要敲破坏、锉边等。

②美式样板的绿水、红水的判别。

③确定底色，看浅色的地方、闪色的地方、从底层透上来的颜色。

④格丽斯颜色从样板整体色系走向来确定，可利用颜色互补原则。

⑤面色确定。

3. 工艺的设置

NC仿古涂装工艺有简单的橡木、油性、OAK油的工艺，但是大多数都有复杂的，10道以上甚至超过20道工艺的涂装流程，视产品的档次和价值决定。

采用多的涂装步骤似乎很复杂，不易操作，甚至难以理解，事实上有这么多的步骤是为了防范涂装作业上可能发生的错误，创造补救机会，并把它量化到每一个工作站和每一个工人手中，在生产线条件下，重复生产出一致的高价值的成品，这是具有天赋的技术员和颜色设计师的贡献。对颜色和工艺的熟练控制才能制造出这样的流程。一般传统的颜色，分配比例如下：底层色45%，中层色30%，表层色25%。

4. 样板的复制

首先考虑生产线，是否有能力将20个步骤的流程修改为8个步骤或更简单的流程，涂装工艺是否能配合工厂的生产线。

（1）生产时使用何种木材，需不需要素材调整或等化剂，是否混用不同素材。

（2）试将步骤分为底层色、中层色、表层色，依据色板进行颜色的比例搭配。底色的选择是最重要的步骤，所有的后续步骤会受到底色的影响。

（3）底色加上仿古漆已决定了整个样板的75%的颜色，所以仿古漆的选择最为关键，不能靠后面的表层色来补救，过多的修色会使颜色混浊。不同色彩的仿古漆可供选择，可满足80%以上的涂装工艺。

（4）初次制作，找到操作中的问题点，进一步完善，同时要考虑生产线的限制，优化颜色的搭配，调整各个层次颜色的正确性，最终完成标准的色板。

（5）不同的照明条件下颜色会有不同的色调，这是因为色料对不同的光源产生不同的反应，任何颜色的比对应在相同的灯光下看。

样板的复制需要不懈的实践、操作，较多的投入耐心、细心、虚心、勤奋，同时建立起自己所特有的色彩辨别感觉（色感），并结合样品和产品生产中的经验，才能最终完成标准的样板，并非“纸上谈兵”。

思考与练习

1. 美式家具和欧式家具在风格和工艺上有何差异?
2. 举例说明在现代美式家具中体现的一些时尚元素。
3. 美式涂装主要包括哪些工序?
4. 素材修色时注意事项有哪些?
5. 基材底色漆种类有哪些? 各有什么不同?
6. 在喷涂底色时需要注意哪些问题?
7. 美式仿古涂装常用底、面漆有哪些类型? 有何特点? 施工中应注意什么问题? 目前市场销售的硝基漆有哪些品牌? 市场情况如何?
8. 简述擦拭格丽斯的操作方法、材料、施工注意事项。
9. 简述打干刷的作用及部位。
10. 自制牛尾绳，在甩牛尾操作时应该注意什么?
11. 何时需要拉明暗效果? 操作时注意事项有哪些?
12. 拍色着色剂如何调配? 和底色有何不同?
13. 喷点着色剂如何调配? 喷涂时注意什么?
14. 灰尘漆有何作用? 如何调配? 喷涂部位有哪些? 整理灰尘漆时应注意什么?
15. 水蜡有哪些作用? 如何涂饰水蜡?
16. 在操作中如何控制色差问题?

参 考 文 献

[1] 张志刚. 木制品表面装饰技术[M]. 北京：中国林业出版社，2007.

[2] 张志刚. 木制品表面装饰技术：（第2版）[M]. 北京：中国林业出版社，2015.

[3] 张广仁. 现代家具油漆技术[M]. 哈尔滨：东北林业大学出版社，2002.

[4] 王恺. 木材工业大全（涂饰卷）[M]. 北京：中国林业出版社，1998.

[5] 叶汉慈. 木用涂料与涂装工[M]. 北京：化学工业出版社，2008.

[6] 李丽. 涂料生产与涂装工艺[M]. 北京：化学工业出版社，2007.

[7] 王双科，邓背阶. 家具涂料与涂饰工艺[M]. 北京：中国林业出版社，2005.

[8] 沈浩. 制漆配色调制工[M]. 北京：中国建筑工业出版社，2006.

[9] 任宗发，徐秉恺，张彬渊. 新编家具油漆[M]. 南京：江苏科学技术出版社，1995.

[10] 张广仁. 木材涂饰原理[M]. 哈尔滨：东北林业大学出版社，1990.

[11] 张广仁. 木器油漆工艺[M]. 北京：中国林业出版社，1983.

[12] 张晓明. 木制品装饰工艺[M]. 北京：中国林业出版社，2001.

[13] 任宗发. 家具油漆：涂饰方法及工艺[M]. 南京：江苏科学技术出版社，1981.

[14] 张广伍. 家具涂饰译丛[M]. 北京：中国旅游出版社，1991.

[15] 姜英涛. 涂料基础[M]. 北京：化学工业出版社，2004.

[16] 马庆林. 涂料工艺[M]. 北京：化学工业出版社，2000.

[17] 徐秉恺. 涂料使用手册[M]. 南京：江苏科学技术出版社，2000.

[18] 穆锐. 涂料实用生产技术与配方[M]. 南昌：江西科学技术出版社，2002.

[19] 徐钊. 木质品涂饰工艺[M]. 北京：化学工业出版社，2006.

[20] 赵亚光. 聚氨酯涂料生产实用技术问答[M]. 北京：化学工业出版社，2004.

[21] 梁治齐，熊楚才. 涂料喷涂工艺与技术[M]. 北京：化学工业出版社，2006.

[22] 马庆麟. 涂料工业手册[M]. 北京：化学工业出版社，2001.

[23] 顾继友. 胶黏剂与涂料[M]. 北京：中国林业出版社，1999.

[24] 邓背阶，王双科. 家具与室内表面装潢技术[M]. 兰州：甘肃文化出版社，1999.

[25] 化工部涂料工艺研究所. 涂料产品分类、命名和型号名称表[M]. 北京：技术标准出版社，1982.

[26] 家具涂料工艺编写组. 家具涂饰工艺[M]. 北京：轻工业出版社，1983.

[27] 刘一星. 木材视觉环境学[M]. 哈尔滨：东北林业大学出版社，1994.

[28] 王树强. 涂饰工艺 修订本[M]. 北京：化学工业出版社，1996.

[29] 武利民. 涂饰技术基础[M]. 北京：化学工业出版社，2009.

[30] 李庆章. 人造板表面装饰[M]. 哈尔滨: 东北林业大学出版社，1989.
[31] 雷隆和. 人造板表面装饰[M]. 北京: 中国林业出版社，1991.
[32] 赵明桂. 油漆装饰技术疑难详解[M]. 长沙: 湖南科学技术出版社，1991.
[33] 郑宏奎. 室内及家具材料学[M]. 北京: 中国林业出版社，1997.
[34] 姜征. 人造薄木制造工艺的研究[M]. 北京: 化学工业出版社，1995.
[35] 李兰亭. 胶黏剂与涂料[M]. 北京: 中国林业出版社，1992.
[36] 张志刚. PU与PE在家具与室内装饰应用中应注意的几个问题[J]. 家具，4: 20-22.
[37] 张志刚. 热转印技术在家具表面装饰中的应用[J]. 林业机械与木工设备，8: 35-36.
[38] 宋弛. 国外封边新技术[J]. 国际木业，9: 10-11.
[39] 柳献忠. 美式家具涂装工艺要点[J]. 家具，5: 17-19.
[40] 穆亚平，黄河润，沈凤明. 微薄木饰面工艺技术研究[J]. 家具，3: 25-27.
[41] 祁忆青，许柏鸣. 封边设备的选择与使用[J]. 建筑人造板，4: 28-30.
[42] 毕见勇. 低压短周期三聚氰胺浸渍纸原材料与浸渍技术[J]. 林业科技，5: 33-36.